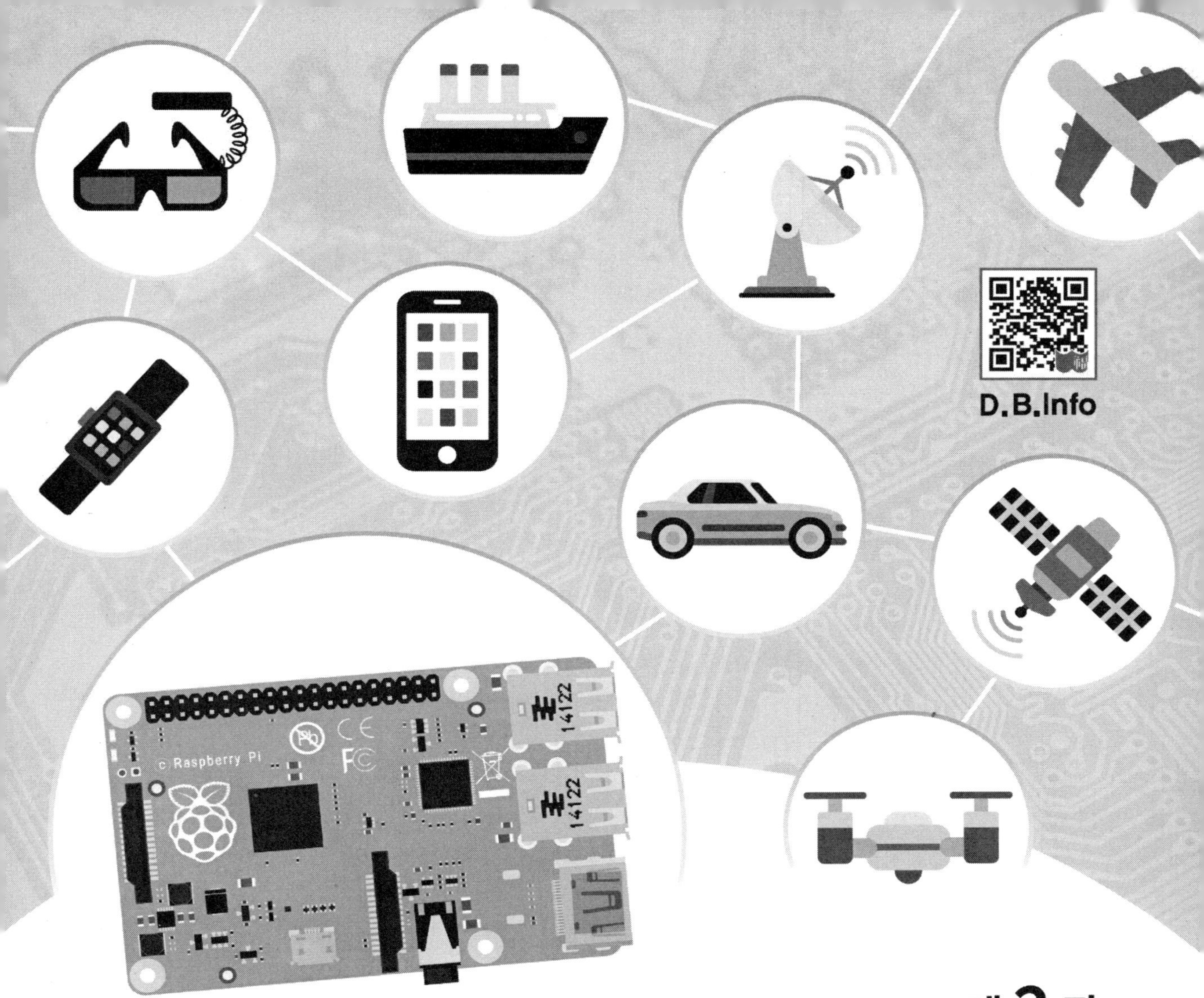

제 2 판

라즈베리파이로 구현하는 사물인터넷 (IoT)

박군종 · 장호덕 공저

머리말

아침에 일어나니 오늘 날씨는 맑고 미세먼지 농도는 좋음으로 안내받았다. 양치질을 하기 위해 거울 앞에 서니 주인님의 혈색이 아주 좋고 맥박은 정상이지만 나이를 고려하여 무리한 운동은 하지 말라고 한다. 오늘 새벽에 드론이 제주갈치를 배달해 주었다. 싱싱한 제주갈치를 우리 집 로봇이 손질하고 조리하여 맛있게 먹었다. 출근길에 드론영업용 자동차를 타고 비행기처럼 날라 회사에 도착하였다. 회사에 도착하니 다양한 업무로봇이 내가 브리핑할 자료를 만들고 있었다.

이것은 사물인터넷이 발달하고 4차 산업혁명의 기술들이 발전하면서 곧 다가올 미래산업사회의 모습이다. 대한민국의 네트워크 인프라는 글로벌 경쟁력에서도 우위에 있기 때문에 미래의 모습도 매우 빠르게 우리 앞에 다가올 것이다. 사물인터넷(Internet of Things, 약어로 IoT)은 각종 사물에 센서와 통신 기능을 내장하여 인터넷에 연결하는 기술 즉, 무선 통신과 유선 통신을 통해 각종 사물을 연결하는 기술을 의미한다. 인터넷으로 연결된 사물들이 데이터를 주고받아 스스로 분석하고 학습한 정보를 사용자에게 제공하거나 사용자가 이를 원격 조정할 수 있는 인공지능 기술이다. 사물인터넷이란 용어가 우리생활에 들어온 이래로 어느새 24년이 지난 지금, 센서 기술이 급속히 발전하고 저가의 센서가 출현하면서 4차 산업혁명의 핵심기술로 사물인터넷이 자리 잡았다. 사물인터넷의 베이스머신 중 하나인 아두이노와 라즈베리파이는 수많은 교육현장에서 마치 어린아이들이 가지고 노는 장난감처럼 많이 사용되고 있고 관련 응용프로그램들도 무시무시한 속도로 빠르게 출하되고 있다. 라즈베리파이는 소형 컴퓨터와 같기 때문에 라즈비안이라는 OS를 설치할 경우 유선 네트워크 및 와이파이를 이용하여 네트워크에 연결할 수 있으며 서버의 역할을 부여할 수도 있다.

이 책은 라즈베리파이를 이용하여 오프라인 상태에서 센서 및 액추에이터를 제어하거나 네트워크를 통한 온라인 상태에서 센서 및 액추에이터의 원격제어를 구현하고자하는 독자들을 위해 C언어와 파이썬 언어를 기반으로 웹 프로그래밍이 가능하도록 저술하였다. 이 교재에서 소개하는 회로에 사용된 베이스머신은 씨엔디아이(주)에서 공급하는 mCube-IoT 키트를 이용한 것이지만 라즈베리파이 보드를 직접 사용할 수 있도록 각 실험환경에서 핀 구성을 별도로 나타내었으며 각종 액추에이터나 센서는 인터넷에서 손쉽게 구할 수 있는 것을 채택하였다.

이 책의 구성은 다음과 같다.

총 8개의 장으로 구성하였으며 1장은 라즈베리파이 개발환경을 구축하기 위해 라즈베리파이 개요, 라즈비안 OS설치 그리고 원격 접속하는 방법을 다루었고 2장에서는 라즈베리파이 프로그래밍 환경 구축하기 위해 GPIO와 와이어링파이 라이브러리 설치방법을 소개하였다. 3장은 오프라인으로 GPIO에 있는 액추에이터를 제어하는 방법을 다루고 있으며 4장에서는 오프라인으로 GPIO에 있는 센서 데이터를 활용하는 방법을 다루고 있다. 5장에서는 안드로이드 앱을 개발하는 과정을 상세히 소개하였고 6장에서는 안드로이드 앱을 활용한 사물인터넷 구현에 대한 다양한 예제를 다루었다. 7장에서는 플라스크 웹 프로그래밍과 C언어와 PHP를 이용한 센서 및 액추에이터 제어 프로그램을 소개하였다. 마지막으로 8장에서는 USB웹 카메라와 파이카메라를 이용한 영상처리 및 원격감시 방법에 대해 다루었다.

저자일동

차 례

Raspberry Pi를 이용한 IoT구현 개요

IoT(Internet of Things: 사물인터넷)는 주위의 모든 사물이 각종 센서와 통신 네트워크를 통해 인터넷에 연결되는 것을 의미한다. IoT는 사람과 사물, 사물과 사물 간 지능통신을 할 수 있는 M2M (Machine to Machine) 개념을 인터넷으로 확장하여 사물은 물론, 현실과 가상세계의 모든 정보와 상호작용하는 개념으로 진화하고 있다. 또한, 최근 WiFi, LTE, Bluetooth, Z-Wave, ZigBee 등 무선통신 네트워크의 발달과 각종 센서 및 무선통신 모듈이 탑재된 모바일 기기의 비약적인 소형화, 성능 향상에 힘입어 향후 미래 ICT 융합산업의 패러다임을 이끌어갈 유망 기술로 각광받고 있다. 가트너(Gartner)에서는 2014년 가장 주목해야 할 10대 전략 기술 중 하나로 IoT를 선정하였고, ABI리서치(ABI Research)는 인터넷에 연결된 기기의 수가 2014년 103억 개에서 2020년에는 295억 개까지 증가할 것으로 예상했다. 한편, IoT 디바이스, 네트워크, 서비스 환경에서 정보유출, 데이터 위·변조, 복제 공격, 서비스 거부, 사생활 침해 등의 보안 문제가 대두되고 있어서 IoT 제품·서비스의 취약한 보안 현실을 체계적으로 개선해 나가기 위한 보안 요구사항, 기술 및 전략이 요구되고 있다.

IoT는 각종 산업 분야와 실생활에 이르기까지 다방면으로 영향을 미치며, 농축산업, 건설, 에너지, 자동차, 교통, 물류, 환경, 헬스케어에 이르기까지 다양한 산업에 융합되어 각 분야의 혁신을 이끌어 나갈 것으로 전망되고 있다. 이에 이 책에서는 IoT 서비스 구현을 위한 시스템 설계 및 제어를 목적으로 하며, 용도에 따른 센서를 선정하여 정보를 얻기 위한 신호 변환, 전송 및 출력을 구성하는 회로를 설계하고 운용할 수 있는 방법을 설명한다. 구체적으로 사용 용도, 동작 원리, 전기적·기구적·환경적 사양 및 성능을 확인하여 적합한 센서를 선정하고, 센서 제어 및 센싱한 데이터를 활용하기 위해 센서 인터페이스 및 구성 회로, 결선 및 프로그래밍 방법을 포함한다. 오픈소스 기반의 하드웨어 및 소프트웨어 개발환경을 가지는 마이크로컨트롤러인 라즈베리파이(Raspberry Pi)를 활용하여 다양한 센서를 연결하고, 센서 제어 및 센싱 데이터 활용을 학습하여 IoT 시스템 설계 분야에서의 센서활용 역량 배양을 기대한다.

1장 / 라즈베리파이 개발 환경 구축하기

1.1 라즈베리파이 개요

학습목표	• 라즈베리파이가 무엇인지 알 수 있다. • 라즈베리파이를 학습하여 사물인터넷을 구현할 수 있다.

1.1.1 라즈베리파이를 알아보자

라즈베리파이(Raspberry Pi)는 영국의 라즈베리파이 재단이 학교에서 운영하는 컴퓨터 및 과학 교육의 증진을 목적으로 만든 싱글 보드 컴퓨터이며 누구나 사용할 수 있는 오픈 소스, 오픈 하드웨어를 추구하고 있기 때문에 아두이노와 함께 사물인터넷 구현의 베이스머신으로 확실한 기반을 만들어가고 있다. 현재 라즈베리파이 4가 출시되고 있으나 본 교재는 라즈베리파이 3를 기반으로 풀어나갈 것이다. 라즈베리파이 3는 이전 버전인 라즈베리파이 1, 2와는 다르게 와이파이(WiFi)와 블루투스(BlueTooth) 4.2를 내장하고 있다. 라즈베리파이 3의 핵심인 중앙처리장치(Central Processing Unit)와 주기억장치는 Broadcom BCM2837B0 1.2GHz Quad-core 64비트 ARM Coretex-A53와 1GB SDRAM을 탑재하였다. 기본적으로 이더넷을 통해 네트워크에 연결할 수 있으며 WiFi를 이용할 경우 무선 인터넷에 접속할 수 있다. 그리고 블루투스가 내장되어 있기 때문에 다른 주변 장치와 통신을 위한 연결이 가능하다. HDMI포트는 라즈베리파이 보드에 모니터를 연결할 수 있도록 허용하며 CSI 카메라 커넥터는 라즈베리파이 전용 카메라를 연결할 수 있도록 한다. DSI 디스플레이 커넥터를 이용하면 소형 LCD를 연결하여 모니터 대용으로 활용할 수 있다. 또한 4개의 USB포트가 제공되기 때문에 마우스, 키보드, 웹 카메라 등을 연결할 수 있다. 그 외에 오디오/비디오 출력을 위한 Composite 커넥터를 제공하고 있으며 사물인터넷 활용을 위한 센서와 액추에이터를 제어할 수 있는 40Pin GPIO 커넥터가 제공된다.

그림 1-1 라즈베리파이 1 모델 B

그림 1-2 라즈베리파이 2

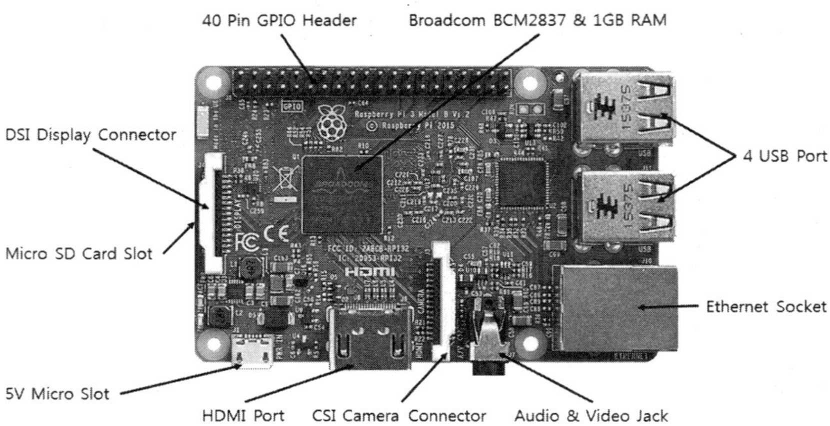

그림 1-3 라즈베리파이 3의 구성

1.1.2 라즈베리파이 스펙비교

라즈베리파이의 모델별 하드웨어 사양은 표 1-1과 같다.

표 1-1 라즈베리파이 모델별 하드웨어 사양

	Pi 1 모델	Pi 2 모델	Pi 3 모델
판매금액	$20	$35	$35
프로세서 칩셋	BCM 2835 700MHz	BCM 2836 900MHz	BCM 2837 1.2GHz
이더넷	없음	10/100 BaseT	10/100 BaseT
와이파이	없음	없음	802.11 b/g/n
블루투스	없음	없음	Bluetooth 4.1
메모리	256MB	512MB	1.0GB
USB	1 포트	4 포트	4 포트
전원	5V 1.8A	5V 1.8A	5V 2.5A
GPIO 커넥터	26 Pin	40 Pin	40 Pin
보드 크기	85×56×17	85×56×17	85×56×17

1.1.3 라즈베리파이와 사물인터넷

라즈베리파이(Raspberry Pi)는 오픈소스, 오픈 하드웨어 정책을 추구하고 있기 때문에 적은 비용으로 신속하게 아이디어를 구체화할 수 있다는 장점을 가지고 있다. 수많은 인터넷 사이트에 라즈베리파이 관련 사물인터넷 아이디어가 넘쳐흐르고 있으며 관련 자료들이 제공되고 있다. 그중에 대표적인 사이트 몇 군데를 알아보도록 하자.

표 1-2 라즈베리파이 관련 사이트

분류	주소	설명
해외	www.raspberry.org	공식 라즈베리파이 사이트
	learn.adafruit.com	다양한 장치 정보
	elinux.org	임베디드리눅스 카페, 하드웨어 관련 정보
	stackoverflow.com	대표적인 질문 및 응답 사이트
국내	cafe.naver.com/pipc	라즈베리파이 및 각종 임베디드 보드
	www.oroca.org	오픈소스, 하드웨어/소프트웨어 강좌
	www.rasplay.org	산딸기마을 사이트

1.2 라즈베리파이 운영체제 설치

학습목표 • 라즈베리파이의 운영체제인 라즈비안 설치 방법과 초기설정 방법을 알 수 있다.

1.2.1 라즈비안 다운로드 및 이미지 파일 생성

라즈베리파이 재단에서 공식적으로 지원하는 운영체제는 라즈비안(Raspbian)이다. 라즈비안은 공개 소프트웨어로 라즈베리파이 홈페이지(https://www.raspberrypi.org)에서 다운로드 받는다.

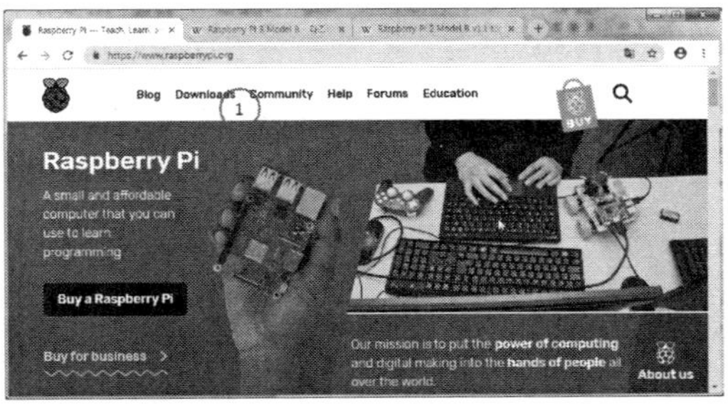

그림 1-4 라즈비안 다운로드 창

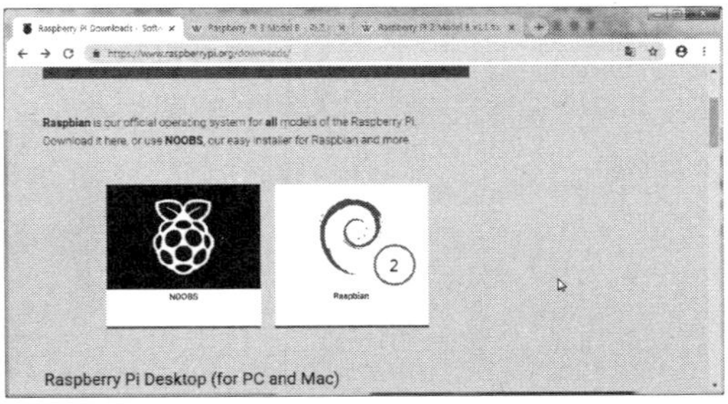

그림 1-5 라즈비안 선택

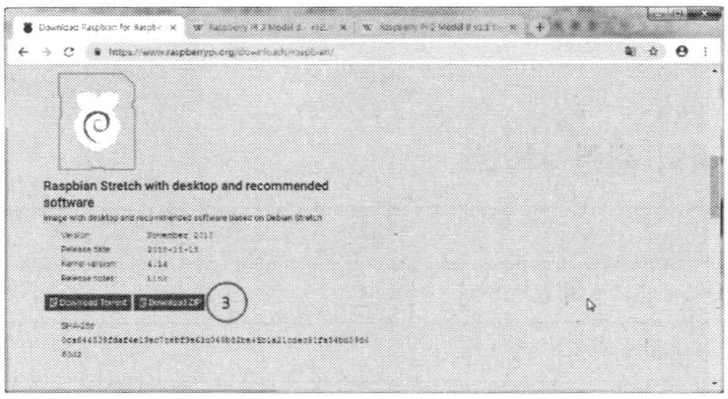

그림 1-6 Download.zip를 클릭

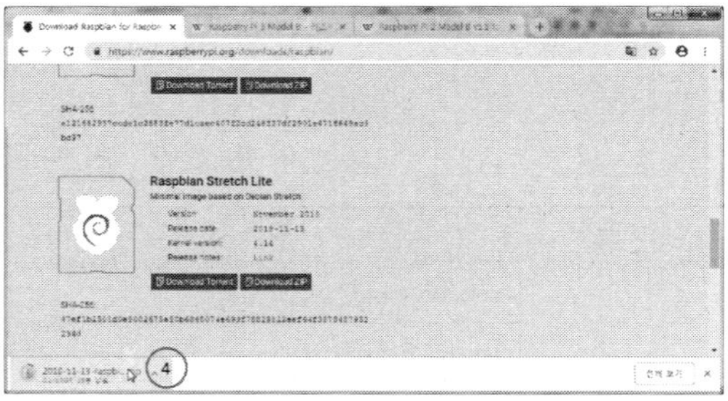

그림 1-7 2018-11-13-raspbian-stretch-full.zip

그림 1-4와 같이 라즈베리파이 홈페이지의 다운로드 탭을 선택하여 그림 1-5와 같이 라즈비안을 선택하면 그림 1-6이 나타나고 그림 1-6의 Download ZIP 버튼을 눌러 설치파일을 PC에 다운로드 받는다. 이때 그림 1-7과 같이 화면 하단에 설치파일(2018-11-13-raspbian-stretch-full.zip)이 나타난다. 그림 1-8은 다운로드 받은 파일이 저장되어 있는 공간을 나타낸 것이다.

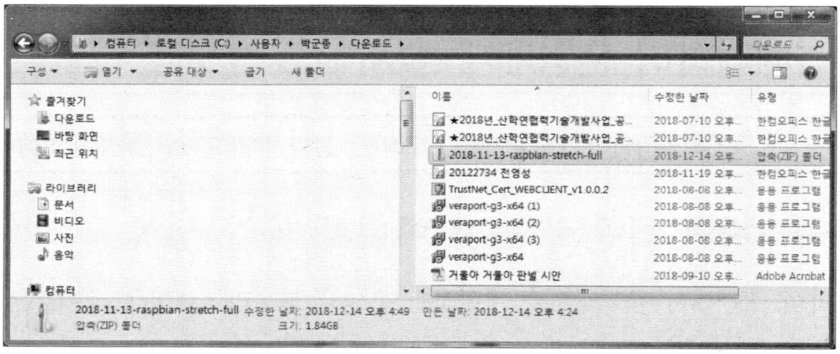

그림 1-8 다운로드 받은 2018-11-13-raspbian-stretch-full.zip 파일이 저장된 위치

이 파일은 "**컴퓨터〉로컬디스크(C)〉사용자〉박군종〉다운로드**" 폴더에 저장되어 있다. 사용자들도 본인만의 고유공간을 만들어 다운로드 받을 필요가 있다. 다운로드 받은 파일을 압축해제 하면 그림 1-9와 같이 이미지(.img) 파일이 생성된다.

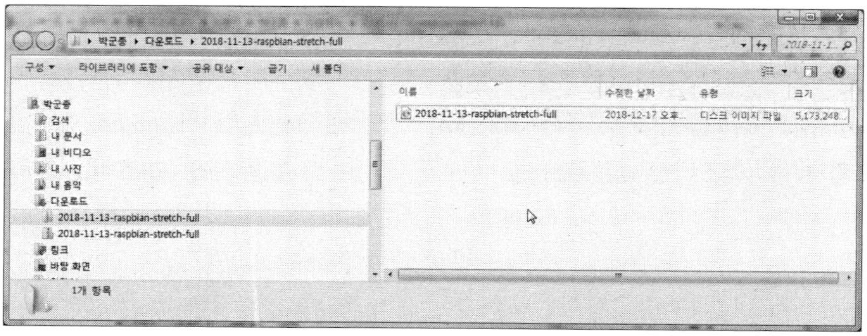

그림 1-9 생성된 이미지 파일(2018-11-13-raspbian-stretch-full.img)

1.2.2 SD 메모리 카드 포맷터 다운로드 및 포맷

라즈비안 이미지 파일을 생성하였으므로 이미지 파일을 SD 메모리 카드로 복사해야 한다. SD 메모리 카드가 포맷되어 있다면 바로 복사할 수 있지만 어떤 데이터가 메모리 카드에 있다면 포맷하고 복사하는 것을 추천한다. 먼저 SD 메모리 카드 포맷 프로그램을 다운로드 받는다. 컴퓨터 인터넷의 URL입력창에 다음과 같은 순서로 입력하면서 진행한다.

(1) SD 메모리 카드 포맷터 다운로드

① www.sdcard.org 홈페이지를 연다.

② 그림 1-10과 같이 "Downloads"를 클릭한다.

그림 1-10 www.sdcard.org 초기화면

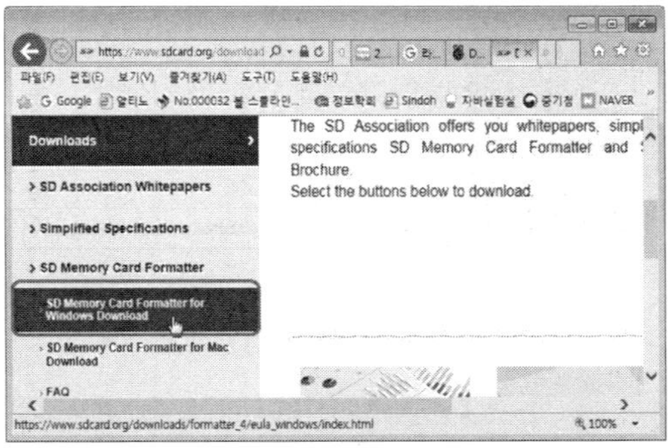

그림 1-11 윈도우 다운로드 항목 선택

③ 그림 1-11과 같이 윈도우 다운로드용을 선택한다.

④ 그림 1-12와 같이 라이센스 정책을 수용하기 위해 Accept를 클릭한다.

⑤ 그림 1-13과 같이 SDFormatterv5_WinEN.zip파일을 다운로드 받는다. 이때 저장할 위치를 지정해서 다운로드 받는다.

⑥ 저장한 폴더에서 SDFormatterv5_WinEN.zip파일을 압축해제하면 실행파일이 만들어진다.

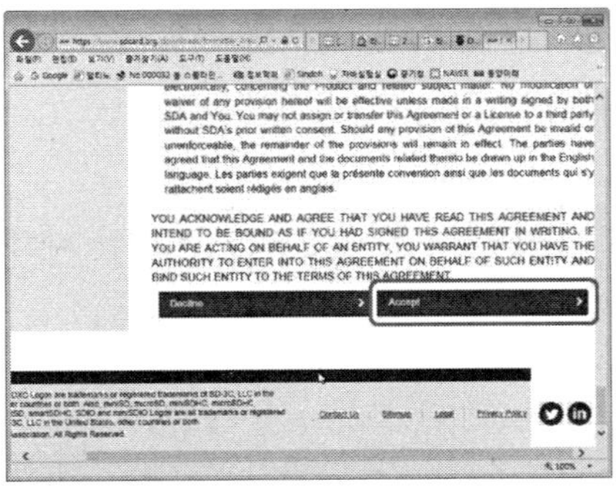

그림 1-12 라이센스 정책 수용

그림 1-13 SDFormatterv5-WinEn.zip 저장

(2) SD 메모리 카드 포맷 프로그램 설치

SD 메모리 카드 포맷 파일을 다운로드 받았으므로 이 파일을 압축 해제한 다음 실행하면 SD 메모리 카드 프로그램 설치가 다음과 같이 진행된다.

① 그림 1-14와 같이 마법사가 나타나면 "Next" 버튼을 클릭한다.

② 그림 1-15와 같이 라이센스 정책을 동의한다.

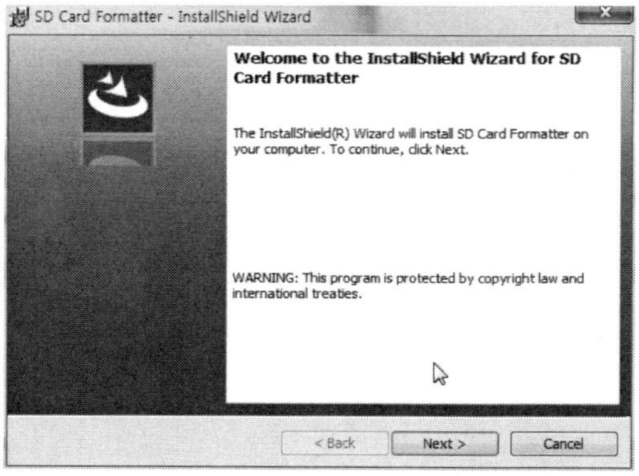

그림 1-14 마법사 실행 창

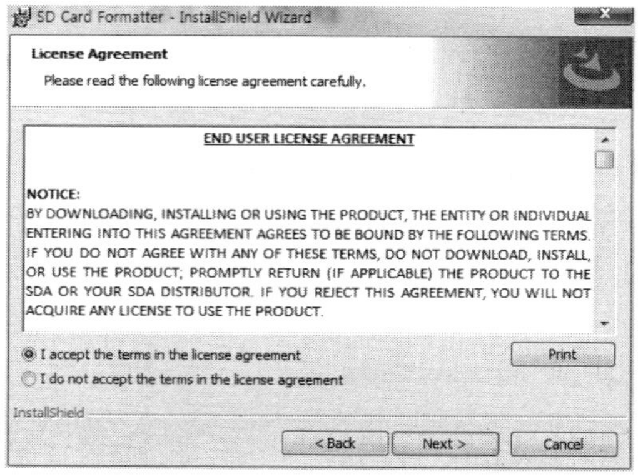

그림 1-15 라이센스 정책 동의

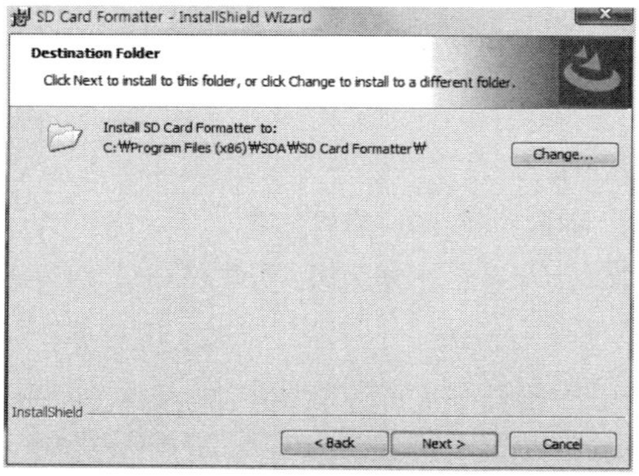

그림 1-16 실행 프로그램 위치 설정

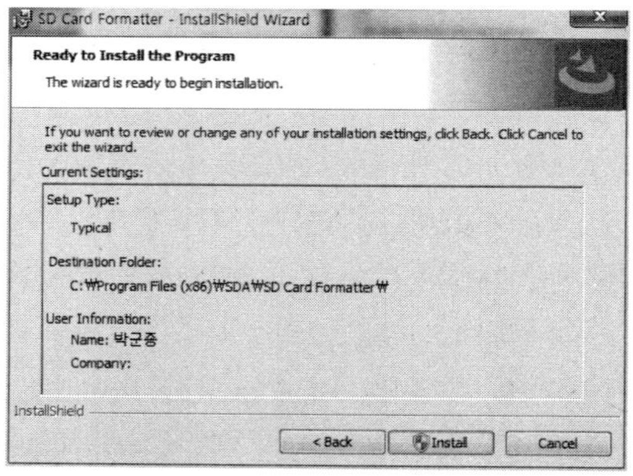

그림 1-17 설치 시작

③ 그림 1-16과 같이 실행 프로그램의 위치를 설정하는데 특별한 이유가 없다면 지정된 위치를 변경하지 않을 것을 추천한다.

④ 그림 1-17과 같이 "Install"버튼을 클릭한다.

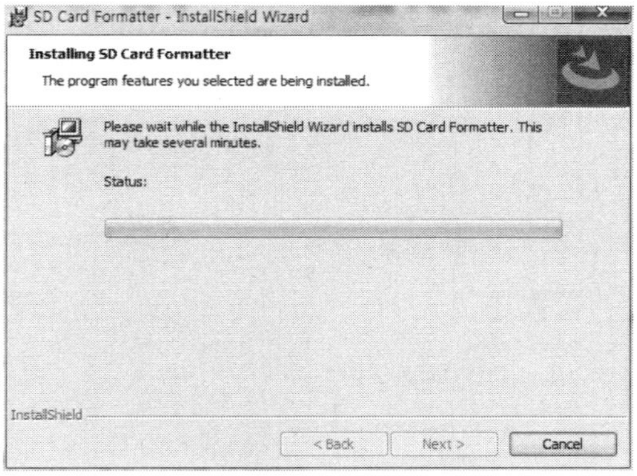

그림 1-18 설치 진행

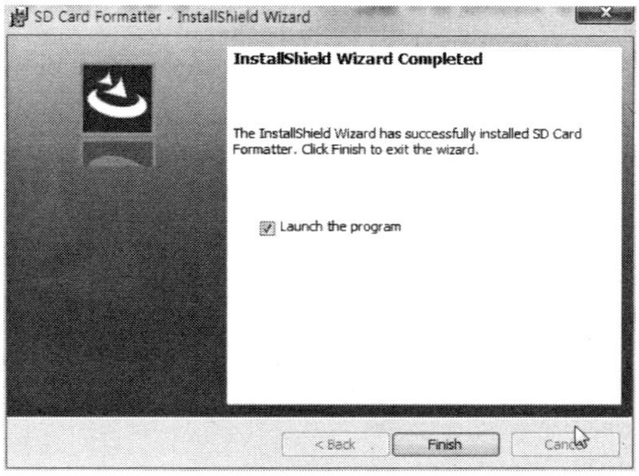

그림 1-19 프로그램 설치 종료

⑤ 다음으로 그림 1-18과 같은 설치 진행창이 나타나는데 다소 시간이 소요되므로 기다려야 한다. 설치가 완료되면 그림 1-19와 같이 Finish 아이콘이 활성화되므로 이것을 클릭한다.

(3) SD 메모리 카드 포맷 프로그램 실행

SD 카드 포맷터 프로그램 설치가 완료되면 포맷 프로그램이 자동으로 실행된다. 그림 1-20과 같이 SD 카드를 SD 카드 기록 장치에 삽입하고 메모리 카드가 삽입된 기록 장치를 컴퓨터의 USB에 장착한다. 그리고 다음 과정을 진행한다.

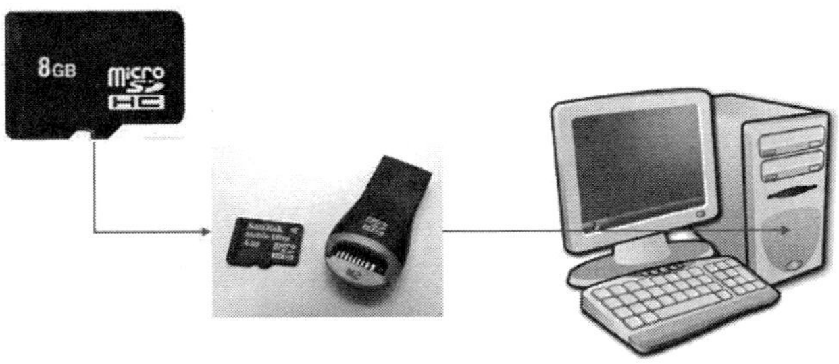

그림 1-20 SD 카드를 컴퓨터에 장착하는 방법

① 그림 1-21과 같이 SD 카드 포맷터를 실행한다.
② 그림 1-22는 포맷터가 실행되는 창이며 SD 카드의 이름은 BOOT이고 현재는 “Ovewrite format”을 진행 중이지만 보통은 “Quick format”을 선택하여 실행하면 된다.

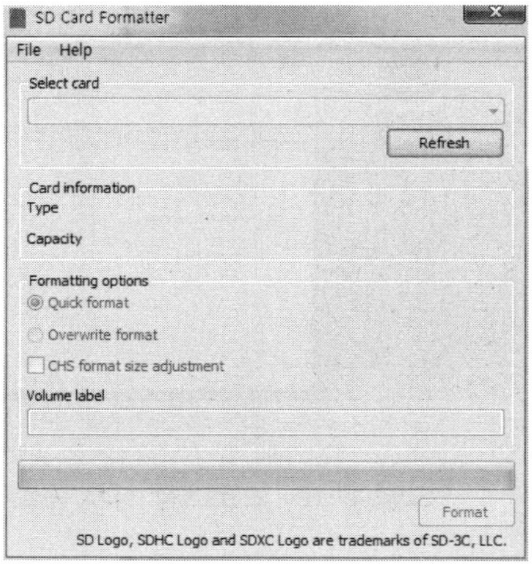

그림 1-21 SD 카드 포맷터

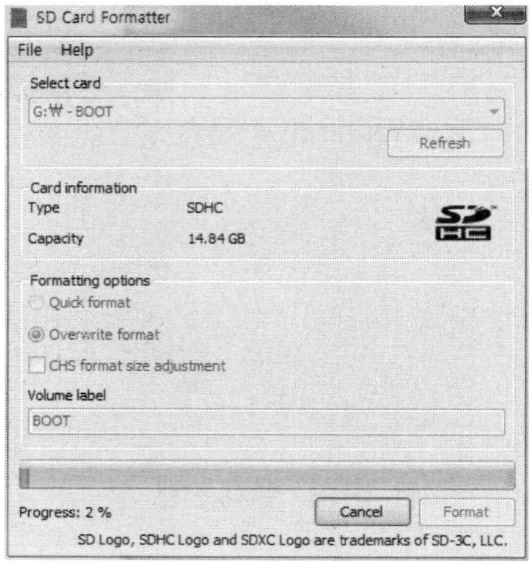

그림 1-22 SD 카드 포맷터 실행

③ 포맷이 완료되면 그림 1-23과 같이 사용 가능용량이 나타난다. "확인"을 클릭하면 포맷이 완료된다.

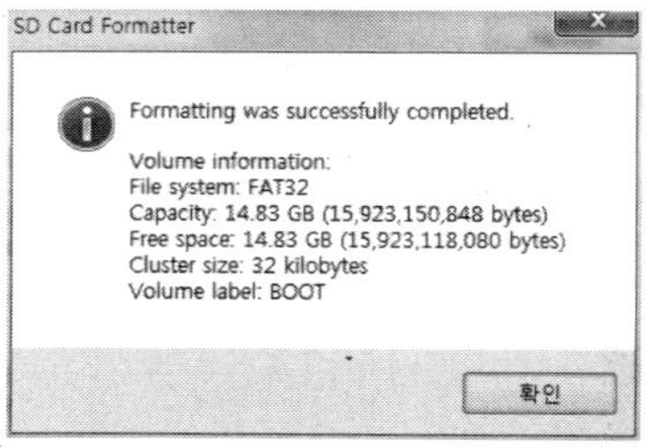

그림 1-23 포맷이 완료된 후 나타나는 메시지

1.2.3 라즈비안 이미지 파일을 SD 카드에 업로드하기

SD 메모리 카드 포맷이 완료되었으면 라즈비안 이미지 파일을 SD 메모리 카드에 업로드 해야 한다. 이미지 파일을 업로드 하는 프로그램은 다음 과정을 통해 설치할 수 있다.

(1) 이미지 파일 업로드 프로그램 다운로드 및 설치

① https://sourceforge.net/projects/win32diskimager/을 인터넷 창에 입력한다.

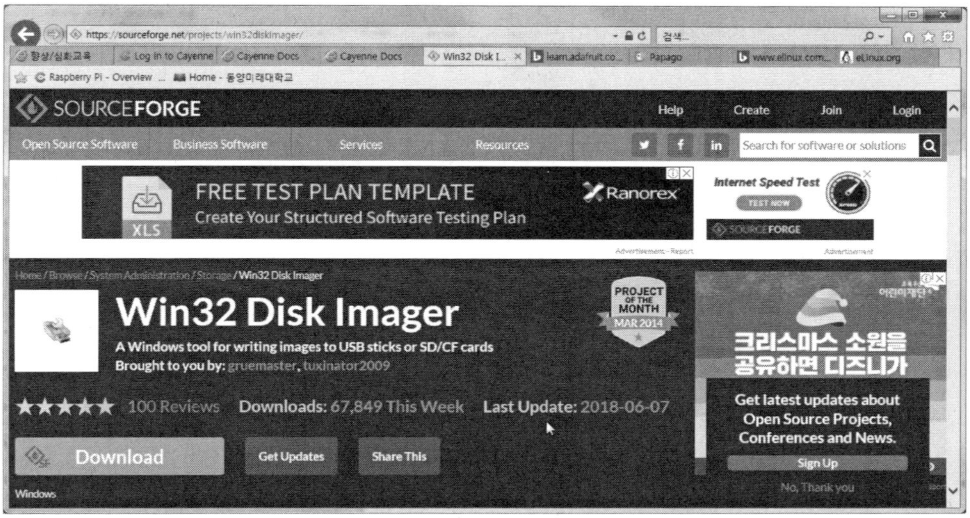

그림 1-24 https://sourceforge.net/projects/win32diskimager 입력창

② 그림 1-24에서 "Download"를 클릭한다.

③ 그림 1-25가 나타나면 하단의 팝업창에 win32diskimager-1.0.0-install.exe파일에 대한 "실행" 버튼을 클릭하여 설치를 진행한다.

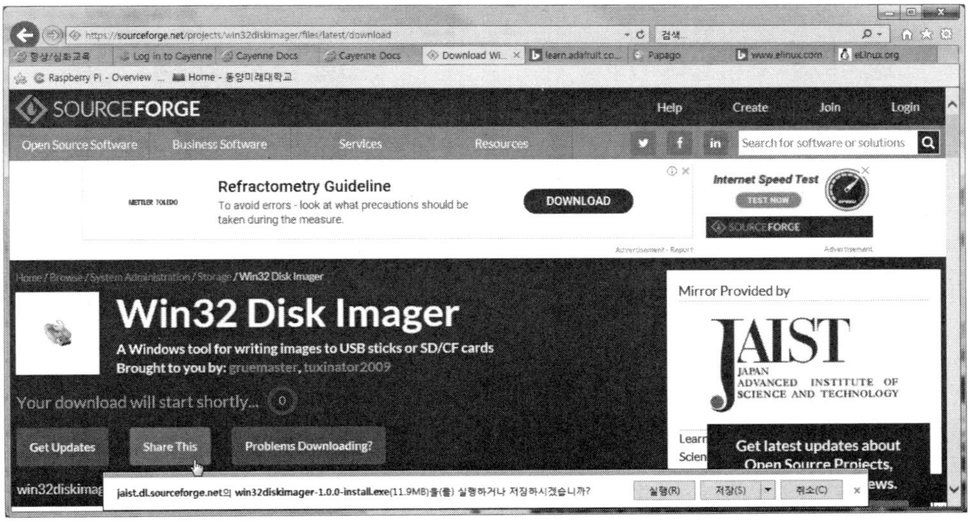

그림 1-25 https://sourceforge.net/projects/win32diskimager 실행 창

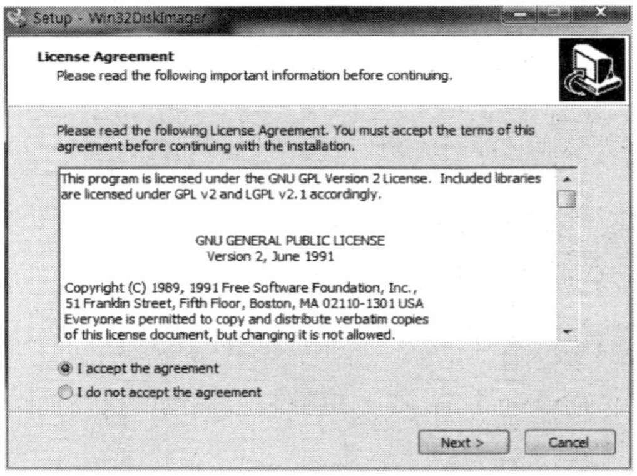

그림 1-26 라이센스 정책 수용

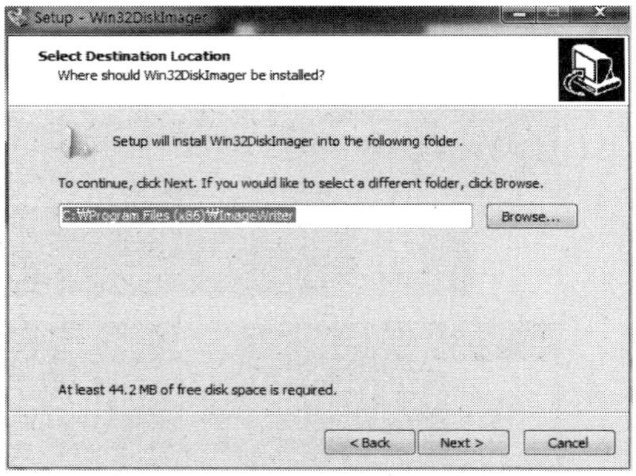

그림 1-27 프로그램 설치 장소 지정

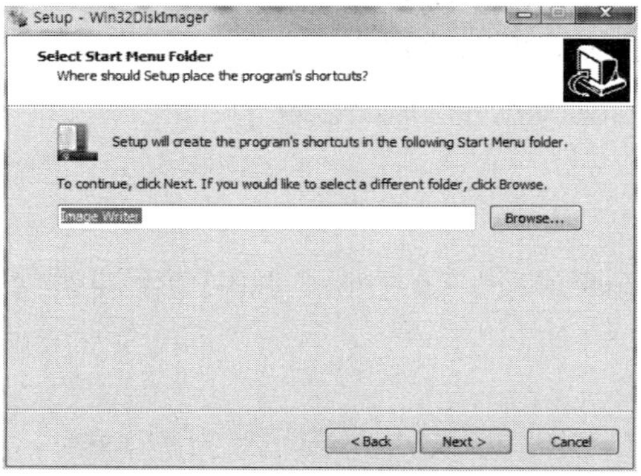

그림 1-28 메뉴 폴더 선택

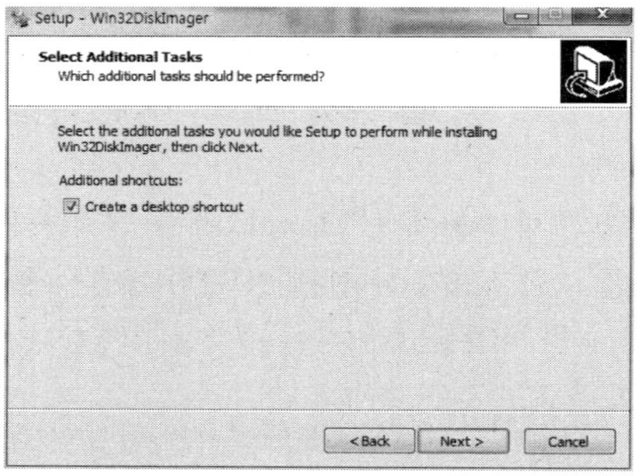

그림 1-29 바로가기 만들기

④ 그림 1-26은 라이센스 정책 수용 창이며 "Next"를 클릭한다.

⑤ 그림 1-27은 프로그램 설치장소를 지정하기 위한 창이며 특별한 문제가 없는 한 위치를 바꾸지 않을 것을 추천한다.

⑥ 그림 1-28은 메뉴 폴더를 지정하는 것이므로 변경하기를 원하면 변경해도 좋다. 다음에 "Next"를 클릭한다.

⑦ 그림 1-29는 바로가기 아이콘을 생성하는 단계이므로 ✔표시를 입력한 후 "Next"버튼을 클릭한다.

⑧ 그림 1-30에서 "Install"버튼을 클릭한다.

⑨ 그림 1-31은 설치 종료 화면이다. "Finish"를 클릭하면 이미지 파일 업로드 프로그램이 실행된다.

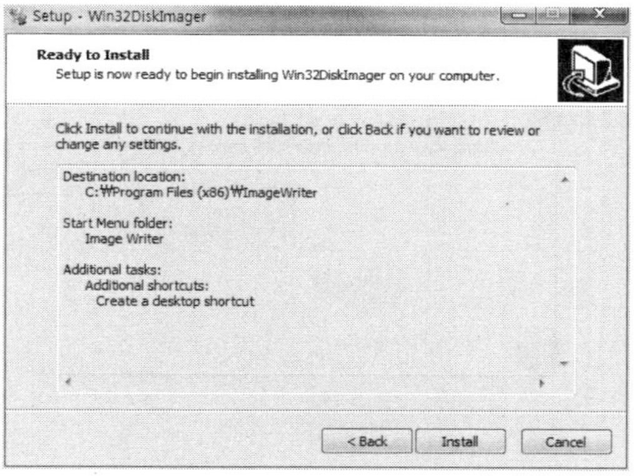

그림 1-30 프로그램 설치 진행

그림 1-31 프로그램 설치 종료

(2) 이미지 파일 업로드 실행

이미지 파일 업로드 프로그램 설치가 종료되면 자동으로 업로드 프로그램이 실행된다. SD카드의 포맷이 완료되었고 SD카드가 컴퓨터의 USB에 장착되어 있으므로 업로드 프로그램을 다음 과정과 함께 실행하면 된다.

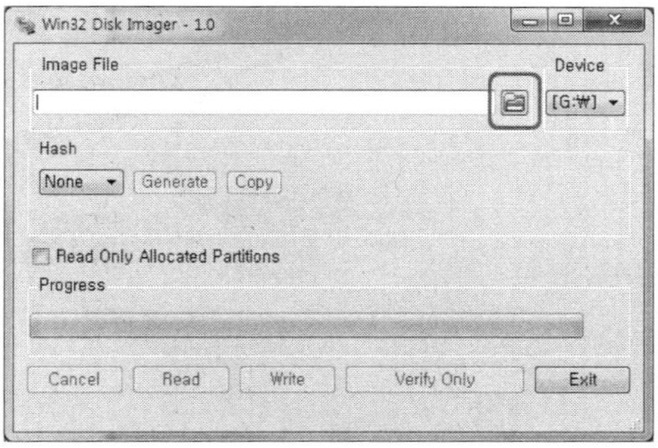

그림 1-32 이미지 파일 업로드 시작

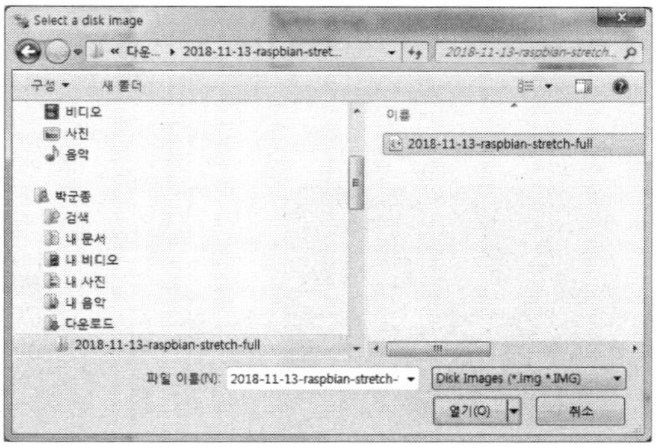

그림 1-33 이미지 파일 선택

① 그림 1-32에서 디스크 아이콘을 클릭하면 그림 1-33의 창이 나타난다.

② 그림 1-33창에서 원하는 이미지를 선택한 다음 "열기" 버튼을 클릭한다. 그림 1-34에서처럼 디바이스는 SD 카드가 장착된 위치여야 한다.

③ 그림 1-34와 같이 이미지 파일을 선택하였으면 "Write"버튼을 클릭한다.

④ 그림 1-35는 이미지 파일을 업로드하기 위한 디바이스가 맞는지 확인하는 메시지이므로 "Yes"버튼을 클릭하면 된다. 일정 시간이 흐른 후 업로드에 문제가 없으면 "Write Successful" 메시지가 나타나며 OK버튼을 클릭하여 종료한다.

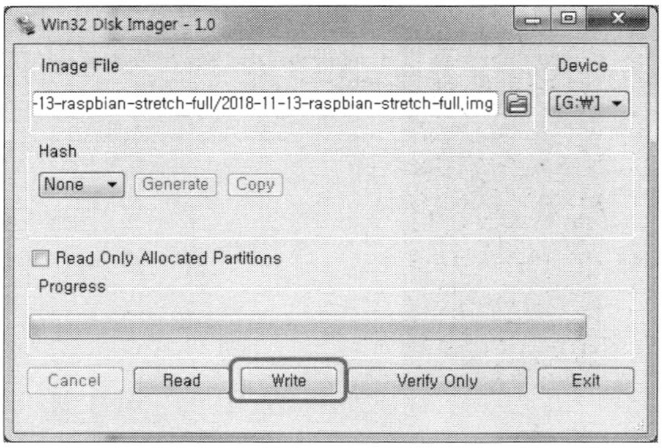

그림 1-34 선택된 이미지 파일 업로드

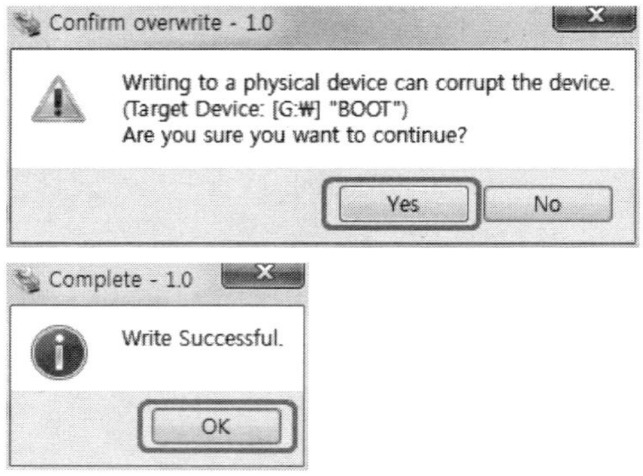

그림 1-35 디바이스 확인 메시지 및 성공

1.2.4 라즈베리파이 부팅 및 초기 설정

라즈비안 OS 이미지를 SD카드에 업로드 하였으므로 SD카드를 컴퓨터의 USB에서 제거한 다음 그림 1-36과 같이 라즈베리파이 보드의 SD카드 슬롯에 장착을 하고 마우스, 키보드, 랜 케이블, HDMI 케이블을 각각 연결한다.

그림 1-36 SD카드 장착, 마우스, 키보드, 랜 케이블, HDMI포트 연결

그림 1-37과 같이 파워를 공급하면 HDMI케이블에 연결된 모니터에 부팅화면이 나타나고 부팅이 완료되면 그림 1-38과 같은 그래픽 사용자 인터페이스 환경설정창이 나타난다.

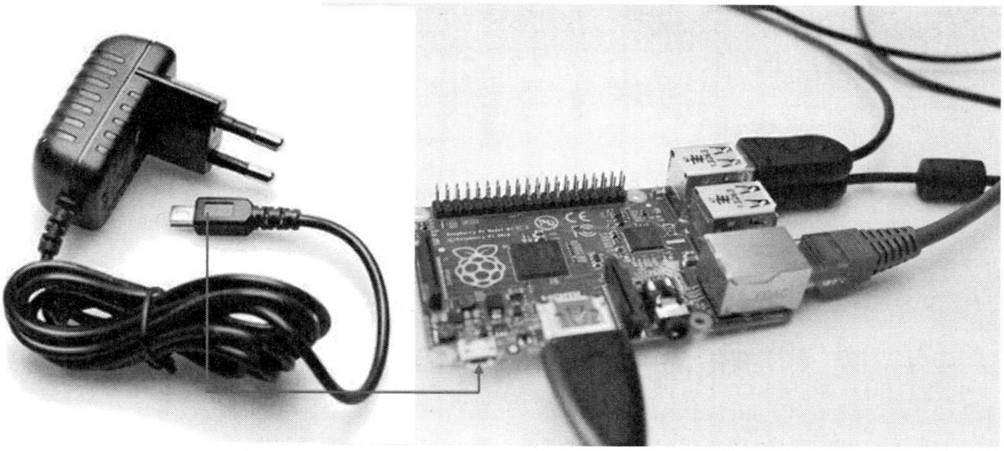

그림 1-37 파워 공급

(1) 환경설정 및 와이파이 설정

기존의 라즈비안 OS와는 다르게 기본설정 및 와이파이 설정을 위한 초기 화면이 나타난다. 자, 우선 라즈베리파이 3의 기본설정 및 와이파이 설정부터 마무리하자.

① 그림 1-38에 나타난 메시지는 기본설정을 위한 것이다. 메시지를 확인한 후 [Next]버튼을 클릭한다.

② 그림 1-39와 같이 지역과 언어를 설정하는 창이 나타난다. 어떤 이유인지는 아직 확인이 안 되었지만 한국과 한국시간으로 설정하면 와이파이가 동작하지 않는 문제가 있으므로 국가는 United Kingdom, 언어는 Britsh English, 시간지역은 London으로 설정한 다음 [Next]버튼을 클릭한다.

그림 1-38 라즈베리파이 3 부팅 시 초기화면

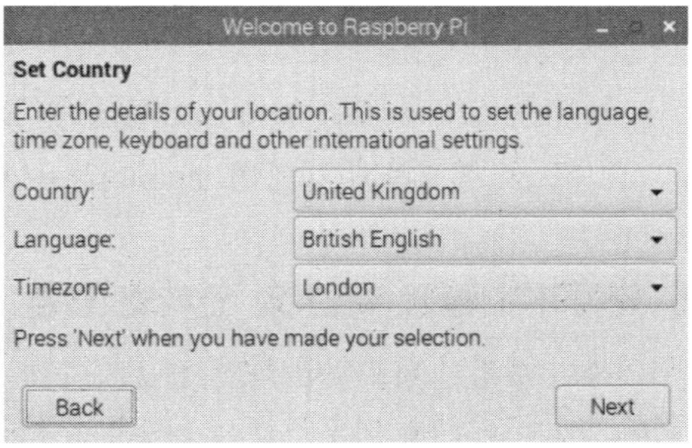

그림 1-39 환경 설정 중 지역 설정

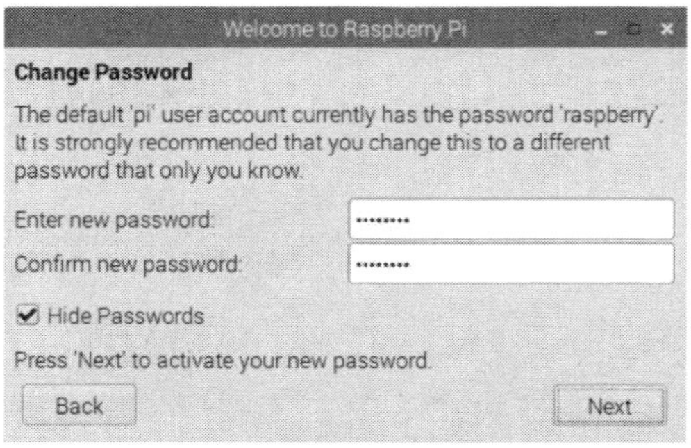

그림 1-40 환경 설정 중 패스워드 설정

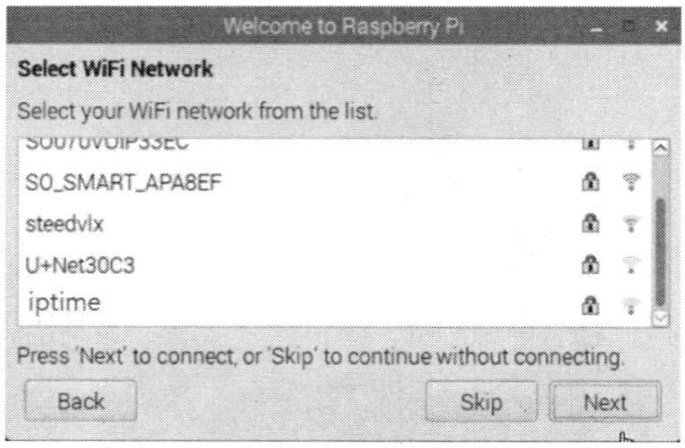

그림 1-41 환경 설정 중 와이파이 설정

③ 그림 1-40과 같이 패스워드를 설정하는 창이 나타난다. 현재 패스워드는 "raspberry"로 되어 있으며 패스워드를 변경하려면 변경할 패스워드를 두 번 입력하고 [Next]버튼을 클릭한다.

④ 그림 1-41과 같이 라즈베리파이 3 플랫폼이 설치되어 있는 지역에 제공되는 와이파이 리스트가 나타난다. 해당 와이파이를 선택한 다음 [Next]버튼을 클릭한다.

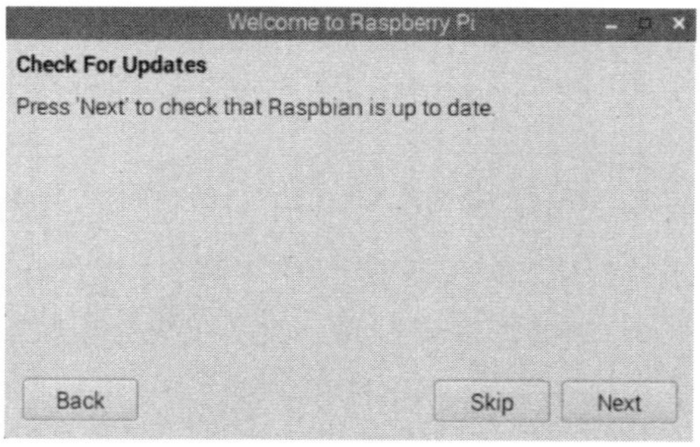

그림 1-42 환경 설정 중 최신 정보 갱신

⑤ 마지막으로 그림 1-42와 같이 최신정보 갱신을 위해 [Next]버튼을 클릭한다. 약간의 시간이 소요되므로 필요하지 않다면 [skip]버튼을 클릭한다.

(2) 와이파이 설정 확인 및 인터넷 연결

와이파이 설정이 완료되면 화면 상단 우측에 그림 1-43과 같은 아이콘이 활성화되어 나타날 것이다. 이 아이콘에 마우스를 올려놓으면 와이파이에 할당된 IP가 나타나는 것을 확인할 수 있다. 이제 1-44와 같이 화면 상단 좌측에 있는 지구본 아이콘을 클릭하여 인터넷에 연결해 보자. www.naver.com을 연결할 경우 정상이라면 그림 1-45와 같은 화면이 나타날 것이다. 여러분의 라즈베리파이 3 서버가 최초로 세상과 연결되는 순간을 맞이하자.

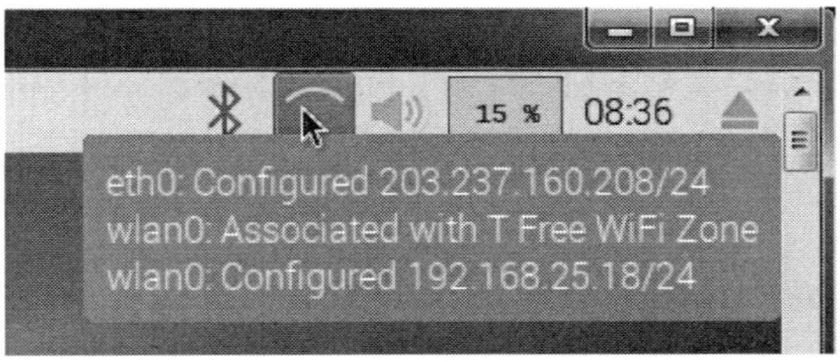

그림 1-43 라즈비안 GUI의 무선아이콘

그림 1-44 라즈비안 GUI의 인터넷 아이콘

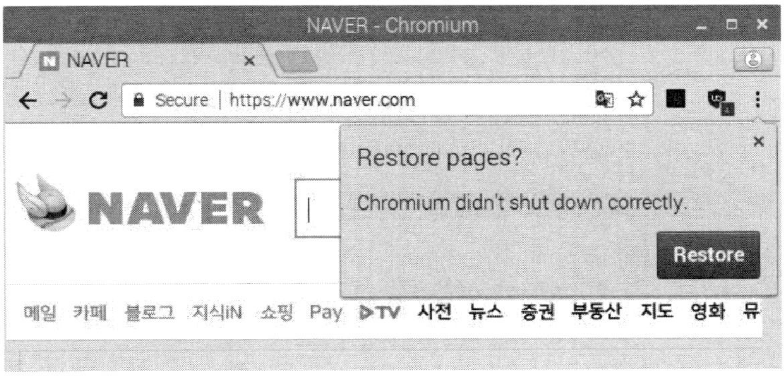

그림 1-45 라즈비안 OS에서 연결된 인터넷 익스플로러

1.2.5 라즈베리파이 유선 네트워크 설정

와이파이 설정이 완료되었으므로 네트워크 사용 및 인터넷 사용이 가능해 졌지만 다양한 네트워크 활용을 위해 유선 네트워크를 설정하는 것도 필요하다. 기존에 구축되어 있는 네트워크에 LAN 케이블을 연결하여 네트워크 환경을 구축할 수 있다. 기본적으로 IP를 자동으로 할당 받는 DHCP(Dynamic Host Configuration Protocol)가 설정되어 있기 때문에 LAN케이블을 연결하면 자동으로 IP가 설정이 되지만 IP가 static으로 제공되는 환경에서는 다음과 같이 고정 IP를 사용하기 위한 네트워크 설정을 변경해 주어야 한다. 물론 이 과정을 실행하기 전에 네트워크 케이블을 라즈베리파이 서버 3에 연결해야한다.

(1) 고정 IP 유선 네트워크 설정

라즈베리파이 3 서버의 시스템 폴더에는 etc라는 폴더가 있다 이 폴더에 있는 파일들은 시스템의 부팅, 셧 다운 시에 필요한 파일들과 시스템의 전반에 걸친 설정 파일들 및 초기 스크립트 파일들이 있다. 시스템에 어떠한 문제가 발생한다거나, 시스템 전체 환경에 관한 설정을 바꾸기 위해서는 이들 폴더 안에 포함되어 있는 파일들에 대하여 잘 알아야 한다. etc폴더에 dhcpcd.conf라는 파일이 있다. 이 파일을 그림 1-46과 같이 nano 편집기 명령어를 입력하여 편집한다. 스크롤을 이용하여 파일의 하단을 보면 그림 1-47과 같은 파일 내용이 나타난다. 이 파일을 여러분에게 주어진 고정 IP를 활용하여 1-48과 같이 변경한다. 여기에 주어진 IP주소 등은 필자가 사용하는 IP이므로 독자들은 자신에게 주어진 IP를 활용하면 된다.

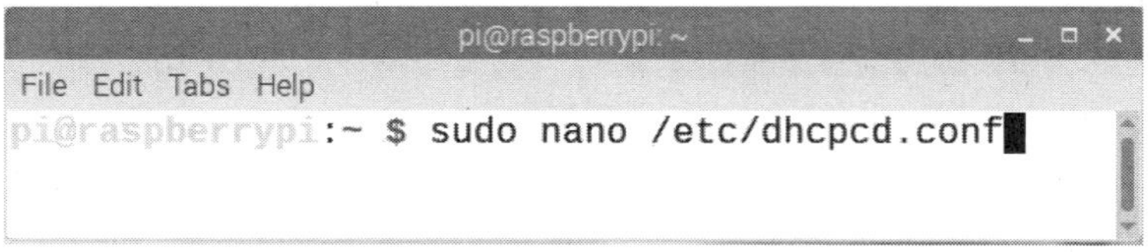

그림 1-46 dhcpcd.conf파일 편집 명령어

그림 1-47 고정 IP 입력 전 상태

그림 1-48 주어진 고정 IP 입력 후 상태

그림 1-48과 같이 편집이 완료되면 순리대로 ctrl+o, enter 그리고 ctrl+x를 눌러 편집한 파일을 저장한다. 이제 설정을 변경했으므로 그림 1-49와 같이 서버를 재부팅하거나 그림 1-50과 같이 네트워크 설정만 새롭게 시작하는 명령어를 실행한다.

그림 1-49 서버 재부팅 명령어

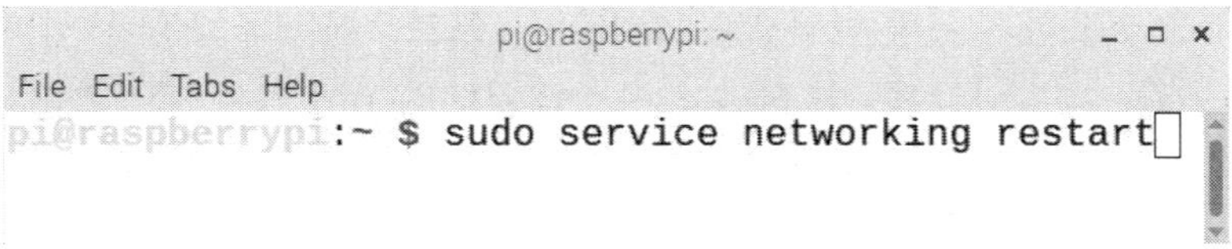

그림 1-50 수정된 네트워크 내용만 재설정하는 명령어

(2) 고정 IP로 설정한 네트워크 확인

그림 1-51과 같이 마우스 커서를 와이파이 아이콘에 올려놓으면 wlan0는 192.168.25.18로 나타나고 eth0는 203.237.160.208로 설정되어 있는 것을 확인할 수 있다. 물론 이 내용은 필자의 환경이므로 독자의 모니터에는 독자의 환경에 맞게 나타날 것이다. 현재 활성화되어 있는 네트워크는 와이파이이므로 유선 네트워크를 활용하려면 네트워크 아이콘을 마우스로 클릭하여 와이파이를 **OFF상태**로 만들면 된다. 독자의 모니터에는 그림 1-52와 같이 네트워크 아이콘이 바뀌는 것을 확인할 수 있다. 이 상태에서 GUI좌측 상단의 인터넷 아이콘을 클릭하여 www.google.com 등의 웹 사이트가 활성화되는지 확인한다. 네트워크 설정 변경이 정상적으로 되었다면 그림 1-53과 같은 상태가 나타난다.

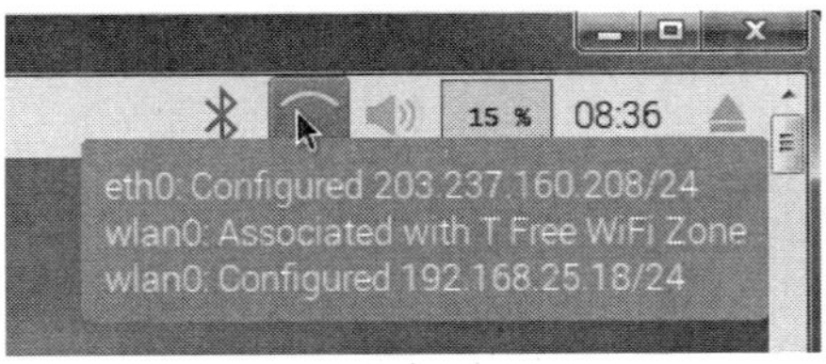

그림 1-51 wlan0와 eth0

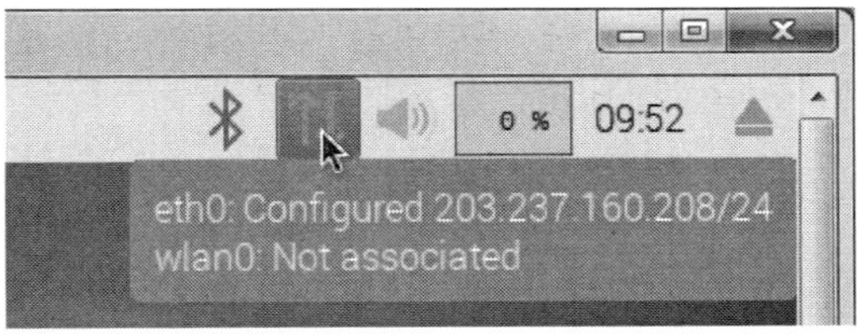

그림 1-52 eth0만 활성화 된 상태

그림 1-53 정상적인 고정 IP에 의한 인터넷 익스플로러

1.2.6 라즈베리파이와 삼바(SMB)

여러분의 라즈베리파이 3에 라즈비안 운영체제를 설치하고 네트워크 설정을 완료하였으니 다음 단계로 파일관리의 효율성을 위해 서로 다른 OS를 탑재한 시스템 사이에 파일을 공유할 수 있는 프로그램을 설치할 필요가 있다. 즉, 윈도우 환경에서 작성한 파일을 리눅스 OS인 라즈비안 환경에서 그대로 사용할 수 있는 환경을 구축할 필요가 있다. 이 절에서는 다른 시스템의 파일을 공유하기 위한 방법으로 "삼바"라는 프로토콜을 소개한다. 삼바(SMB, Server Message Block)란, 이미 언급했듯이 하나의 시스템(윈도우즈)이 다른 시스템의 디스크나 프린터 등의 자원을 공유할 수 있도록 개발된 프로토콜이다. 여기서는 기존의 PC에서 사용하는 윈도우즈용 파일과 라즈베리파이에서 사용하는 리눅스 기반 라즈비안의 파일을 공유한다.

(1) 삼바설치

라즈베리파이 3에 삼바 프로토콜을 설치하기 위해 다음과 같은 과정을 실행한다.

① 그림 1-54에서 라즈비안 GUI의 상단에 있는 터미널 모드 아이콘을 클릭한다.

그림 1-54 명령어 입력 터미널 생성

② 그림 1-55와 같은 명령어를 입력하여 /etc/apt/sources.list에 등록된 저장소에 있는 캐쉬 정보를 업데이트한다.

그림 1-55 캐쉬 정보 갱신 명령어

③ 그림 1-56과 같이 명령어를 입력하여 삼바관련 패키지를 설치한다.

그림 1-56 삼바 설치 명령어

④ 패키지 설치 중간에 추가적인 디스크 공간의 사용을 요청하는 메시지가 나타나면 “y”를 눌러 계속 진행한다. 설치가 완료되면 그림 1-57과 같이 폴더를 변경하고 ls -l명령어를 입력하여 etc폴더의 하위폴더에 samba폴더가 생성된 것을 확인한다.

```
pi@raspberrypi: /etc
File  Edit  Tabs  Help
pi@raspberrypi:~ $ cd /etc
pi@raspberrypi:/etc $ ls -l
```

```
pi@raspberrypi: /etc
File  Edit  Tabs  Help
drwxr-xr-x  2 root root   4096 Jan 18  2017 rsyslog.d
-rw-r--r--  1 root root  12100 Aug 19  2015 RTIMULib.ini
drwxr-xr-x  2 root root   4096 Dec 18 08:58 samba
-rw-r--r--  1 root root   4179 May 17  2017 securetty
```

그림 1-57 생성된 samba폴더

⑤ 다음으로 그림 1-58과 같은 명령어를 입력하여 삼바 접속 시 사용할 사용자 ID와 패스워드를 설정한다. 사용자 ID는 “pi”로 설정하고, 패스워드는 원하는 것으로 입력한다.

```
pi@raspberrypi: ~
File  Edit  Tabs  Help
pi@raspberrypi:~ $ sudo smbpasswd -a pi
New SMB password:
Retype new SMB password:
Added user pi.
pi@raspberrypi:~ $
```

그림 1-58 아이디 및 패스워드 설정

⑥ 사용자 “pi”에 대한 삼바 설정을 위해 다음 명령어를 사용하여 smb.conf파일을 수정한다. 수정을 위해 텍스트 편집기인 ‘nano 편집기’를 사용한다. 파일을 편집하려면 편집기를 실행할 때 그림 1-59와 같이 편집할 파일을 지정하면 된다.

```
pi@raspberrypi: ~
File  Edit  Tabs  Help
pi@raspberrypi:~ $ sudo nano /etc/samba/smb.conf
```

그림 1-59 samba설정을 위한 설정파일 편집 명령어

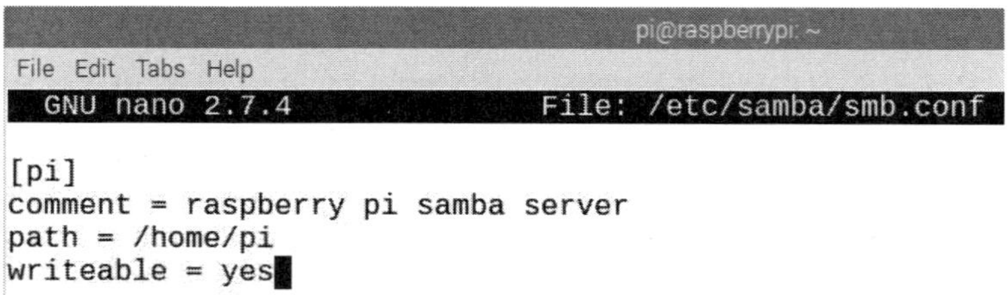

그림 1-60 samba를 이용한 공유 폴더 설정

⑦ smb.conf파일의 하단에 그림 1-60과 같이 [pi]부터 3줄의 텍스트 내용을 입력하고 ctrl+o, enter 그리고 ctrl+x를 입력하여 편집한 파일을 저장한다. 이 내용은 pi폴더를 공유하도록 설정한 것이다.

⑧ 그리고 설정한 삼바 프로토콜이 실행되도록 그림 1-61과 같이 삼바를 다시 실행한다.

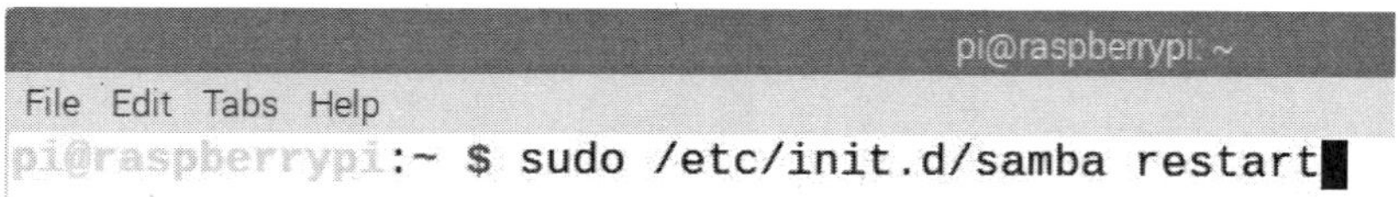

그림 1-61 samba 재시작 명령어

(2) 삼바 프로토콜로 구성한 공유 폴더 접속

① 여러분의 컴퓨터에서 윈도우 탐색기를 열어 그림 1-62와 같이 상위 디렉터리 입력란에 라즈베리파이의 고정 IP 주소를 입력하면 그림 1-63과 같이 라즈비안의 공유 폴더인 pi에 접속할 수 있다.

그림 1-62 라즈베리파이 3의 IP가 입력된 윈도우탐색기

② 그림 1-63에서 공유폴더인 pi폴더를 클릭하면 그림 1-64와 같은 창이 나타나며 삼바 프로토콜 설치 시 설정하였던 ID와 패스워드를 입력하면 그림 1-64의 우측 그림과 같은 결과가 나타난다. 그림 1-64의 우측 그림을 자세히 살펴보면 라즈베리파이 3 서버의 공유폴더인 pi폴더 아래 다양한 하위 폴더가 있는 것을 확인할 수 있다.

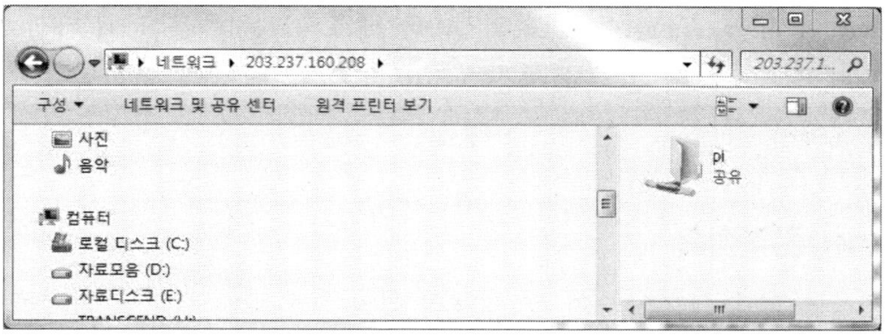

그림 1-63 라즈베리파이 공유폴더 pi

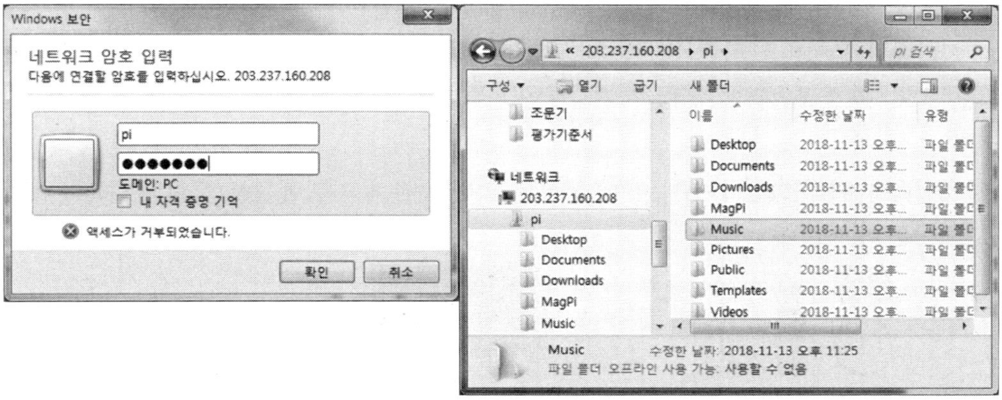

그림 1-64 공유폴더 암호창과 공유폴더 내용

1.3 원격접속

학습목표	• 원격접속이 무엇인지 알 수 있다. • 사용자 컴퓨터에서 라즈베리파이에 원격 접속할 수 있다.

1.3.1 텍스트 기반 원격접속

(1) 원격접속이란 무엇인가?

원격접속 서비스는 자신이 사용권한을 가지고 있는 컴퓨터를 이용하여 다른 곳에 위치한 컴퓨터를 온라인으로 연결하여 사용하는 서비스이다. 기존에 사용하던 컴퓨터에서 라즈베리파이를 원격접속함으로써 키보드, 마우스, 모니터 등의 추가 구성요소를 줄일 수 있다. 텍스트 기반 원격제어 설정 후 인터넷(유선 또는 무선) 연결과 전원공급만 해주면 되기 때문에 배선정리, 공간, 비용 등에 있어 효율적이다. 원격접속은 네트워크를 이용할 때 가장 많이 사용하며 텍스트 기반 텔넷을 이용하여 컴퓨터 사용자로 로그온하려면 사용자 아이디(user id)와 암호(password)를 넣어야 하며 로그온되면 이용할 수 있다.

(2) 텔넷(Telnet)원격접속

인터넷 사용자는 텔넷을 이용하여 전 세계의 다양한 온라인 서비스를 제공받을 수 있다. 물론 다른 컴퓨터에 접속하려면 그 컴퓨터를 사용할 수 있는 사용자 번호와 비밀번호를 알고 있어야 한다. 이 텔넷 응용서비스가 매우 효과적인 이유는 거리에 관계없이 쉽게 원격시스템에 접속할 수 있기 때문이다. 반면 텍스트 기반의 한계는 가지고 있다. 텔넷도 다른 TCP/IP 프로토콜의 인터넷 응용서비스들과 마찬가지로 모두 고유의 포트번호를 가지고 있는데 텔넷은 23번이라는 고유 포트번호를 가진다.

① 텔넷접속을 위해 그림 1-65와 같이 컴퓨터 하단 좌측의 시작메뉴를 클릭한 다음 cmd라는 명령어를 입력한다.

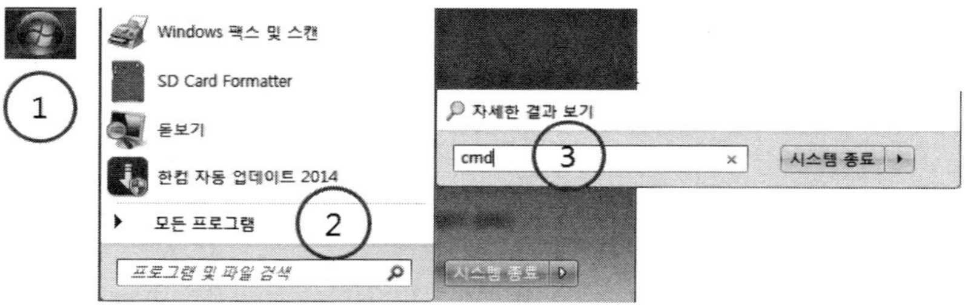

그림 1-65 윈도우 시작 아이콘과 cmd 명령어 입력 창

② 그림 1-66과 같이 명령어 프롬프트 창이 나타나면 그림 1-67과 같이 telnet을 입력한다. telnet이 활성화되어 있지 않으면 그림 1-67과 같은 오류 메시지가 나타날 것이다.

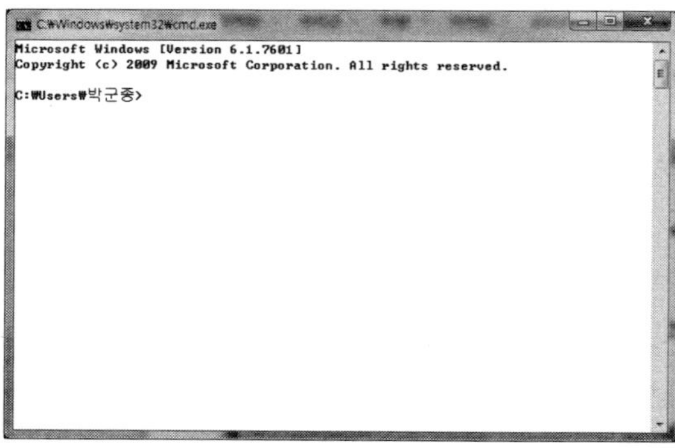

그림 1-66 cmd창

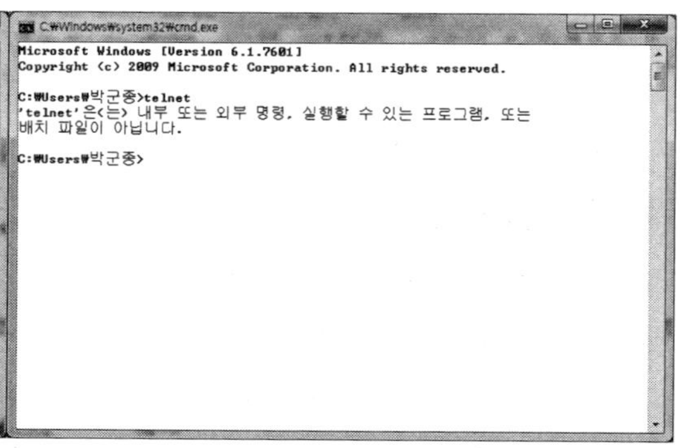

그림 1-67 telnet오류 창

③ 다시 윈도우 좌측 하단의 시작메뉴 버튼을 클릭한 다음 제어판을 선택하고 그림 1-68과 같이 프로그램을 선택한다. 그리고 그림 1-69와 같이 윈도우기능사용을 선택한다.

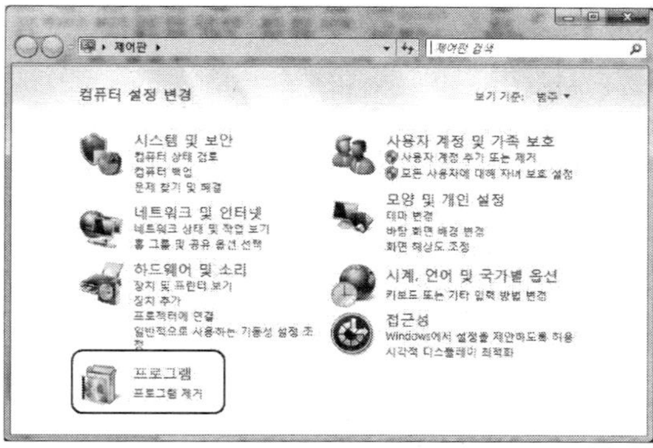

그림 1-68 제어판의 프로그램 선택

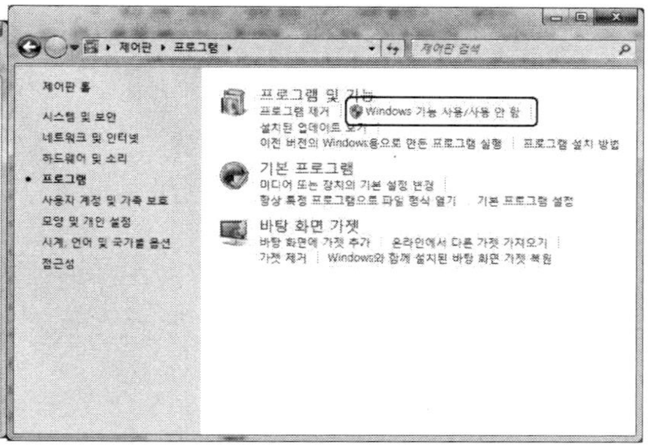

그림 1-69 프로그램에서 윈도우기능사용

④ 그림 1-69의 윈도우기능사용을 클릭하여 나타난 창에서 하단으로 스크롤을 하여 텔넷 클라이언트를 찾는다. 그림 1-70과 같이 텔넷 클라이언트를 선택하여 ✔표시를 한 다음 확인버튼을 클릭한다. 설정이 종료된 후 명령어 프롬프트 창에서 그림 1-71과 같이 명령어를 입력하면 원격접속이 이루어진다.

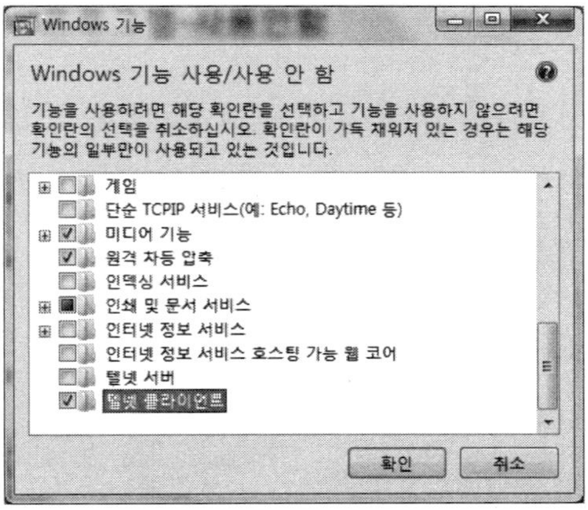

그림 1-70 텔넷클라이언트 선택

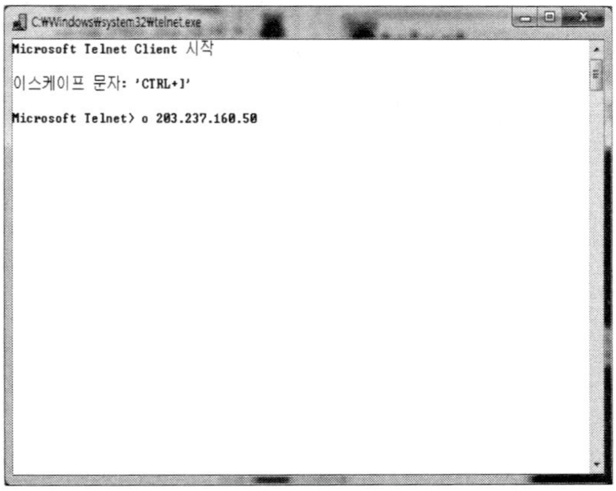

그림 1-71 원격접속 명령어 입력

(3) putty를 이용한 원격접속

텔넷은 보안이 요구되는 원격접속에는 도움이 되지 않는다. 그러므로 보안을 유지해야한다면 SSH(Secure shell)를 이용한 원격접속인 putty를 사용하는 것도 하나의 해법이다. 물론 putty역시 텍스트기반이라는 한계는 가지고 있다.

① 우선 라즈베리파이의 환경설정을 이용해 SSH가 인에이블되어 있는지를 확인한다. 라즈비안 터미널 창에서 sudo raspi-config명령어를 이용하여 설정할 수 있지만 이절에서는 라즈비안 GUI화면의 preferences를 통해 설정해보자. 그림 1-72의 좌측과 같이 화면 좌측 상단의 라즈베리파이 아이콘을 클릭하고 preferences를 누른 다음 Raspberry PI Configuration을 선택하면 그림 1-72의 우측과 같은 창이 나타나며 이창에서 SSH를 인에이블하면 원격접속을 위한 기본 환경 설정이 마무리된다.

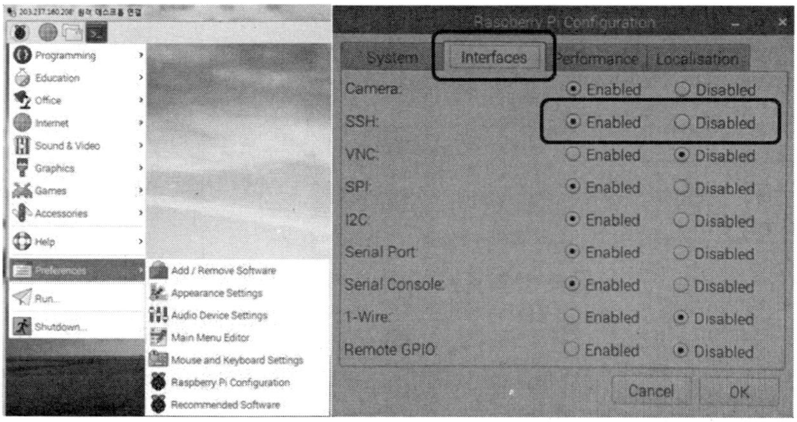

그림 1-72 라즈비안 GUI에서 환경설정하기

② 그림 1-73과 같이 여러분의 컴퓨터에서 인터넷을 이용해 putty 프로그램을 다운로드 받는다. 다운로드 받을 사이트는 www.putty.org이다.

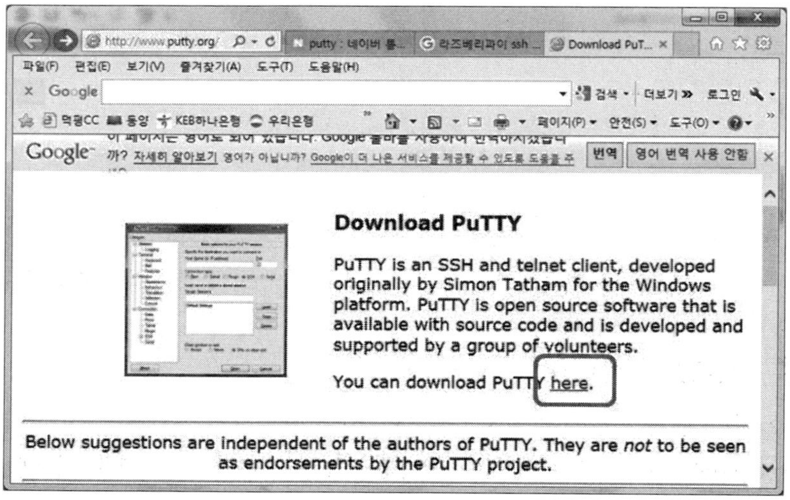

그림 1-73 putty다운로드 홈페이지 1

③ 그림 1-74와 같이 Download PuTTY를 선택하여 클릭한다.

④ 그림 1-75와 같이 putty.exe를 선택하여 클릭한다.

⑤ putty.exe를 실행하면 그림 1-76과 같은 창이 활성화된다. 먼저 원격접속 대상인 여러분의 라즈베리파이 IP를 입력한다. Connection Type은 SSH 그리고 하단의 Open버튼을 클릭한다.

⑥ 그림 1-77과 같이 명령어 프롬프트 창이 활성화되면 아이디와 패스워드를 입력한다. 환경설정에서 변경하지 않았다면 아이디는 pi, 패스워드는 raspberry이므로 이를 차례로 입력하면 된다. 이제 원격접속이 이루어졌으니 원하는 명령어를 입력하여 라즈비안을 활용하면 된다.

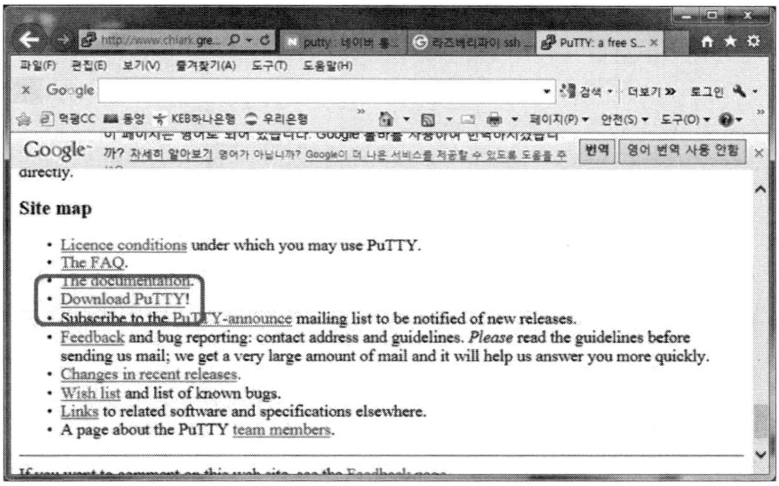

그림 1-74 putty다운로드 홈페이지에서 Download PuTTY찾기

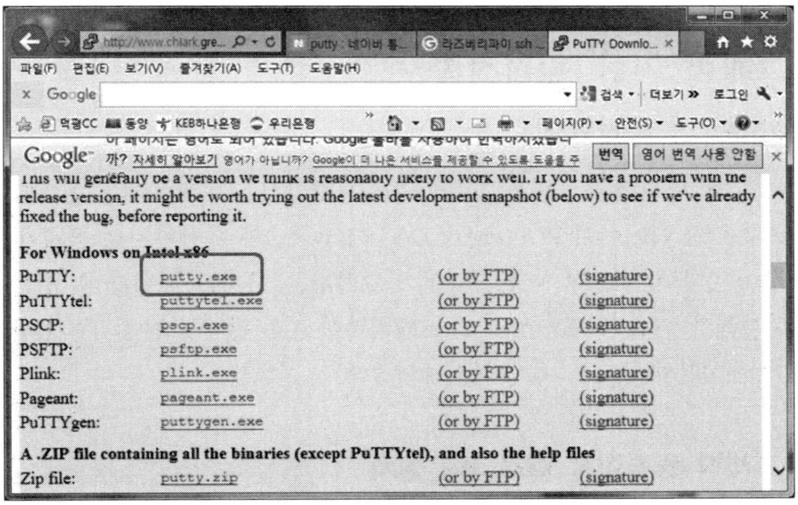

그림 1-75 putty다운로드 홈페이지에서 putty.exe선택

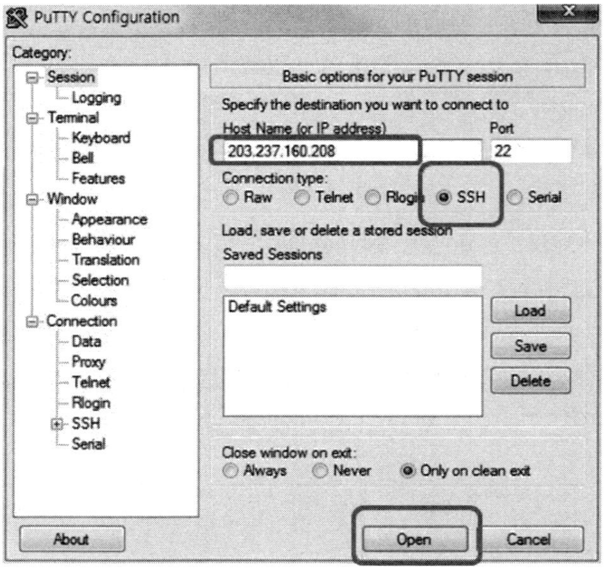

그림 1-76 PuTTY접속 조건 입력하기

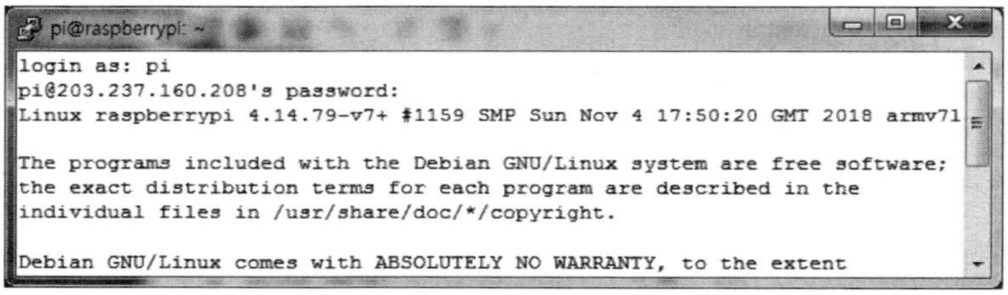

그림 1-77 PuTTY접속을 위한 아이디와 패스워드 입력

1.3.2 그래픽 기반 원격접속

(1) 라즈베리파이 3 환경설정

라즈베리파이 3에 원격접속을 허용하려면 먼저 환경설정을 통해 SSH를 인에이블해야 한다. SSH는 secure shell의 약어이며 PGP(Pretty Good Privacy)와 마찬가지로 공개키 방식의 암호 방식을 사용하여 원격지 시스템에 접근하여 암호화된 메시지를 전송할 수 있는 시스템이며 SSH를 인에이블해야 다른 컴퓨터에서 라즈베리파이 3을 원격접속 할 수 있다. 앞 절에서 SSH를 이미 인에이블했으므로 여기서는 생략한다.

(2) XRDP 그래픽 원격접속 프로그램 설치

① 그림 1-78과 같이 원격접속을 위한 응용프로그램 xrdp를 라즈베리파이에 설치한다.

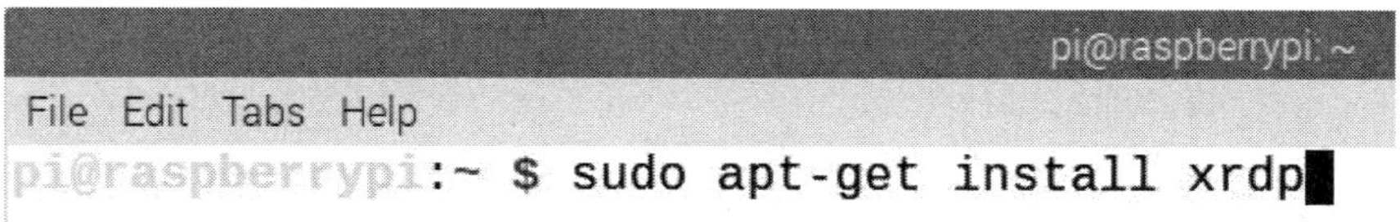

그림 1-78 원격접속 프로그램 xrdp 설치

② 설치가 완료되면 그림 1-79와 같이 여러분의 컴퓨터에서 시작 버튼을 누른 다음 명령어 창에 mstsc를 입력한다. 그러면 그림 1-79의 우측 화면처럼 원격 데스크톱 창이 나타난다. 이 창에 여러분의 라즈베리파이 IP를 입력하고 연결 버튼을 클릭한다.

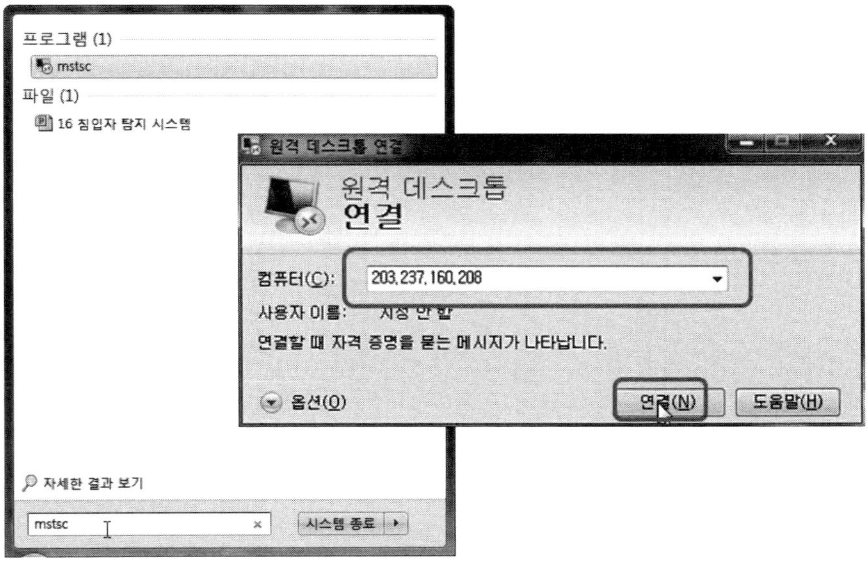

그림 1-79 원격접속을 위한 mstsc와 원격 데스크톱 창

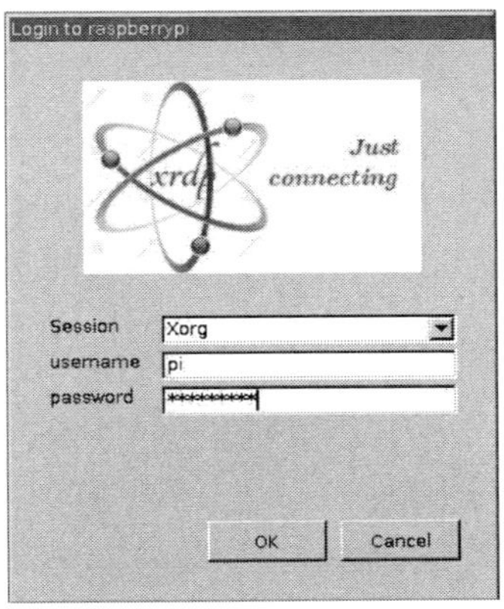

그림 1-80 원격접속 아이디

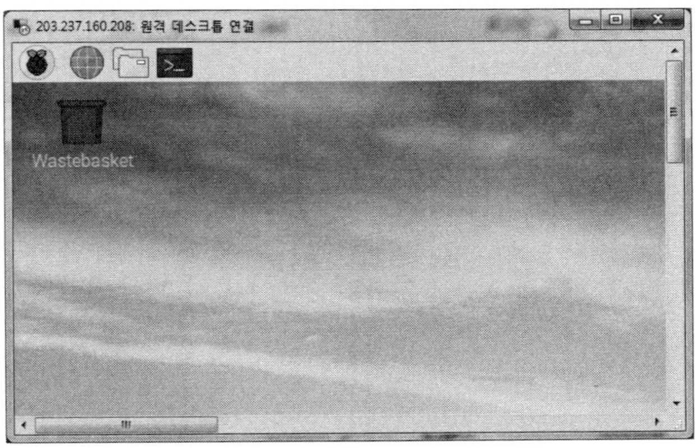

그림 1-81 원격접속이 완료된 GUI

③ 원격접속이 이루어지려면 그림 1-80과 같이 라즈베리파이의 아이디(username)와 패스워드(password)를 입력해야 한다.

④ 아이디와 패스워드 입력이 정상적으로 이루어지면 그림 1-81과 같이 라즈베리파이의 라즈비안과 동일한 GUI가 여러분의 컴퓨터 화면에 나타날 것이다. 이제 원격접속이 완료되었으므로 필요한 작업을 실행하면 된다.

2장 / 라즈베리파이 프로그래밍 환경 구축하기

2.1 GPIO 일반

학습목표	• GPIO가 무엇인지 알 수 있다. • 라즈베리파이의 하드웨어 핀 맵을 알 수 있다.

2.1.1 GPIO 개요

라즈베리파이 3는 일상생활에 보편화되어 사용되고 있는 윈도우 OS 환경을 갖고 있는 컴퓨터의 축소판이다. 즉, 라즈베리파이를 통해 영상을 보고, 문서작업을 하며, 웹 서핑을 할 수 있다. 더 나아가 보통 컴퓨터에서 찾아볼 수 없던 40핀 GPIO 커넥터를 제공하고 있어 마이크로 컨트롤러와 같이 입출력 신호의 제어가 가능하다. GPIO(General-purpose Input Output)란, 범용으로 사용되는 입출력 포트를 말하며, 임베디드 시스템의 여러 가지 기능을 위한 주변장치 및 소자들을 동작시키고 그것들이 원하는 방식으로 인터페이스가 되도록 적절한 신호를 전달하며, 설계자가 원하는 동작을 수행할 수 있도록 포트를 입력 및 출력으로 구성한다. 간단히 예를 들면, LED ON/OFF, FND 제어, Buzzer 소리를 켜기 위해서 해당 소자에 0 혹은 1의 신호를 보내주는 것이고, TEXT-LCD에 글자를 출력하기 위한 병렬신호를 보내주는 것이다. 그림 2-1과 같이 라즈베리파이 3 보드 우측에 40개의 GPIO 핀들이 있다. 이 핀들은 외부 디바이스와의 인터페이스 가능을 가지고 있으며, 이 핀들은 GPIO 기능 이외에도 다른 장비와의 통신을 위한 SPI, I2C, UART 기능을 가지고 있어 다양한 목적으로 활용이 가능하다. 이 핀들의 구성은 다음과 같다.

① GPIO Pin : 26개
② 5V PWR Pin : 2개
③ 3.3V PWR Pin : 2개
④ GND Pin : 8개
⑤ Reserved Pin : 2개 (I2C ID EEPROM)

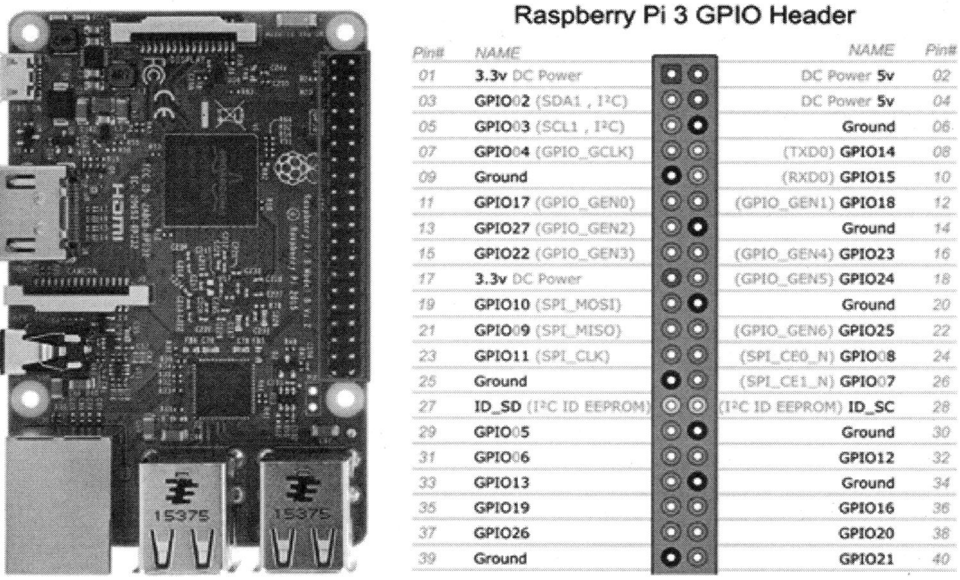

그림 2-1 라즈베리파이 3 보드의 40핀 GPIO와 핀 이름

2.2 wiringPi 라이브러리 설치

학습목표	• GPIO 라이브러리인 와이어링파이가 무엇인지 알 수 있다. • GPIO 라이브러리인 와이어링파이를 설치할 수 있다.

2.2.1 GPIO 라이브러리 소개

라즈베리파이의 GPIO를 제어하기 위해서 사용되는 언어는 C, C++, Java, Python 등 매우 다양하며, 각 언어에 따라 사용자들의 라이브러리를 작성하여 제공하고 있다. 라즈베리파이 OS인 라즈비안은 파이썬 라이브러리를 탑재하고 있으며 이 장에서는 C를 사용하여 GPIO를 제어하는 라이브러리인 wiringPi를 사용한다. wiringPi는 라즈베리파이 3의 GPIO 포트를 제어하기 위해 작성된 GPIO 입출력 라이브러리이며, 라즈베리파이 안에서 사용되는 BCM2835, BCM2836 그리고 BCM2837 SoC를 위해 C로 작성되어 있다. wiringPi는 GNU LGPLv3 라이선스를 갖고 있으며 C, C++ 그리고 RTB(Basic)언어에서 사용이 가능하다. 특히 wiringPi는 아무이노 프로그래밍을 이해하고 있으면 누구나 쉽게 접근할 수 있다.

2.2.2 wiringPi 설치

GIT은 소규모 프로젝트부터 대규모 프로젝트에 이르기까지 모든 것을 신속하고 효율적으로 처리할 수 있도록 설계된 무료 오픈 소스 분산형 버전 제어 시스템이다. 지금부터 GIT를 통해 wiringPi를 다운로드하고 설치해보자.

(1) GIT설치

그림 2-2와 같은 명령어를 입력하여 GIT를 설치한다.

```
pi@raspberrypi: ~
File  Edit  Tabs  Help
pi@raspberrypi:~ $ sudo apt-get install git-core
```

그림 2-2 GIT 프로그램 설치

(2) wiringPi 라이브러리 다운로드

그림 2-3과 같이 GIT를 활용하는 명령어를 입력하여 wiringPi 라이브러리를 다운로드한다.

```
pi@raspberrypi: ~
File  Edit  Tabs  Help
pi@raspberrypi:~ $ git clone git://git.drogon.net/wiringPi
```

그림 2-3 wiringPi 라이브러리 다운로드

(3) wiringPi 라이브러리 빌드

wiringPi 관련 빌드파일은 pi폴더의 하위 폴더인 wiringPi 폴더에 있다. 그림 2-4와 같은 명령어를 입력하여 wiringPi 라이브러리를 빌드한다. 빌드가 완료되면 그림 2-5와 같은 문구가 나타난다. 이것은 c로 만든 파일을 컴파일 할 때 컴파일 명령어의 맨 끝에 -lwiringPi라는 문구를 함께 사용하라는 안내 문구이다.

```
pi@raspberrypi: ~/wiringPi
File  Edit  Tabs  Help
pi@raspberrypi:~ $ cd wiringPi
pi@raspberrypi:~/wiringPi $ ls
build           debian-template  gpio        People      update     wiringPi
COPYING.LESSER  devLib           INSTALL     pins        VERSION    wiringPiD
debian          examples         newVersion  README.TXT  version.h
pi@raspberrypi:~/wiringPi $ ./build
```

그림 2-4 wiringPi폴더와 라이브러리 빌드 명령어

```
pi@raspberrypi: ~/wiringPi
File Edit Tabs Help
All Done.

NOTE: To compile programs with wiringPi, you need to add:
    -lwiringPi
  to your compile line(s) To use the Gertboard, MaxDetect, etc
  code (the devLib), you need to also add:
    -lwiringPiDev
  to your compile line(s).
```

그림 2-5 라이브러리 빌드 완료 메시지

(4) wiringPi 라이브러리 설치 확인

그림 2-6과 같은 명령어를 입력하여 wiringPi 라이브러리가 정상적으로 설치되어 있는지를 확인할 수 있다. 현재 설치된 GPIO버전은 2.46이다.

```
pi@raspberrypi: ~
File Edit Tabs Help
pi@raspberrypi:~ $ gpio -v
gpio version: 2.46
Copyright (c) 2012-2018 Gordon Henderson
This is free software with ABSOLUTELY NO WARRANTY.
For details type: gpio -warranty

Raspberry Pi Details:
  Type: Pi 3, Revision: 02, Memory: 1024MB, Maker: Sony
  * Device tree is enabled.
  *--> Raspberry Pi 3 Model B Rev 1.2
  * This Raspberry Pi supports user-level GPIO access.
pi@raspberrypi:~ $
```

그림 2-6 정상적인 wiringPi 라이브러리 설치 확인 명령어

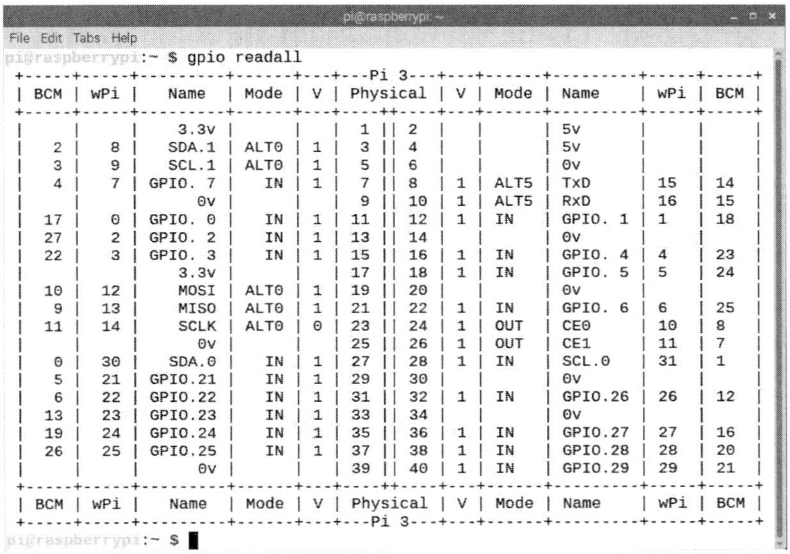

```
pi@raspberrypi:~ $ gpio readall
 +-----+-----+---------+------+---+---Pi 3---+---+------+---------+-----+-----+
 | BCM | wPi |   Name  | Mode | V | Physical | V | Mode | Name    | wPi | BCM |
 +-----+-----+---------+------+---+----++----+---+------+---------+-----+-----+
 |     |     |    3.3v |      |   |  1 || 2  |   |      | 5v      |     |     |
 |   2 |   8 |   SDA.1 | ALT0 | 1 |  3 || 4  |   |      | 5v      |     |     |
 |   3 |   9 |   SCL.1 | ALT0 | 1 |  5 || 6  |   |      | 0v      |     |     |
 |   4 |   7 | GPIO. 7 |   IN | 1 |  7 || 8  | 1 | ALT5 | TxD     | 15  | 14  |
 |     |     |      0v |      |   |  9 || 10 | 1 | ALT5 | RxD     | 16  | 15  |
 |  17 |   0 | GPIO. 0 |   IN | 1 | 11 || 12 | 1 | IN   | GPIO. 1 | 1   | 18  |
 |  27 |   2 | GPIO. 2 |   IN | 1 | 13 || 14 |   |      | 0v      |     |     |
 |  22 |   3 | GPIO. 3 |   IN | 1 | 15 || 16 | 1 | IN   | GPIO. 4 | 4   | 23  |
 |     |     |    3.3v |      |   | 17 || 18 | 1 | IN   | GPIO. 5 | 5   | 24  |
 |  10 |  12 |    MOSI | ALT0 | 1 | 19 || 20 |   |      | 0v      |     |     |
 |   9 |  13 |    MISO | ALT0 | 1 | 21 || 22 | 1 | IN   | GPIO. 6 | 6   | 25  |
 |  11 |  14 |    SCLK | ALT0 | 0 | 23 || 24 | 1 | OUT  | CE0     | 10  | 8   |
 |     |     |      0v |      |   | 25 || 26 | 1 | OUT  | CE1     | 11  | 7   |
 |   0 |  30 |   SDA.0 |   IN | 1 | 27 || 28 | 1 | IN   | SCL.0   | 31  | 1   |
 |   5 |  21 | GPIO.21 |   IN | 1 | 29 || 30 |   |      | 0v      |     |     |
 |   6 |  22 | GPIO.22 |   IN | 1 | 31 || 32 | 1 | IN   | GPIO.26 | 26  | 12  |
 |  13 |  23 | GPIO.23 |   IN | 1 | 33 || 34 |   |      | 0v      |     |     |
 |  19 |  24 | GPIO.24 |   IN | 1 | 35 || 36 | 1 | IN   | GPIO.27 | 27  | 16  |
 |  26 |  25 | GPIO.25 |   IN | 1 | 37 || 38 | 1 | IN   | GPIO.28 | 28  | 20  |
 |     |     |      0v |      |   | 39 || 40 | 1 | IN   | GPIO.29 | 29  | 21  |
 +-----+-----+---------+------+---+----++----+---+------+---------+-----+-----+
 | BCM | wPi |   Name  | Mode | V | Physical | V | Mode | Name    | wPi | BCM |
 +-----+-----+---------+------+---+---Pi 3---+---+------+---------+-----+-----+
pi@raspberrypi:~ $
```

그림 2-7 GPIO 물리적 핀 위치와 wpi 그리고 BCM 핀 위치

그림 2-6의 중간에 raspberry Pi Details가 있으며 여러분이 소유하고 있는 라즈베리파이 3 모델과 Revision이 일치하는 것을 확인할 수 있다. wiringPi가 설치되면 그림 2-7과 같은 gpio readall 명령어를 입력하여 라즈베리파이 3의 핀 맵을 확인할 수 있다. 그림 2-7에서 physical은 실제 GPIO의 핀 번호이고 라즈베리파이의 프로세싱유닛이 BCM 표준이 아닐 경우 wPi핀 번호를 활용한다. BCM은 프로세싱 유닛이 BCM인 경우 모두 사용할 수 있으며 응용 프로그램(C언어, 파이썬)에서 사용하는 핀 번호는 BCM이 대부분이다.

이제부터 C언어와 wiringPi 라이브러리 그리고 GPIO를 이용하여 액추에이터 및 센서를 제어하는 프로그램을 만들어 보자.

3장 / GPIO를 이용한 액추에이터 디바이스 제어하기

3.1 LED 제어

학습목표	• GPIO를 통한 LED제어방법을 알 수 있다. • C언어와 wiringPi를 이용한 LED제어프로그램을 설계할 수 있다.

3.1.1 실습내용

라즈베리파이 3의 GPIO를 이용하여 2개의 LED를 ON 또는 OFF하는 회로를 구성하고 이를 시간적으로 제어하는 프로그램을 C언어와 wiringPi 라이브러리를 이용하여 설계하고 실험한다. LED모듈은 총 16개로 구성되어 있으며 상위 8개는 빨강색, 하위 8개는 녹색 LED로 구성되어 있다. C언어와 wiringPi 라이브러리를 이용하여 빨강색 LED와 녹색 LED를 1초 간격으로 점등되도록 설계하면 된다.

3.1.2 실습재료

라즈베리파이 3		LED 모듈	 www.capstonemall.co.kr
점퍼선	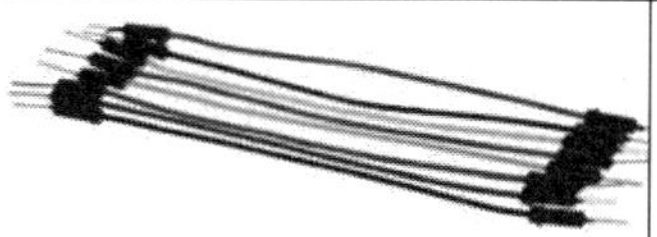		

3.1.3 연결정보

표 3-1 LED모듈과 GPIO연결 정보

BCM	wpi	40Pin Connector	모듈연결위치
GPIO 4	7	7	LED1 애노드
GPIO 17	0	11	LED9 애노드

3.1.4 회로 구성도

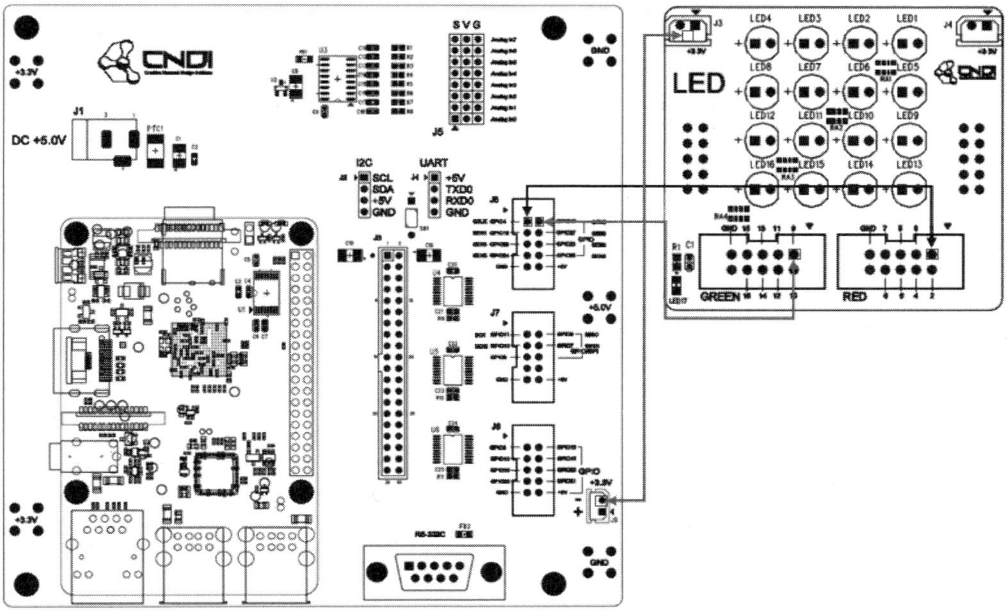

그림 3-1 라즈베리파이 보드와 LED 모듈 연결 회로도

표 3-1을 참조하여

① 그림 3-1과 같이 라즈베리파이 확장보드의 10핀 커넥터 J6의 GPIO 4를 LED 모듈의 RED 1과 연결한다.

② 라즈베리파이 확장보드의 10핀 커넥터 J6의 GPIO 17을 LED 모듈의 GREEN 9에 연결한다.

③ 전원은 3.3V이며 확장보드의 3.3V전원과 LED 모듈의 3.3V전원을 연결한다.

※ 그림 3-1의 라즈베리파이 확장보드는 GPIO 연결의 효율성을 높이기 위해 J6, J7, J8에 GPIO핀을 직접 연결한 것으로 확장보드가 없는 독자는 GPIO와 액추에이터를 직접 연결하면 된다. 그리고 이 책에서 사용하는 모듈은 www.capstonemall.co.kr 사이트에서 구입할 수 있다.

3.1.5 프로그램 소스(파일명 led.c)

표 3-2 led.c 소스파일 및 설명

Program Source	Description
#include ⟨wiringPi.h⟩	GPIO Access Library 헤더파일 포함
#define LED_RED_1 4 #define LED_GREEN_1 17	LED 포트 RED 핀 정의 LED 포트 GREEN 핀 정의

int main (void)	
{	
if (wiringPiSetupGpio() == -1) return 1;	WiringPi의 GPIO를 사용하기 위한 설정
pinMode(LED_RED_1,OUTPUT); pinMode(LED_GREEN_1,OUTPUT);	LED 포트 RED 1 핀 출력 설정 LED 포트 GREEN 1 핀 출력 설정
digitalWrite(LED_RED_1,LOW); digitalWrite(LED_GREEN_1,LOW);	LED RED 1 핀에 LOW(0) 출력 (LED OFF) LED GREEN 1 핀에 LOW(0) 출력 (LED OFF)
while(1)	
{	
digitalWrite(LED_RED_1,HIGH);	LED RED 1 핀에 HIGH(1) 출력 (LED ON)
delay(500);	500ms 지연
digitalWrite(LED_RED_1,LOW);	LED RED 1 핀에 LOW(0) 출력 (LED OFF)
delay(500);	500ms 지연
digitalWrite(LED_GREEN_1,HIGH);	LED GREEN 1 핀에 HIGH(1) 출력 (LED ON)
delay(500);	500ms 지연
digitalWrite(LED_GREEN_1,LOW);	LED GREEN 1 핀에 LOW(0) 출력 (LED OFF)
delay(500);	500ms 지연
} return 0; }	

3.1.6 컴파일 및 실행

작성한 led.c 파일을 표 3-3과 같은 명령어를 이용하여 컴파일하고 실행한다. 여기서 led는 실행파일을 의미한다. 그리고 다음 4개의 과정을 통해 실행결과를 확인한다.

표 3-3 led.c 컴파일 및 실행 명령어

컴파일 명령어	gcc -o led led.c -lwiringPi	실행파일명을 led로 설정하여 컴파일한다.
실행	sudo ./led	프로그램을 실행한다.

① 빨강색 LED가 1초 간격으로 점멸되는지 확인한다.

② 녹색 LED가 1초 간격으로 점멸되는지 확인한다.

③ LED의 점멸속도는 무엇으로 조절할 수 있는지 확인한다.

④ LED_RED_1의 define 상수가 4이다. 이 상수를 wpi에서 지정한 상수는 무엇이며 wpi상수로 바꾸어서 실행해도 동일한 결과를 나타내는지 확인한다.

3.2 스위치를 이용한 LED 제어

학습목표	• GPIO를 통한 스위치 제어방법을 알 수 있다. • 스위치 연결방법을 알 수 있다. • 스위치 상태에 따라 LED를 제어하는 방법을 알 수 있다. • C언어와 wiringPi를 이용한 스위치와 LED 제어프로그램을 설계할 수 있다.

3.2.1 실습내용

라즈베리파이 3의 GPIO를 이용하여 8개의 스위치 상태를 읽어서 각각의 버튼 상태에 따라 매칭되는 LED를 ON 또는 OFF하는 회로를 구성한다. 즉, 해당 버튼이 눌리면 각 버튼과 연계된 8개의 LED 중 하나를 ON시키는 프로그램을 C언어와 wiringPi 라이브러리를 이용하여 설계하고 실험한다.

3.2.2 실습재료

라즈베리파이 3		LED 모듈	 www.capstonemall.co.kr
점퍼선	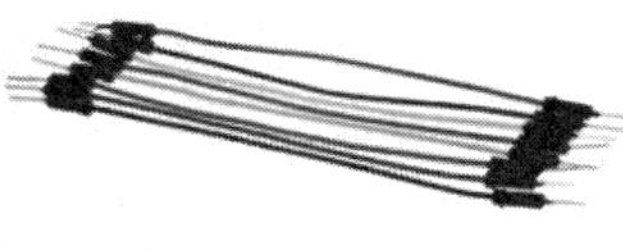	키패드 모듈	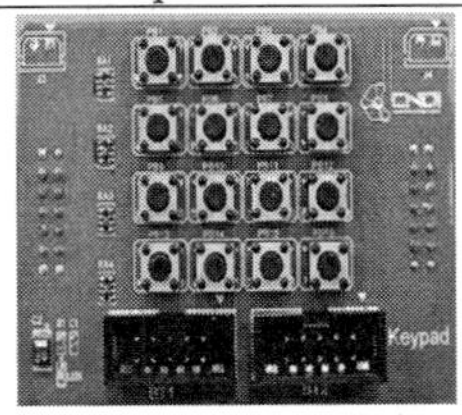 www.capstonemall.co.kr

3.2.3 연결정보

표 3-4 led 모듈, 키패드 모듈과 GPIO연결정보

BCM	wpi	40Pin Connector	모듈연결위치
GPIO 4	7	7	LED1 애노드
GPIO 17	0	11	LED2 애노드
GPIO 18	1	12	LED3 애노드

GPIO 27	2	13	LED4 애노드
GPIO 22	3	15	LED5 애노드
GPIO 23	4	16	LED6 애노드
GPIO 24	5	18	LED7 애노드
GPIO 25	6	22	LED8 애노드
GPIO 6	22	31	PB1 스위치
GPIO 12	26	32	PB2 스위치
GPIO 13	23	33	PB3 스위치
GPIO 16	27	36	PB4 스위치
GPIO 19	24	35	PB5 스위치
GPIO 20	28	38	PB6 스위치
GPIO 26	25	37	PB7 스위치
GPIO 21	29	40	PB8 스위치

3.2.4 회로 구성도

표 3-4를 참조하여

① 그림 3-2와 같이 라즈베리파이 보드에 있는 확장 커넥터 J6에 10핀 케이블 커넥터를 연결하고 반대편은 LED모듈의 RED커넥터에 연결한다.

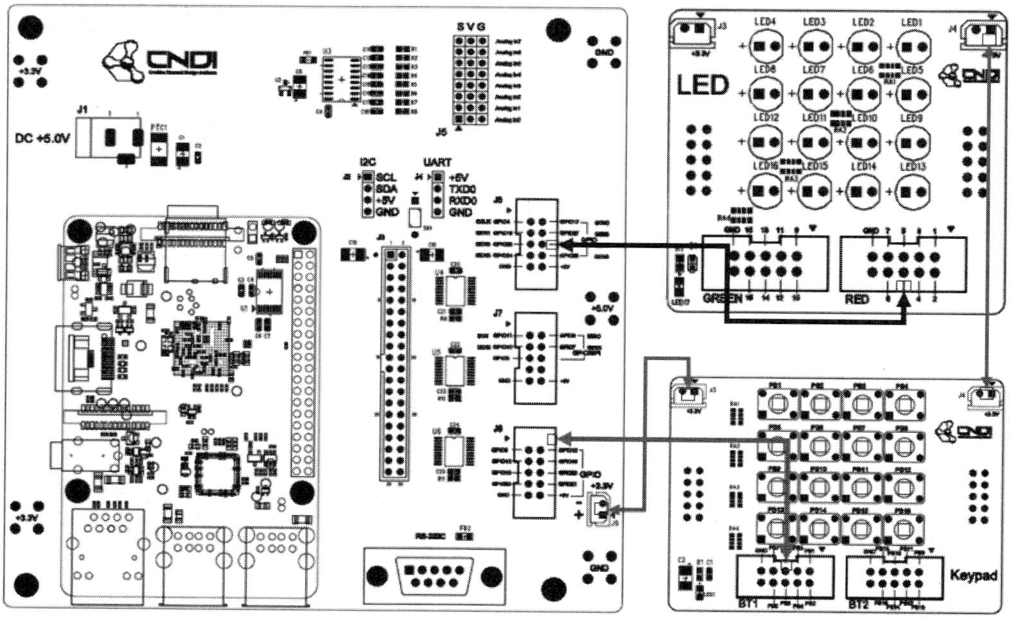

그림 3-2 라즈베리파이 보드와 키패드 모듈 그리고 LED 모듈 연결 회로도

② 확장 커넥터 J8에 10핀 케이블 커넥터를 연결하고 반대편은 키패드 모듈의 BT1커넥터에 연결한다. LED모듈의 상위 8개와 키패드 모듈 상위 8개의 버튼을 사용한다.

③ LED 모듈의 3.3V 파워 라인과 스위치 모듈의 3.3V 파워 라인을 서로 연결하고 키패드 모듈의 3.3V 파워 라인을 라즈베리파이 확장보드의 3.3V 파워 라인에 연결한다.

3.2.5 프로그램 소스(파일명 keypad_led.c)

표 3-5 keypad_led.c 소스파일 및 설명

Program Source	Description
#include 〈wiringPi.h〉	GPIO Access Library 헤더파일 포함
#define LED_PIN_1 4 #define LED_PIN_2 17 #define LED_PIN_3 18 #define LED_PIN_4 27 #define LED_PIN_5 22 #define LED_PIN_6 23 #define LED_PIN_7 24 #define LED_PIN_8 25	LED 포트 RED 핀 정의
#define KEYPAD_PB1 6 #define KEYPAD_PB2 12 #define KEYPAD_PB3 13 #define KEYPAD_PB4 16 #define KEYPAD_PB5 19 #define KEYPAD_PB6 20 #define KEYPAD_PB7 26 #define KEYPAD_PB8 21	KEYPAD 포트 BT1 핀 정의
#define LED_ON 1 #define LED_OFF 0	LED ON/OFF 정의
#define MAX_LED_NUM 8 #define MAX_KEY_BT_NUM 8	LED 개수 및 KEYPAD 버튼 수 정의

const int LedPinTable[8] = {
LED_PIN_1, LED_PIN_2, LED_PIN_3, LED_PIN_4,
LED_PIN_5, LED_PIN_6, LED_PIN_7, LED_PIN_8,
};
	LED 핀 테이블 선언

const int KeypadTable[8]= { KEYPAD_PB1, KEYPAD_PB2, KEYPAD_PB3, KEYPAD_PB4, KEYPAD_PB5, KEYPAD_PB6, KEYPAD_PB7, KEYPAD_PB8,	KEYPAD 핀 테이블 선언

<table>
<tr><td>};</td><td></td></tr>
<tr><td>int KeypadRead(void)
{
int i,nKeypadstate;
nKeypadstate = 0;
for(i =0; i〈MAX_KEY_BT_NUM; i++) {
if(!digitalRead(KeypadTable[i])) {
nKeypadstate |= (1〈〈i);
}
}
return nKeypadstate;
}</td><td>KEYPAD 버튼 눌림을 확인하여
nKeypadstate 상태 변수에 값을 저장</td></tr>
<tr><td>void LedControl(int LedNum, int Cmd)
{
int i;
for(i=0; i〈MAX_LED_NUM;i++) {
if(i==LedNum) {
if(Cmd == LED_ON) {
digitalWrite(LedPinTable[i],HIGH);
}
else {
digitalWrite(LedPinTable[i],LOW);
}
}
}
}</td><td>해당하는 LED 번호와
ON/OFF 명령 변수를 확인하여
LED 핀에 HIGH/LOW 신호를 출력</td></tr>
<tr><td>int main (void)</td><td></td></tr>
<tr><td>{</td><td></td></tr>
<tr><td>if(wiringPiSetupGpio() == -1)
return 1;</td><td>wiringPi의 GPIO를 사용하기 위한 설정</td></tr>
<tr><td>int i;
int nKeypadstate;</td><td></td></tr>
<tr><td>for(i = 0; i〈MAX_LED_NUM; i++) {
pinMode(LedPinTable[i],OUTPUT);
}</td><td>LED 핀 출력 설정</td></tr>
<tr><td>for(i =0; i〈MAX_KEY_BT_NUM; i++) {
pinMode(KeypadTable[i],INPUT);
}</td><td>KEYPAD 핀 입력 설정</td></tr>
<tr><td>while(1)</td><td></td></tr>
</table>

{	
nKeypadstate = KeypadRead();	KEYPAD로부터 버튼 입력을 읽어 상태를 변수에 저장

for(i = 0; i<MAX_KEY_BT_NUM; i++) {
if((nKeypadstate & (1<<(i))) {
LedControl(i,LED_ON);
}
else {
LedControl(i,LED_OFF);
}
}
	KEYPAD 상태 변수를 확인하여 LED ON/OFF 제어

} }	

3.2.6 컴파일 및 실행

작성한 keypad_led.c 파일을 표 3-6과 같은 명령어를 이용하여 컴파일하고 실행한다. 여기서 keypad_led는 실행파일을 의미한다. 그리고 다음 과정을 통해 실행결과를 확인한다.

표 3-6 keypad_led.c 컴파일 및 실행 명령어

컴파일 명령어	gcc -o keypad_led keypad_led.c -lwiringPi	실행파일명을 keypad_led로 설정하여 컴파일한다.
실행	sudo ./keypad_led	프로그램을 실행한다.

① 키패드 BT1의 PB1을 누르면 어떤 LED가 켜지는지 확인한다.

② 키패드 버튼을 누르지 않으면 LED가 꺼지는지 확인한다.

③ 여러 개의 키패드 버튼을 누르면서 각 버튼에 해당하는 LED를 확인한다.

④ 키패드의 BT1을 BT2로 바꾼 다음 위의 과정을 되풀이 한다.

3.3 FND 제어

학습목표	• GPIO를 통한 FND 제어 방법을 알 수 있다. • FND에 숫자를 표시할 수 있다. • C언어와 wiringPi를 이용한 FND 제어 프로그램을 설계할 수 있다.

3.3.1 실습내용

라즈베리파이 3의 GPIO를 이용하여 숫자 표시기인 FND에 원하는 숫자를 표시해보자. FND는 공통 애노드 형과 공통캐소드 형이 있다.

(1) 공통애노드 형 FND

표 3-7 공통애노드 형 FND와 숫자에 해당하는 세그먼트 입력

공통애노드 형	g	f	e	d	c	b	a	16진수	숫자
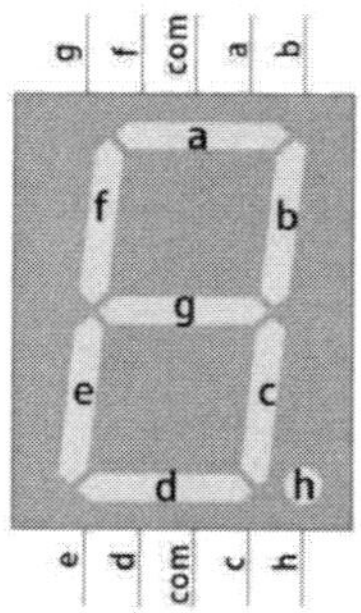	1	0	0	0	0	0	0	0×40	
	1	1	1	1	0	0	1	0×79	
	0	1	0	0	1	0	0	0×24	
	0	1	1	0	0	0	0	0×30	
	0	0	1	1	0	0	1	0×19	
	0	0	1	0	0	1	0	0×12	
	0	0	0	0	0	1	0	0×02	
	1	0	1	1	0	0	0	0×58	
	0	0	0	0	0	0	0	0×00	
	0	0	1	1	0	0	0	0×18	

표 3-7과 3-8은 공통애노드 형과 공통캐소드 형에 숫자를 표시할 때 각 세그먼트의 상태를 나타낸 것이다. 이 표를 이용하여 FND에 숫자를 표시하는 프로그램을 C언어와 wiringPi 라이브러리를 이용하여 설계하고 실험한다. 실험에 사용할 FND어레이는 6개의 FND가 병렬로

연결되어 있으며 각각의 FND를 인에이블하는 FND_SEL신호가 있다. 이 신호를 적절히 조절하여 각각의 FND에 서로 다른 숫자를 나타낼 수 있다.

(2) 공통캐소드 형 FND

표 3-8 공통캐소드 형 FND와 숫자에 해당하는 세그먼트 입력

공통캐소드 형	g	f	e	d	c	b	a	16진수	숫자
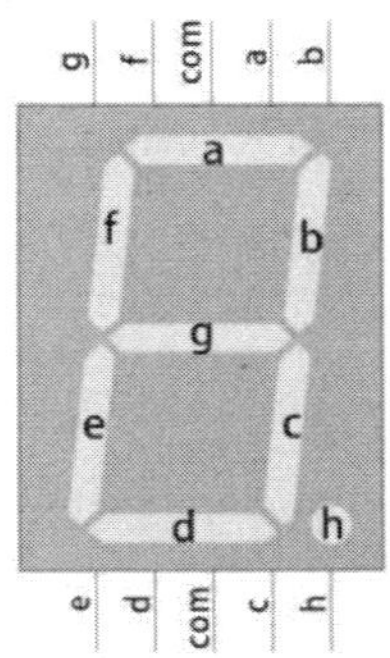	0	1	1	1	1	1	1	0×3F	
	0	0	0	0	1	1	0	0×06	
	1	0	1	1	0	1	1	0×5B	
	1	0	0	1	1	1	1	0×4F	
	1	1	0	0	1	1	0	0×66	
	1	1	0	1	1	0	1	0×6D	
	1	1	1	1	1	0	1	0×7D	
	0	1	0	0	1	1	1	0×47	
	1	1	1	1	1	1	1	0×7F	
	1	1	0	0	1	1	1	0×67	

3.3.2 실습재료

라즈베리파이 3		FND 모듈 (공통캐소드형)	 ⟨www.capstonemall.co.kr⟩
점퍼선	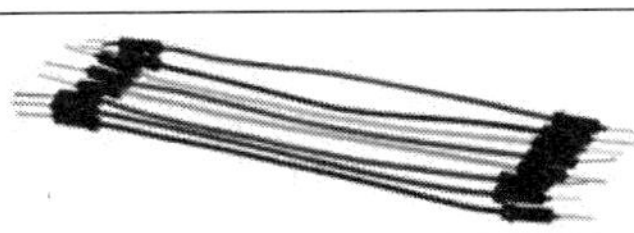		

3.3.3 연결정보

표 3-9 FND 모듈과 GPIO 연결정보

BCM	wpi	40Pin Connector	모듈연결위치
GPIO 4	7	7	FND_SEL
GPIO 6	22	31	PB1 스위치
GPIO 12	26	32	PB2 스위치
GPIO 13	23	33	PB3 스위치
GPIO 16	27	36	PB4 스위치
GPIO 19	24	35	PB5 스위치
GPIO 20	28	38	PB6 스위치
GPIO 26	25	37	PB7 스위치
GPIO 21	29	40	PB8 스위치

3.3.4 회로 구성도

표 3-9를 참조하여

① 라즈베리파이 보드에 있는 확장 커넥터 J6의 GPIO 4에 케이블 커넥터를 연결하고 반대편은 FND 모듈의 FND_SEL S0에 연결한다. 이 핀은 6개의 FND중 하나를 인에이블하는 핀이다.

② 확장 커넥터 J8에 10핀 케이블 커넥터를 연결하고 반대편은 FND 모듈의 FND_DB 커넥터에 연결한다. 이 핀들을 이용하여 FND의 각 세그먼트를 제어한다.

③ 라즈베리파이 확장보드의 3.3V 파워 라인을 FND모듈의 3.3V 파워 라인과 케이블로 연결한다. 참고로 FND모듈은 공통캐소드 형으로 구성되어 있다.

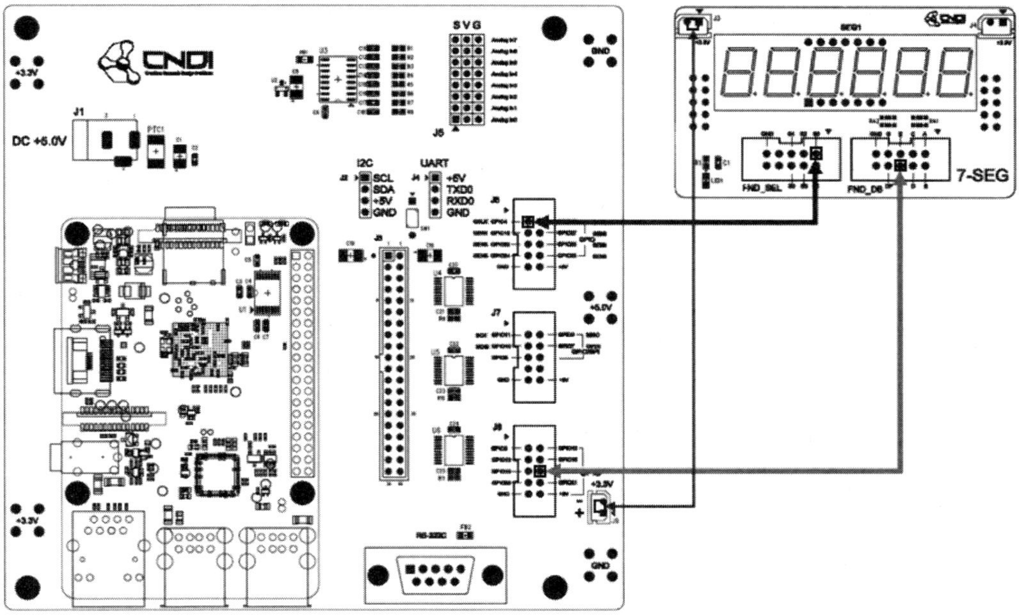

그림 3-3 라즈베리파이 보드와 FND 모듈 연결 회로도

3.3.5 프로그램 소스(파일명 fnd.c)

표 3-10 fnd.c 소스파일과 설명

Program Source	Description
#include 〈wiringPi.h〉	GPIO access library 헤더파일 선언
#define FND_SEL_S0 4	FND_SEL 포트 S0 핀 정의
#define FND_DB_A 6 #define FND_DB_B 12 #define FND_DB_C 13 #define FND_DB_D 16 #define FND_DB_E 19 #define FND_DB_F 20 #define FND_DB_G 26 #define FND_DB_DP 21	FND_DB 포트 A~DP 핀 정의
#define A_BIT 0x01 #define B_BIT 0x02 #define C_BIT 0x04 #define D_BIT 0x08	FND 각 핀의 비트 값 정의

#define E_BIT 0x10 #define F_BIT 0x20 #define G_BIT 0x40 #define DP_BIT 0x80	
#define FND_DB_PIN_NUM 8	FND_DB 포트 핀 개수

const int FndNumberTable[10] = {
A_BIT | B_BIT | C_BIT | D_BIT | E_BIT | F_BIT ,
B_BIT | C_BIT ,
A_BIT | B_BIT | D_BIT | E_BIT | G_BIT,
A_BIT | B_BIT | C_BIT | D_BIT | G_BIT,
B_BIT | C_BIT | F_BIT | G_BIT,
A_BIT | C_BIT | D_BIT | F_BIT | G_BIT,
C_BIT | D_BIT | E_BIT | F_BIT | G_BIT,
A_BIT | B_BIT | C_BIT ,
A_BIT | B_BIT | C_BIT | D_BIT | E_BIT | F_BIT | G_BIT,
A_BIT | B_BIT | C_BIT | F_BIT | G_BIT,
};
	FND의 각 비트 조합으로 표현가능한 숫자 배열 선언

const int FndPinTable[8] = {
FND_DB_A, FND_DB_B, FND_DB_C, FND_DB_D,
FND_DB_E, FND_DB_F, FND_DB_G, FND_DB_DP
};
	FND 핀 테이블

int main (void)	
{	
if (wiringPiSetupGpio() == -1) return 1;	wiringPi의 GPIO를 사용하기 위한 설정
pinMode(FND_SEL_S0, OUTPUT);	Fnd Sel Pin OUTPUT 설정

int i;
for(i = 0; i< FND_DB_PIN_NUM; i++) {
pinMode(FndPinTable[i], OUTPUT);
}
	Fnd Data Pin OUTPUT 설정

while(1) {	
digitalWrite(FND_SEL_S0, LOW);	FND_SEL 포트 S0 핀에 LOW 신호 출력

for(i = 0; i< FND_DB_PIN_NUM; i++) {
if(FndNumberTable[5] & (1<<(i)) {
digitalWrite(FndPinTable[i], HIGH);
}
else {
	숫자 5에 해당하는 FND의 LED를 점등하기 위하여 각 비트에 차례로 HIGH/LOW 신호를 출력

| ```
                digitalWrite(FndPinTable[i], LOW);
            }
            delay(1);
        }
}
``` | |
|---|---|
| ```
return 0;
}
``` | |

3.3.6 컴파일 및 실행

작성한 fnd.c 파일을 표 3-11과 같은 명령어를 이용하여 컴파일하고 실행한다. 여기서 fnd는 실행파일을 의미한다. 그리고 다음 과정을 통해 실행결과를 확인한다.

표 3-11 fnd.c 컴파일 및 실행 명령어

컴파일 명령어	gcc -o fnd fnd.c -lwiringPi	실행파일명을 fnd로 설정하여 컴파일한다.
실행	sudo ./fnd	프로그램을 실행한다.

① FND모듈의 우측 맨 끝에 숫자 5가 나타나는지 확인한다.

② fnd.c 소스프로그램의 FND_SEL_S0에 할당된 GPIO 4를 GPIO 17로 변경하고 커넥터를 J6의 GPIO 17과 FND_SEL 커넥터의 s1으로 이동한 다음 컴파일하고 다시 실행해보자. 어떤 결과가 나타나는가?

③ if(FndNumberTable[5] & (1<<(i))문장에서 5를 7로 바꾸면 어떤 일이 일어나는지 알아보자.

④ const int FndNumberTable[10]은 일종의 상수배열이다. 이 배열의 값을 표 3-8의 16진수로 바꾸어 프로그램을 컴파일하고 실행하면 어떤 일이 발생하는지 알아보자.

⑤ 키를 누르면 해당키와 일치하는 숫자가 FND에 나타나는 프로그램을 만들어보자. (keypad_led.c를 참조한다.)

3.4 DC 모터 제어

학습목표	• GPIO를 통한 DC 모터 제어 방법을 알 수 있다. • DC 모터의 동작원리를 알 수 있다. • C언어와 wiringPi를 이용한 DC 모터 제어 프로그램을 설계할 수 있다.

3.4.1 실습내용

라즈베리파이 3의 GPIO를 이용하여 DC모터를 제어해보자. 모터(Motor, 전동기)는 전력(전기적 에너지)을 이용하여 회전운동의 힘(기계적 에너지)을 얻는 기계이다. 전력을 공급하면 전동기의 중심축이 회전하고 이 회전력을 이용하여 각종 기계를 동작시킨다. 이 모터는 이름 그대로 직류전압으로 구동되는데 건전지를 이용할 수 있는 작은 용량의 모터도 있다. 일상생활에 필요한 전자제품에 많이 적용되고 있으며 더운 여름 휴대용 선풍기, 전기면도기, 헤어드라이기 등이 대표적이다.

(1) DC 모터 구동회로

그림 3-4는 DC 모터 구동 디바이스인 TB6552 반도체 칩이다. 라즈베리파이 GPIO에서 이 칩의 2, 3번핀에 0 또는 1을 공급함으로써 모터를 회전시키고 모터의 방향을 조절할 수 있다.

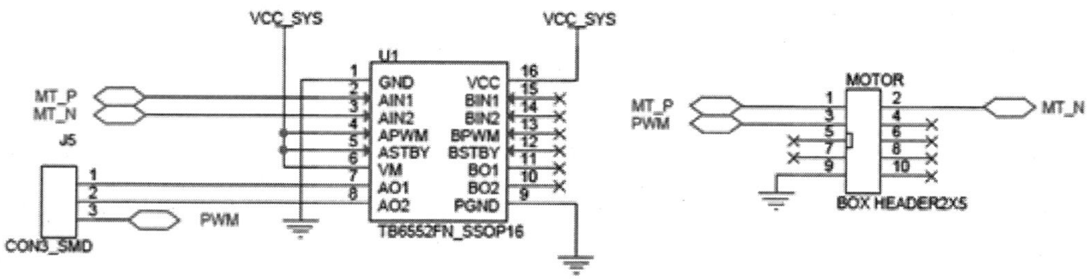

그림 3-4 DC 모터 구동회로

표 3-12 입력신호에 따른 DC 모터 동작

동작	MT_P 핀(2)	MT_N 핀(3)
ON(우회전)	High	Low
ON(좌회전)	Low	High
OFF(정지)	Low	Low

표 3-12에 나타낸 것처럼 TB6552의 2번 핀과 3번 핀에 0과 1을 공급하여 우회전, 좌회전 그리고 정지 상태를 만들 수 있다. 또한 입력신호를 PWM(Pluse Width Modulation)으로 공급하면 모터의 회전속도를 조절할 수 있다.

3.4.2 실습재료

라즈베리파이 3		모터 모듈	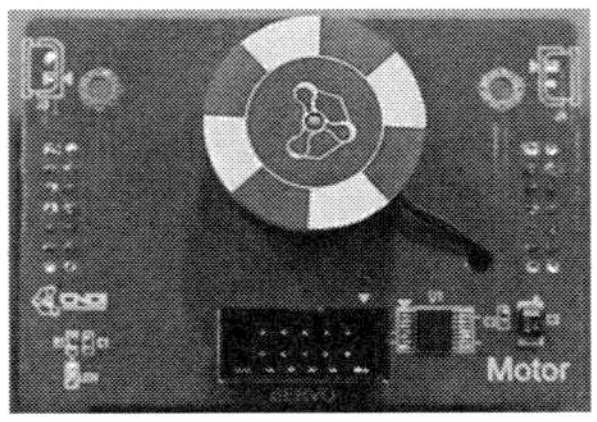 〈www.capstonemall.co.kr〉
점퍼선			

3.4.3 연결정보

표 3-13 DC모터 모듈과 GPIO 연결정보

BCM	wpi	40Pin Connector	모듈연결위치
GPIO 4	7	7	모터 모듈 MT_P
GPIO 17	0	11	모터 모듈 MT_N

3.4.4 회로 구성도

표 3-13을 참조하여

① 라즈베리파이 보드에 있는 확장 커넥터 J6의 GPIO 4에 케이블 커넥터를 연결하고 반대편은 DC 모터 모듈의 MT_P에 연결한다.

② 확장 커넥터 J6의 GPIO 17에 케이블 커넥터를 연결하고 반대편은 DC 모터 모듈의 MT_N에 연결한다.

③ 라즈베리파이 확장보드의 3.3V 파워 라인을 모터 모듈의 3.3V 파워 라인과 케이블로 연결한다.

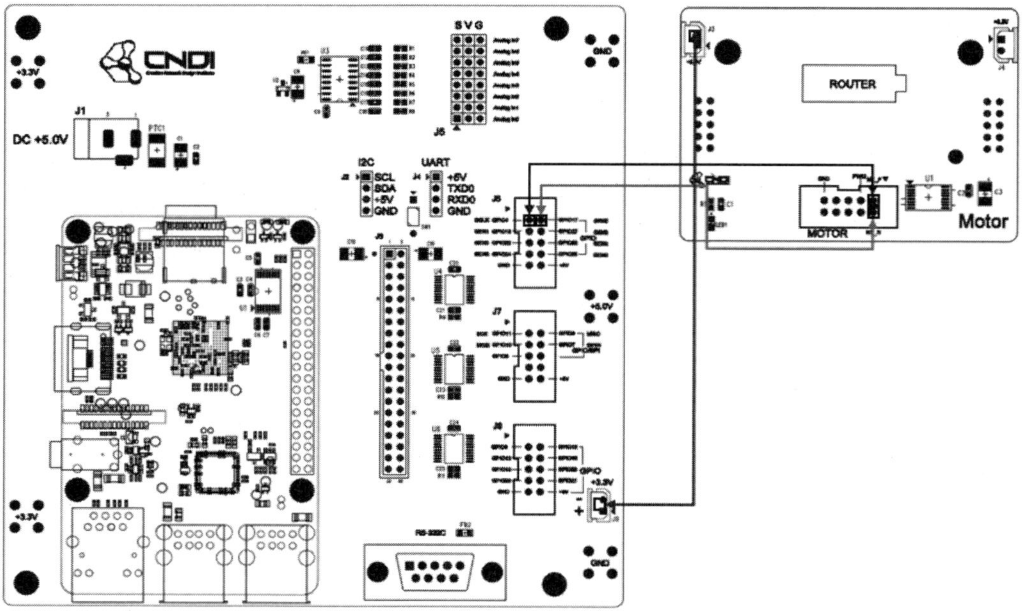

그림 3-5 라즈베리파이 보드와 DC 모터 모듈 연결 회로도

3.4.5 프로그램 소스(파일명 motor.c)

표 3-14 motor.c 소스파일과 설명

Program Source	Description
#include 〈wiringPi.h〉	GPIO access library 헤더파일 선언
#include 〈softPwm.h〉	Software PWM library 헤더파일 선언
#define MOTOR_MT_N_PIN 17 #define MOTOR_MT_P_PIN 4	MOTOR 포트 MT_N 핀 정의 MOTOR 포트 MT_P 핀 정의
#define LEFT_ROTATE 1 #define RIGHT_ROTATE 2	반시계방향 회전 상수 정의 시계방향 회전 상수 정의
void MotorStop(void); void MotorControl(unsigned char speed, unsigned char rotate);	모터 제어 관련 함수 프로토타입 정의
int main(void) {	
if (wiringPiSetupGpio() == -1) return 1;	wiringPi의 GPIO를 사용하기 위한 설정
pinMode(MOTOR_MT_N_PIN, OUTPUT);	MT_N / MT_P 핀 출력 설정

pinMode(MOTOR_MT_P_PIN, OUTPUT);	
softPwmCreate(MOTOR_MT_N_PIN, 0, 100); softPwmCreate(MOTOR_MT_P_PIN, 0, 100);	MT_N / MT_P 핀 PWM 설정
while(1) {	

MotorControl(30, LEFT_ROTATE);
delay(2000);
MotorStop();
delay(5000);
	모터 제어
	- 듀티비 30% / 시계반대 방향 회전
	모터 정지

MotorControl(80, RIGHT_ROTATE);
delay(2000);
MotorStop();
delay(5000);
	모터 제어
	- 듀티비 80% / 시계 방향 회전
	모터 정지

} return 0; }	

void MotorStop()
{
softPwmWrite(MOTOR_MT_N_PIN, 0);
softPwmWrite(MOTOR_MT_P_PIN, 0);
}
	
	모터 스톱

void MotorControl(unsigned char speed, unsigned char rotate)
{
if(rotate == LEFT_ROTATE) {
    digitalWrite(MOTOR_MT_P_PIN, LOW);
    softPwmWrite(MOTOR_MT_N_PIN, speed);
}
else if(rotate == RIGHT_ROTATE) {
    digitalWrite(MOTOR_MT_N_PIN, LOW);
    softPwmWrite(MOTOR_MT_P_PIN, speed);
}
}
	
	좌회전
	
	우회전

3.4.6 컴파일 및 실행

작성한 motor.c 파일을 표 3-15와 같은 명령어를 이용하여 컴파일하고 실행한다. 여기서 motor는 실행파일을 의미한다. 그리고 다음 과정을 통해 실행결과를 확인한다.

표 3-15 motor.c 컴파일 및 실행 명령어

컴파일 명령어	gcc -o motor motor.c -lwiringPi	실행파일명을 motor로 설정하여 컴파일한다.
실행	sudo ./motor	프로그램을 실행한다.

① motor.c를 컴파일하고 실행하면 DC모터가 주기적으로 좌회전 및 우회전을 되풀이 하는 것을 확인한다.

② motor.c 프로그램 소스에서 DC모터의 속도를 줄이려면 어떤 작업을 해야 하는지 알아보고 소스 파일을 수정한 다음 DC모터의 속도가 줄어들었는지 확인한다.

③ softPwmCreate(MOTOR_MT_N_PIN, 0, 100); 문장을 해석하고 softPwmWrite(MOTOR_MT_N_PIN, speed); 문장과의 연관성을 확인해보자.

④ 키패드 모듈을 이용하여 PB1을 누르면 오른쪽으로 회전, PB2를 누르면 왼쪽으로 회전하는 프로그램을 작성하고 컴파일한 후 실행 결과를 확인한다.

3.5 FAN 제어

학습목표	• GPIO를 통한 FAN 제어 방법을 알 수 있다. • DC모터를 이용한 FAN의 동작원리를 알 수 있다. • C언어와 wiringPi를 이용한 FAN 제어 프로그램을 설계할 수 있다.

3.5.1 실습내용

라즈베리파이 3의 GPIO를 이용하여 FAN을 제어해보자. FAN은 전력(전기적 에너지)을 회전운동의 힘(기계적 에너지)으로 바꾸어 바람, 즉 공기의 흐름을 만드는 장치다. FAN에 전력을 공급하면 회전 날개가 회전한다. 우리 주변에서 흔히 볼 수 있는 선풍기를 생각하면 간단하며, 컴퓨터 내부를 살펴보면 CPU의 열을 식혀주기 위한 작은 FAN과 본체에서 발생하는 열을 외부로 방출해주는 조금 규모가 큰 FAN이 있다. 그 외에도 수많은 분야에 FAN이 사용되고 있음을 기억하자. 이번 실습에서는 FAN을 2초간 돌게 하고 2초간 멈추게 하는 프로그램을 설계한다.

(1) FAN 구동회로

그림 3-6은 FAN 구동 디바이스인 TB6552 반도체 칩이다. DC모터 구동회로도 동일한 칩을 사용하고 있으나 FAN은 단일 방향으로만 회전한다는 점이 DC모터와 다르다. 라즈베리파이

GPIO에서 TB6552 칩의 2번 핀과, 3번 핀에 0 또는 1을 공급하므로서 FAN을 회전 또는 정지시킬 수 있다.

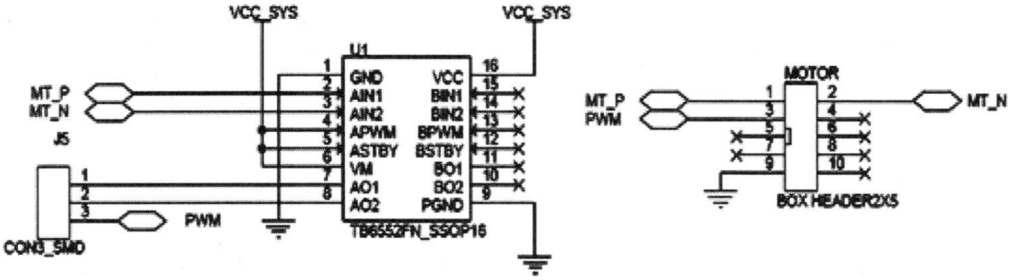

그림 3-6 FAN 구동회로

표 3-16 입력신호에 따른 FAN 동작

동작	MT_P 핀(2)	MT_N 핀(3)
ON(회전)	High	Low
OFF(정지)	Low	Low

표 3-16에 나타낸 것처럼 TB6552의 2번 핀과 3번 핀에 0과 1을 공급하여 회전 그리고 정지상태를 만들 수 있다. 또한 입력신호를 PWM(Pluse Width Modulation)으로 공급하면 FAN의 회전속도를 조절할 수 있다.

3.5.2 실습재료

라즈베리파이 3		FAN	 〈www.capstonemall.co.kr〉
점퍼선	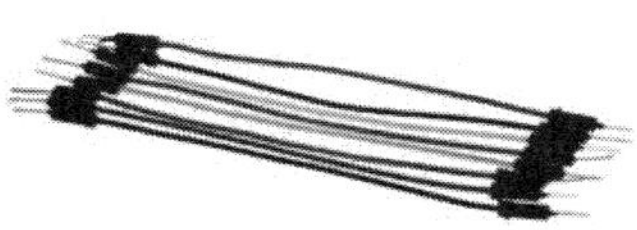		

3.5.3 연결정보

표 3-17 FAN 모듈과 GPIO 연결정보

BCM	wpi	40Pin Connector	모듈연결위치
GPIO 11	14	23	FAN 모듈 MT_P
GPIO 9	13	21	FAN 모듈 MT_N

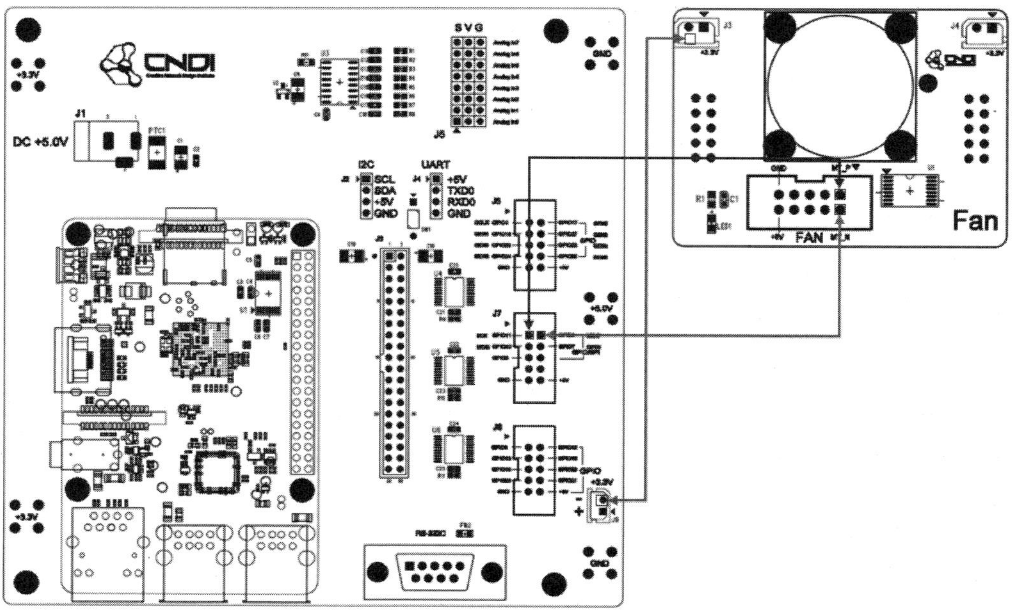

그림 3-7 라즈베리파이 보드와 FAN모듈 연결 회로도

3.5.4 회로 구성도

표 3-17을 참조하여

① 그림 3-7과 같이 라즈베리파이 보드에 있는 확장 커넥터 J7의 GPIO 11에 케이블 커넥터를 연결하고 반대편은 FAN모듈의 MT_P에 연결한다.

② 확장 커넥터 J7의 GPIO 9에 케이블 커넥터를 연결하고 반대편은 FAN모듈의 MT_N에 연결한다.

③ 라즈베리파이 확장보드의 3.3V 파워라인을 모터 모듈의 3.3V 파워라인과 케이블로 연결한다.

3.5.5 프로그램 소스(파일명 fan.c)

표 3-18 fan.c 소스파일과 설명

Program Source	Description
#include 〈wiringPi.h〉	GPIO Access Library 헤더파일 포함
#define FAN_MT_P_PIN 11 #define FAN_MT_N_PIN 9	FAN 포트 핀 정의
void FanOn(void); void FanOff(void);	FAN 함수 프로토타입 선언
int main(void) {	
if (wiringPiSetupGpio() == -1) return 1;	wiringPi의 GPIO를 사용하기 위한 설정
pinMode(FAN_MT_P_PIN, OUTPUT); pinMode(FAN_MT_N_PIN, OUTPUT);	FAN포트의 각 핀을 출력으로 설정
while(1) {	
FanOn(); delay(2000); FanOff(); delay(2000);	FAN ON 2초 동작 FAN OFF 2초 정지
} return 0; }	

void FanOn(void)
{
digitalWrite(FAN_MT_P_PIN, HIGH);
digitalWrite(FAN_MT_N_PIN, LOW);
}
	FAN ON 함수
	
	-MT_P 핀에 HIGH 신호 출력
	-MT_N 핀에 LOW 신호 출력

void FanOff(void)
{
digitalWrite(FAN_MT_P_PIN, LOW);
digitalWrite(FAN_MT_N_PIN, LOW);
}
	FAN OFF 함수
	
	-MT_P 핀에 LOW 신호 출력
	-MT_N 핀에 LOW 신호 출력

3.5.6 컴파일 및 실행

작성한 fan.c 파일을 표 3-19와 같은 명령어를 이용하여 컴파일하고 실행한다. 여기서 fan은 실행파일을 의미한다. 그리고 다음 과정을 통해 실행결과를 확인한다.

표 3-19 컴파일 및 실행 명령어

컴파일 명령어	gcc -o fan fan.c -lwiringPi	실행파일명을 fan으로 설정하여 컴파일한다.
실행	sudo ./fan	프로그램을 실행한다.

① fan.c를 컴파일하고 실행하면 FAN이 2초간 돌다가 2초간 멈추는 것을 확인한다.
② fan.c 프로그램 소스에서 FAN의 속도를 줄이려면 어떤 작업을 해야 하는지 알아보고 소스 파일을 수정한 다음 FAN의 속도가 줄어들었는지 확인한다.
④ 키패드 모듈을 이용하여 PB1을 누르고 있으면 회전, 떼면 정지하는 프로그램을 작성하고 컴파일한 후 실행 결과를 확인한다.

3.6 부저(Buzzer) 제어

학습목표	• GPIO를 통한 부저(Buzzer) 제어 방법을 알 수 있다. • 부저의 동작원리를 알 수 있다. • C언어와 wiringPi를 이용한 부저 제어 프로그램을 설계할 수 있다.

3.6.1 실습내용

라즈베리파이 3의 GPIO를 이용하여 부저를 제어해보자. 부저(Buzzer)란 소리 신호 알림 장치이며, 비퍼(Beeper)라고도 불린다. 보통 전자석의 코일에 단속적으로 전류를 보내어 철판 조각을 진동시켜 소리를 발생하며, 기계, 전자기계, 압전 방식을 사용한다. 부저는 얼마만큼의 주파수를 전달해 주는가에 따라 출력되는 소리가 달라지며, 부저의 종류에 따라 주파수에 따른 소리의 높낮이를 가진다.

(1) 부저 구동회로

그림 3-8은 부저 구동 회로를 나타낸 것이다.

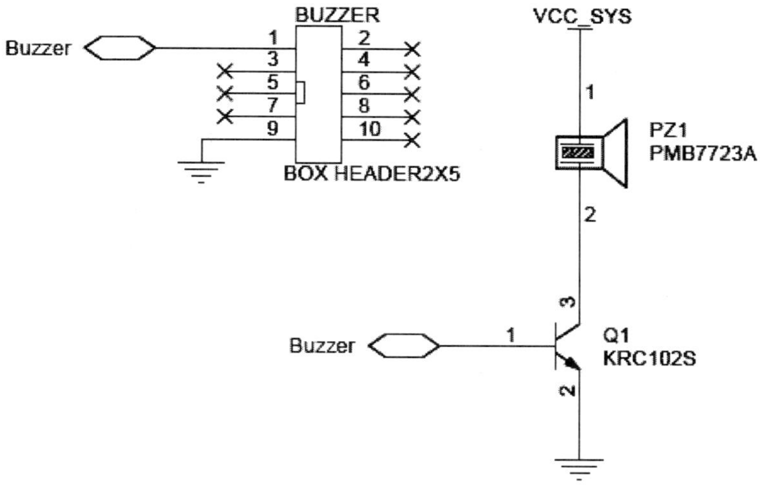

그림 3-8 부저 구동회로

부저는 전원과 NPN트랜지스터의 컬렉터 사이에서 부하역할을 할 수 있도록 직렬로 연결되어 있으며 트랜지스터의 베이스에 GPIO 제어신호를 연결하여 소리를 만들어 낼 수 있다. GPIO신호를 논리 1로 만들면 트랜지스터의 베이스와 에미터 간 다이오드에 작은 전류가 흐르고 이 전류는 컬렉터에서 에미터로 큰 전류를 흐르게 만드는 트리거 역할을 한다. 전원과 컬렉터 사이에 전류가 흐르면 부저가 ON되어 소리가 나고 전류가 흐르지 않으면 소리가 끊어진다. 이 프로그램에서는 PWM을 이용하여 특정 주파수가 트랜지스터의 베이스에 공급되게 할 것이다.

(2) 주파수에 따른 소리의 발생

표 3-20은 주파수에 따른 계이름을 나타낸 것이다.

표 3-20 계이름과 주파수

계이름	주파수	계이름	주파수	계이름	주파수
도	261.625	도	523.25	도	1046.5
도#	277.18	도#	554.36	도#	1108.72
레	293.665	레	587.33	레	1174.66
레#	311.125	레#	622.25	레#	1244.5
미	329.63	미	659.26	미	1318.52

파	349.23	파	698.46	파	1396.92
파#	369.995	파#	739.99	파#	1479.98
솔	392	솔	784	솔	1568
솔#	415.3	솔#	930.6	솔#	1661.2
라	440	라	880	라	1760
라#	466.1	라#	932.2	라#	1864.4
시	493.8	시	987.6	시	1975.2
				도	2093

3.6.2 실습재료

라즈베리파이 3		부저 (Buzzer)	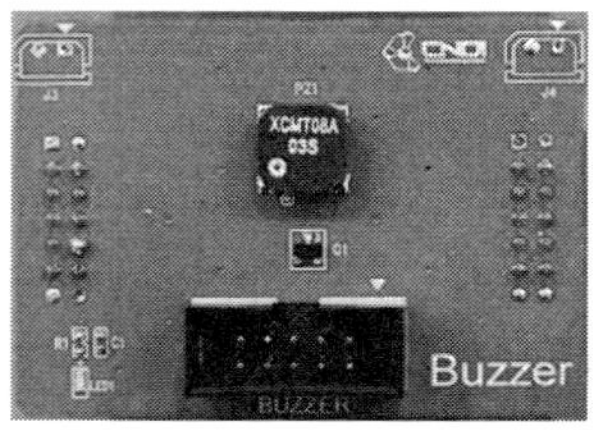 〈www.capstonemall.co.kr〉
점퍼선	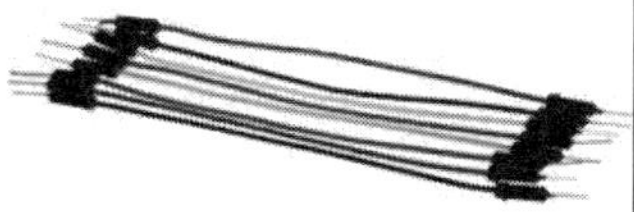		

3.6.3 연결정보

표 3-21 부저 모듈과 GPIO 연결정보

BCM	wpi	40Pin Connector	모듈연결위치
GPIO 4	7	7	부저 모듈 BUZZER

3.6.4 회로 구성도

표 3-21을 참조하여

① 그림 3-9와 같이 라즈베리파이 보드에 있는 확장 커넥터 J6의 GPIO 4에 케이블 커넥터를 연결하고 반대편은 부저 모듈의 BUZZER에 연결한다.

② 라즈베리파이 확장보드의 3.3V 파워 라인을 모터 모듈의 3.3V 파워 라인과 케이블로 연결한다.

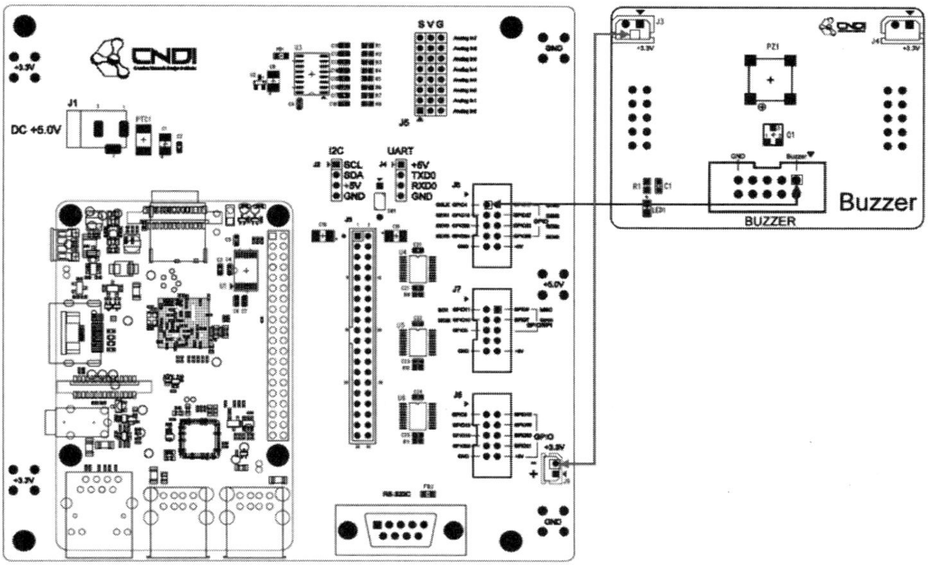

그림 3-9 라즈베리파이 보드와 부저모듈 연결 회로도

3.6.5 프로그램 소스(파일명 buzzer.c)

표 3-22 buzzer.c 소스파일과 설명

Program Source	Description
#include 〈wiringPi.h〉	GPIO access library 헤더파일 선언
#include 〈softTone.h〉	Tone wave signal 관련 헤더파일 선언
#define BUZZER_PIN 4	Buzzer Pin 정의
#define DO_L 523 #define RE 587 #define MI 659 #define FA 698 #define SOL 784 #define RA 880 #define SI 987 #define DO_H 1046	7음계에서 각 음에 해당하는 주파수 값 정의

unsigned int SevenScale (unsigned char scale)
{
    unsigned int _ret = 0;
    switch (scale)
	각 음계에 해당하는 주파수 값을 선택하는 함수

{
case 0:
_ret = DO_L;
break;
case 1:
_ret = RE;
break;
case 2:
_ret = MI;
break;
case 3:
_ret = FA;
break;
case 4:
_ret = SOL;
break;
case 5:
_ret = RA;
break;
case 6:
_ret = SI;
break;
case 7:
_ret = DO_H;
break;
}
return _ret;
}	

void Change_FREQ(unsigned int freq)
{
pwmWrite(BUZZER_PIN, freq);
softToneWrite (BUZZER_PIN, freq);
}
	주파수를 변경하는 함수

void STOP_FREQ (void)
{
softToneWrite (BUZZER_PIN, 0);
}
	주파수 발생 정지 함수

void Buzzer_Init (void)
{
softToneCreate (BUZZER_PIN) ;
STOP_FREQ();
}
	Buzzer 초기 설정

int main (void) {	
if(wiringPiSetupGpio() == -1) return 1;	
Buzzer_Init();	Buzzer 초기화
int i;	

for(i=0; i 〈 8; i++) {
Change_FREQ (SevenScale(i));
delay(500);
STOP_FREQ();
}
	
	각 음계에 해당하는 음 발생
	500ms 지연
	음 발생 정지

while(1)
{
}
return 0;
}	

3.6.6 컴파일 및 실행

작성한 buzzer.c 파일을 표 3-23과 같은 명령어를 이용하여 컴파일하고 실행한다. 여기서 buzzer는 실행파일을 의미한다. 그리고 다음 과정을 통해 실행결과를 확인한다.

표 3-23 컴파일 및 실행 명령어

컴파일 명령어	gcc -o buzzer buzzer.c -lwiringPi	실행파일명을 buzzer로 설정하여 컴파일한다.
실행	sudo ./buzzer	프로그램을 실행한다.

① buzzer.c를 컴파일하고 실행하면 0.5초 동안 각 계음이 발생하는 것을 확인할 수 있다.

② softToneWrite (BUZZER_PIN, freq); 함수에 대해 구체적으로 알아보자. 그리고 softTone Create (BUZZER_PIN) ; 함수와의 연관성을 검토해보자.

③ 키패드 모듈을 이용하여 PB1~PB8을 누르면 "도"에서 높은 "도" 음이 나오도록 설계하고 컴파일 한 다음 실행하여 결과를 확인해보자.

3.7 음성 녹음 제어

학습목표

- GPIO를 통한 음성 녹음 제어방법을 알 수 있다.
- 음성을 녹음하고 재생하는 동작원리를 알 수 있다.
- C언어와 wiringPi를 이용한 음성 녹음 및 재생 제어프로그램을 설계할 수 있다.

3.7.1 실습내용

라즈베리파이 3의 GPIO를 이용하여 음성 녹음 및 재생하는 장치를 제어해보자. 음성 녹음(Voice Record) 모듈은 마이크를 통하여 음성을 녹음하고 스피커를 통하여 녹음된 음성을 재생한다. 여기서 사용된 모듈은 다중 메시지를 녹음/재생하는 디바이스인 ISD1820 칩을 사용한다. 이 모듈은 단일 칩 음성 녹음 및 비휘발성 데이터 저장, 그리고 8~20초 동안 재생 기능을 제공한다. 3.3V 전원에서 동작하며, 범위를 초과하면 모듈이 손상될 수 있다.

(1) 음성 녹음 및 재생 구동회로

그림 3-10은 음성 녹음 및 재생 구동 회로를 나타낸 것이다.

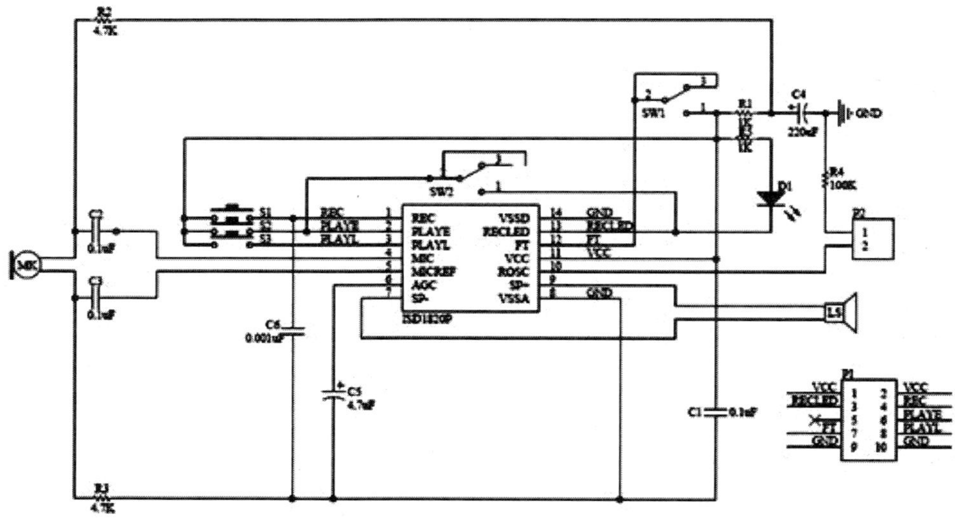

그림 3-10 음성 녹음 및 재생 구동회로

① REC 버튼 : 그림 3-10에서 S1은 버튼 스위치이며 이 버튼을 누르고 있는 동안 녹음이 된다. 그러므로 라즈베리파이 GPIO 핀으로 제어가 가능하다. 이 핀은 녹음하는 동안 HIGH

(버튼을 누른 상태)로 유지되어야 한다.

② PLAY버튼 : 이 신호에 상승에지가 공급되거나 High 레벨이 검출될 때 재생이 시작된다. 재생은 메시지의 끝이나 메모리 공간의 끝까지 계속되지만 레벨이 Low로 떨어져도 재생이 종료된다.

3.7.2 실습재료

라즈베리파이 3		음성 녹음 및 재생장치	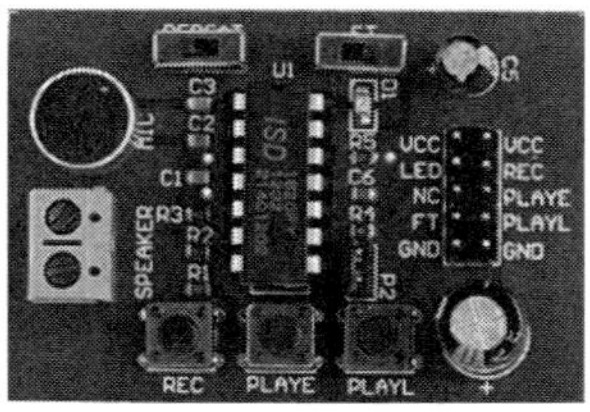 ⟨www.capstonemall.co.kr⟩
점퍼선		스피커	

3.7.3 연결정보

표 3-24 음성녹음 모듈과 GPIO 연결정보

BCM	wpi	40Pin Connector	모듈연결위치
GPIO 11	14	23	음성녹음모듈 REC
GPIO 9	13	21	음성녹음모듈 PLAYE
GPIO 10	12	19	음성녹음모듈 PLAYL

3.7.4 회로 구성도

표 3-24를 참조하여

① 그림 3-11과 같이 라즈베리파이 보드에 있는 확장 커넥터 J7의 GPIO 11에 케이블 커넥터를 연결하고 반대편은 음성녹음 모듈의 REC에 연결한다.

② 그림 3-11과 같이 라즈베리파이 보드에 있는 확장 커넥터 J7의 GPIO 9에 케이블 커넥터를 연결하고 반대편은 음성녹음 모듈의 PLAYE에 연결한다.

③ 그림 3-11과 같이 라즈베리파이 보드에 있는 확장 커넥터 J7의 GPIO 10에 케이블 커넥터를 연결하고 반대편은 음성녹음 모듈의 PLAYL에 연결한다.

④ 라즈베리파이 확장보드의 3.3V 파워라인을 음성녹음 및 재생 모듈의 3.3V 파워라인과 케이블로 연결한다.

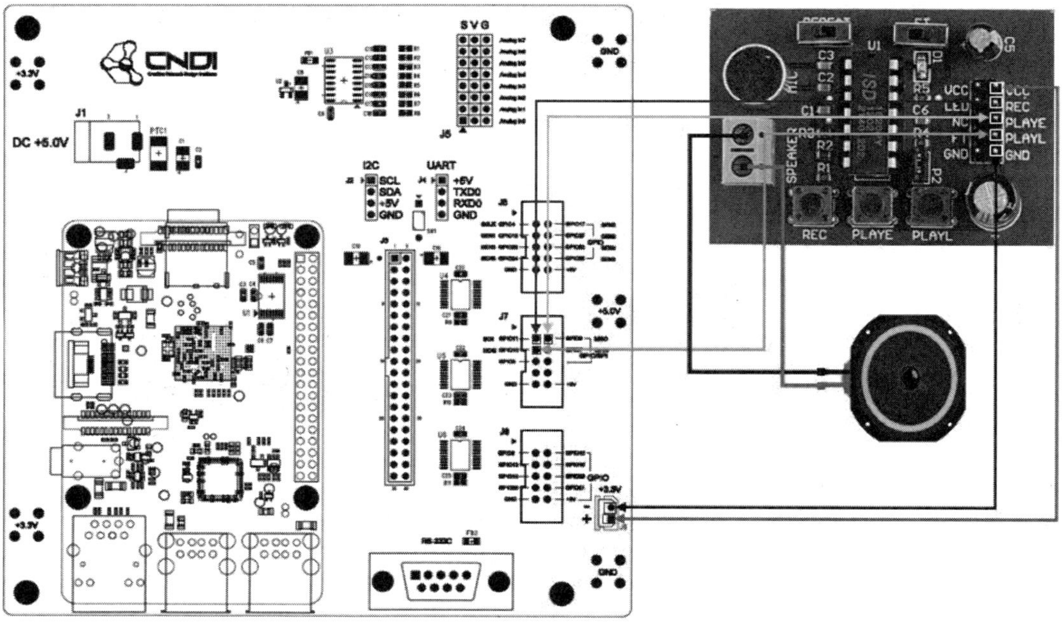

그림 3-11 라즈베리파이 보드와 음성녹음 모듈 연결 회로도

3.7.5 프로그램 소스(파일명 audio_record.c)

표 3-25 audio_record.c 소스파일과 설명

Program Source	Description
#include ⟨wiringPi.h⟩	GPIO access library 헤더파일 선언
#include ⟨stdio.h⟩	표준입출력 관련 헤더파일 선언
#define REC 11 #define PLAYE 9 #define PLAYL 10	REC Pin 정의 PLAYE Pin 정의 PLAYL Pin 정의
int main(void) {	

if(wiringPiSetupGpio() == -1){
return 1;
}
	wiringPi의 GPIO를 사용하기 위한 설정

pinMode(REC, OUTPUT);
pinMode(PLAYE, OUTPUT);
pinMode(PLAYL, OUTPUT);
	REC 핀 출력설정
	PLAYE 핀 출력설정
	PLAYL 핀 출력설정

while(1)
{
printf("Play Voice₩n");
	메시지 출력

digitalWrite(PLAYE, 1);
delay(5000);
digitalWrite(PLAYE, 0);
}
}
	PLAYE 핀에 HIGH(1) 출력
	5000ms 지연
	PLAYE 핀에 LOW(0) 출력

3.7.6 컴파일 및 실행

작성한 audio_record.c 파일을 표 3-26과 같은 명령어를 이용하여 컴파일하고 실행한다. 여기서 audio_record는 실행파일을 의미한다. 그리고 다음 과정을 통해 실행결과를 확인한다.

표 3-26 audio_record.c 컴파일 및 실행 명령어

컴파일 명령어	gcc -o audio_record audio_record.c -lwiringPi	실행파일명을 audio_record로 설정하여 컴파일한다.
실행	sudo ./audio_record	프로그램을 실행한다.

① REC버튼을 누르고 원하는 소리를 녹음한다.

② audio_record.c를 컴파일하고 실행한 다음 녹음했던 소리가 재생되는지를 확인한다.

4장 / GPIO를 이용한 센서 제어하기

4.1 온도 및 습도 센서 제어

학습목표	• GPIO를 통한 온도 및 습도 센서 제어방법을 알 수 있다. • 온도 및 습도 센서 모듈인 SHT11의 동작원리를 알 수 있다. • C언어와 wiringPi를 이용한 온도 및 습도 센서 제어프로그램을 설계할 수 있다.

4.1.1 실습내용

라즈베리파이 3의 GPIO를 이용하여 온도 및 습도를 측정할 수 있는 장치 회로를 구성하고 이를 TWI(Two-wire Serial Interface) 통신을 이용하여 온도 및 습도 데이터를 입력받는 프로그램을 C언어와 wiringPi 라이브러리를 이용하여 설계하고 실험한다. 온도 및 습도 센서를 사용하여 온/습도를 측정한 결과는 라즈베리파이 터미널 창에 디스플레이 하도록 한다.

(1) SHT11 온도 및 습도 센서

온도 및 습도 센서로 많이 사용하고 있는 SHT11은 하나의 칩에 두 개의 센서 기능을 탑재한 것으로 각 센서를 통해 수집된 아날로그 데이터는 14비트 A/D 변환기를 통해 디지털 데이터로 변환하고 변화된 디지털 데이터는 I2C를 통하여 정보를 처리할 라즈베리파이로 전달된다. 그림 4-1은 일반적인 마이크로컨트롤러와 SHT11의 연결정보를 나타낸 것이다. TWI 통신의 일종인 I2C를 이용한 것이며 SHT11은 슬레이브, 마이크로컨트롤러는 마스터가 된다. SHT11의 디지털 데이터 정보는 I2C의 SDA를 통해서 전달되고 SCK(SCL)는 클럭으로 사용한다.

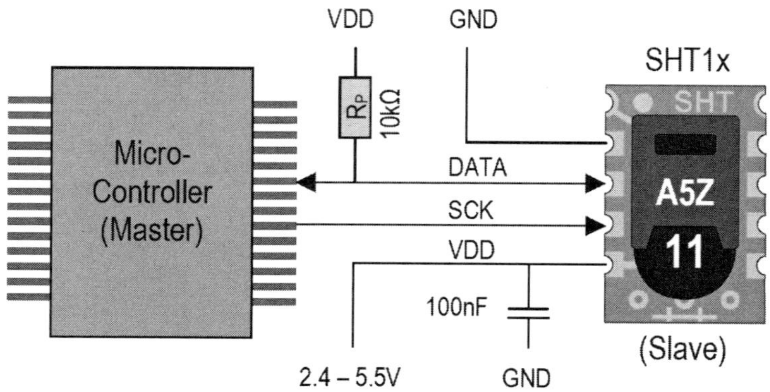

그림 4-1 SHT11과 마이크로컨트롤러 인터페이스

4.1.2 실습재료

라즈베리파이 3		온도 및 습도 센서 모듈	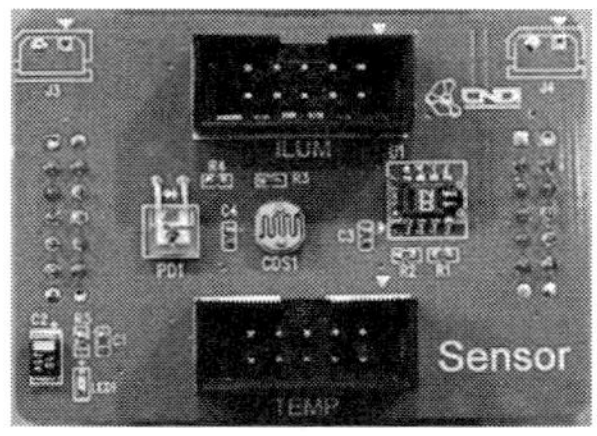 〈www.capstonemall.co.kr〉
점퍼선	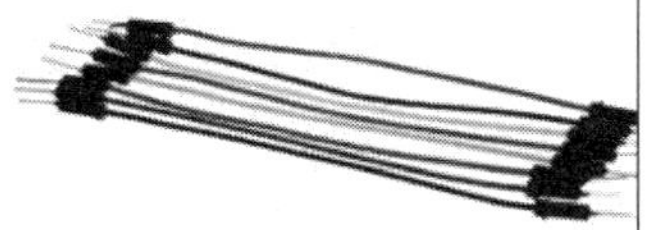		

4.1.3 연결정보

표 4-1 온도 및 습도 센서 모듈과 GPIO연결 정보

BCM	wpi	40Pin Connector	모듈연결위치
GPIO 6	22	31	온도 및 습도 센서 모듈 SCK(SCL)
GPIO 12	26	32	온도 및 습도 센서 모듈 DATA(SDA)

4.1.4 회로 구성도

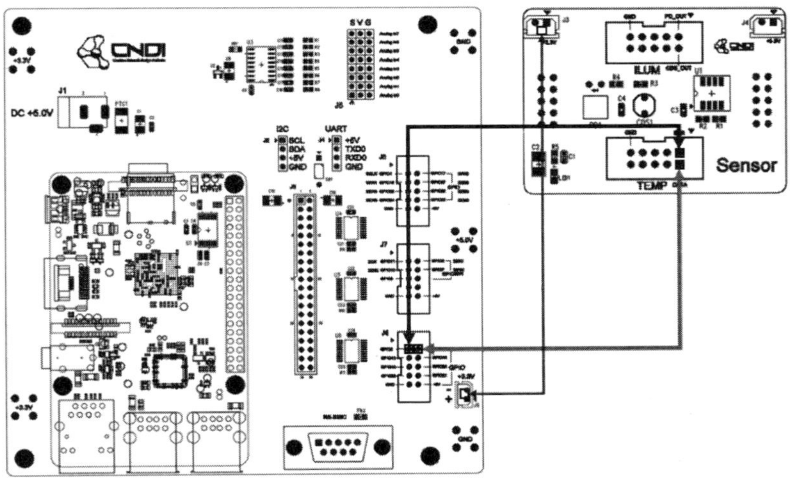

그림 4-2 라즈베리파이 보드와 온도 및 습도 센서 모듈 연결 회로도

표 4-1을 참조하여

① 그림 4-2와 같이 라즈베리파이 확장보드 J8의 GPIO 6를 온도 및 습도 센서 모듈의 SCK와 연결한다.

② 라즈베리파이 확장보드 J8의 GPIO 12를 온도 및 습도 센서 모듈의 DATA에 연결한다.

③ 전원은 3.3V이며 확장보드의 3.3V전원과 온도 및 습도 센서 모듈의 3.3V전원을 연결한다.

4.1.5 프로그램 소스(파일명 TempHumi.c)

표 4-2-1과 표 4-2-2파일은 표 4-2-3 TempHumi.c 파일이 저장되어 있는 위치에 함께 저장한다.

표 4-2-1 sensor.h 파일과 설명

Program Source	Description
#ifndef __LIB_SENSOR_H__	
#define __LIB_SENSOR_H__	
#include <stdio.h> #include <wiringPi.h>	입출력 관련 헤더파일 포함 GPIO access library 헤더파일 포함
#define SET_DATA() digitalWrite(SDA, 1) #define CLR_DATA() digitalWrite(SDA, 0) #define SET_SCK() digitalWrite(SCK, 1) #define CLR_SCK() digitalWrite(SCK, 0) #define READ_DATA() digitalRead(SDA) #define READ_SCK() digitalRead(SCK)	핀에 신호를 출력하는 함수 정의
#define SCK 6 #define SDA 12	포트 TEMP의 SCK와 DATA 핀 정의
#define NOACK 0 #define ACK 1	ACK/ NOACK 상수 값 정의
#define MEASURE_TEMP 0x03 #define MEASURE_HUMI 0x05 #define READ_STATUS_REG 0x07 #define WRITE_STATUS_REG 0x06 #define RESET 0x1e	Addr Code(Command) r/w 000 0001 1 000 0010 1 000 0011 1 000 0011 0 000 1111 0
enum { TEMP, HUMI };	온도와 습도를 나타내는 문자열 변수 선언
void SHT11_Init (void); void Connection_reset (void); void Transmission_start (void); float get_SHT11_data (unsigned char type); unsigned char Write_byte (unsigned char value); unsigned char Read_byte (unsigned char ack); unsigned char Measure (unsigned short *p_value, unsigned short	온/습도 센서와 I2C 관련 함수의 프로토타입 선언

*p_checksum, unsigned char mode); void calc_SHT11(unsigned short p_humidity,unsigned short p_temperature);	
#endif	

표 4-2-2 sensor.c 소스파일과 설명

Program Source	Description
#include "sensor.h"	센서 제어 관련 헤더파일 포함
float val_temp, val_humi; unsigned short SHT11_humi, SHT11_temp; unsigned short error, checksum; unsigned char sensing_type;	센서 동작 제어에 필요한 변수 정의
static void I2C_data_output (void) { pinMode(SDA, OUTPUT); } static void I2C_data_input (void) { pinMode(SDA, INPUT); } static void I2C_sck_output (void) { pinMode(SCK, OUTPUT); } static void I2C_sck_input (void) { pinMode(SCK, INPUT); } static void SET_I2CDATA_PIN (void) { digitalWrite(SDA, 1); } static void CLR_I2CDATA_PIN (void) { digitalWrite(SDA, 0); } static void SET_I2CSCK_PIN (void) { digitalWrite(SCK, 1); } static void CLR_I2CSCK_PIN (void) { digitalWrite(SCK, 0); } static int READ_I2CDATA_PIN (void) { return digitalRead(SDA); } static int READ_I2CSCK_PIN (void) { return digitalRead(SCK); }	포트 입출력 설정 및 제어를 위한 함수 정의

void SHT11_Init (void) {
I2C_data_output ();
I2C_sck_output ();
Connection_reset ();
}
	SHT11 센서의 TWI 사용을 위해 초기화

void Connection_reset (void)
{
unsigned char i;
SET_DATA();
CLR_SCK();
for (i=0; i<9; i++) {
SET_SCK();
delayMicroseconds(1);
CLR_SCK();
delayMicroseconds(1);
}
}
	Connection reset

void Transmission_start (void)
{
SET_DATA();
CLR_SCK();
delayMicroseconds(1);
	Transmission start(전송 시작 신호)

```
		SET_SCK();
		delayMicroseconds(1);
		CLR_DATA();
		delayMicroseconds(1);
		CLR_SCK();
		delayMicroseconds(1);
		SET_SCK();
		delayMicroseconds(1);
		SET_DATA();
		delayMicroseconds(1);
		CLR_SCK();
}
```

```
float get_SHT11_data (unsigned char type)
{
  sensing_type =  type;
  error =         0;
  if (sensing_type == HUMI) {
    error +=      Measure (&SHT11_humi,
     &checksum, HUMI);
    if (error != 0)
      Connection_reset ();
    else
      calc_SHT11(SHT11_humi, SHT11_temp);
    return          val_humi;
  }
  else if (sensing_type == TEMP) {
    error += Measure (&SHT11_temp,
     &checksum, TEMP);
    if (error != 0)
      Connection_reset ();
    else
      calc_SHT11 (SHT11_humi, SHT11_temp);
    return          val_temp;
  }
  else {
    return          0;
  }
}
```

온/습도 데이터 획득

- 습도 수치 측정
- 에러 발생 시, Connection reset
- 측정된 값을 바탕으로 온/습도 값 계산
- 온도 수치 측정
- 에러 발생 시, Connection reset
- 측정된 값을 바탕으로 온/습도 값 계산

```
unsigned char Measure (unsigned short *p_value,
                  unsigned short *p_checksum,
         unsigned char mode)
{
  unsigned short error        =        0;
  unsigned short SHT11_msb, SHT11_lsb;
  switch (mode) {
    case TEMP :
      error+=Write_byte (MEASURE_TEMP);
      break;
    case HUMI :
      error+=Write_byte (MEASURE_HUMI);
      break;
    default :
      break;
  }
  if (error != 0)
    return          error;
  I2C_data_input ();
  while (READ_DATA());
  I2C_data_input();
  SHT11_msb        = Read_byte (ACK);
  SHT11_lsb        = Read_byte (ACK);
  *p_value          = (SHT11_msb * 256) +
```

TWI 통신을 이용한 온/습도 측정

- 온도 요청 신호 송신(센서 디바이스 주소 및 온도 Read 명령)
- 습도 요청 신호 송신(센서 디바이스 주소 및 습도 Read 명령)
- 수신 대기
- 데이터 수신

SHT11_lsb;
  *p_checksum= Read_byte (NOACK);
  return error;
}	

unsigned char Write_byte (unsigned char value)
{
        unsigned char i, error = 0;
        I2C_data_output ();
        for (i=0x80; i>0; i/=2) {
        if (i & value) SET_DATA ();
        else CLR_DATA ();
        delayMicroseconds(1);
        SET_SCK ();
        delayMicroseconds(1);
        CLR_SCK ();
        delayMicroseconds(1);
        }
        SET_DATA ();
        I2C_data_input ();
        delayMicroseconds(1);
        SET_SCK ();
        error = READ_DATA ();
        CLR_SCK ();
        I2C_data_output ();
        return error;
}
	데이터 송신

unsigned char Read_byte(unsigned char ack)
{
        unsigned char i, val = 0;
        I2C_data_input ();
        SET_DATA();
        delayMicroseconds(1);
        for (i=0x80; i>0; i/=2) {
        SET_SCK();
        delayMicroseconds(1);
        if (READ_DATA())
                val = (val | i);
        CLR_SCK();
        delayMicroseconds(1);
        }
        I2C_data_output();
        if (ack) CLR_DATA();
        else SET_DATA();
        SET_SCK();
        delayMicroseconds(1);
        CLR_SCK();
        delayMicroseconds(1);
        SET_DATA();
        return val;
}
	데이터 수신

void calc_SHT11 (unsigned short humidity,
 unsigned short temperature)
{
  const float C1 = -2.0468;
  const float C2 = 0.0367;
  const float C3 = -0.0000015955;
  const float T1 = 0.01;
  const float T2 = 0.00008;
  float rh_lin;
  float rh_true;
  float t_C;
  float rh = (float)humidity;
	온/습도 값 계산 함수(센서로부터 수신한 값은 변환이 필요)

float t = (float)temperature;
t_C = ((t * 0.01) - 40.1) - 5;
rh_lin = (C3 * rh * rh) + (C2 * rh) + C1;
rh_true = (t_C - 25) * (T1 + (T2 * rh)) +
rh_lin;
if (rh_true 〉 100) rh_true = 100;
if (rh_true 〈 0.1) rh_true = 0.1;
val_temp = t_C;
val_humi = rh_true;
}	

표 4-2-3 TempHumi.c 소스파일과 설명

Program Source	Description
#include "sensor.h"	센서 제어 관련 헤더파일 포함
volatile float temp; volatile float humi;	온/습도 값 저장 변수 선언
int main (void) {	
if(wiringPiSetupGpio() == -1) return 1;	wiringPi의 GPIO를 사용하기 위한 설정
SHT11_Init();	온/습도 센서 초기 설정
while (1) {	
Transmission_start();	전송 시작
temp = get_SHT11_data (TEMP); delay(100);	Sensing Temp
Transmission_start();	전송 시작
humi = get_SHT11_data (HUMI); delay(100);	Sensing Humi
printf("Temp = %2.2f [C], Humi = %2.2f [%]₩n", temp, humi);	온/습도 값 모니터링
} return 0; }	

4.1.6 컴파일 및 실행

작성한 TempHumi.c 파일을 표 4-3과 같은 명령어를 이용하여 컴파일하고 실행한다. 여기서 TempHumi는 실행파일을 의미한다. 그리고 다음 과정을 통해 실행결과를 확인한다.

① 라즈베리파이 터미널 창에 나타나는 온도와 습도가 현재 공간의 값과 일치하는지 확인한다.
② 온도 값이 일치한다면 온도 및 습도 센서 모듈의 U1 온도 센서에 손가락을 일정시간 대면서 터미널 창에 나타나는 값의 변화를 관찰한다.
③ 습도 값이 일치한다면 온도 및 습도 센서 모듈의 U1 습도 센서에 습기를 공급하면서 터미널 창에 나타나는 값의 변화를 관찰한다.
④ 온도가 일정값 이상이 되면 FAN을 구동하고 습도가 일정값 이상이 되면 LED를 ON하는 프로그램을 설계하고 실행해보자.

표 4-3 TempHumi.c 컴파일 및 실행 명령어

컴파일 명령어	gcc -c sensor.c gcc -o TempHumi TempHumi.c sensor.o -lwiringPi	실행파일명을 TempHumi로 설정하여 컴파일한다.
실행	sudo ./TempHumi	프로그램을 실행한다.

4.2 조도 센서 제어

학습목표	• GPIO를 통한 조도 센서 제어 방법을 알 수 있다. • 포토 트랜지스터와 CDS의 동작원리를 알 수 있다. • C언어와 wiringPi를 이용한 조도 센서 제어 프로그램을 설계할 수 있다.

4.2.1 실습내용

라즈베리파이 3의 GPIO를 이용하여 포토 트랜지스터 및 CDS 센서 데이터를 수집하고 데이터 값을 터미널 모니터로 확인할 수 있는 회로를 구성한다. 그리고 제어 프로그램을 C언어와 wiringPi 라이브러리를 이용하여 설계하고 실험한다.

(1) 조도 센서

조도 센서는 쉽게 말해 빛의 양을 측정하는 센서이다. 예를 들어, 스마트폰을 보면 사진 찍을 때 빛의 양을 조절해주는 기능이 있는데, 빛의 양이 어느 정도인지 확인하기 위하여 조도 센서가 쓰인다. 또한, 주변이 어두운 경우 스마트폰에서 자동으로 LCD의 밝기를 더 밝게 조절하는 기능에도 사용된다. 그 외에도 조도 량에 따라 커튼의 열고 닫음을 조절하는 데에도 사용한다.

① 포토 트랜지스터

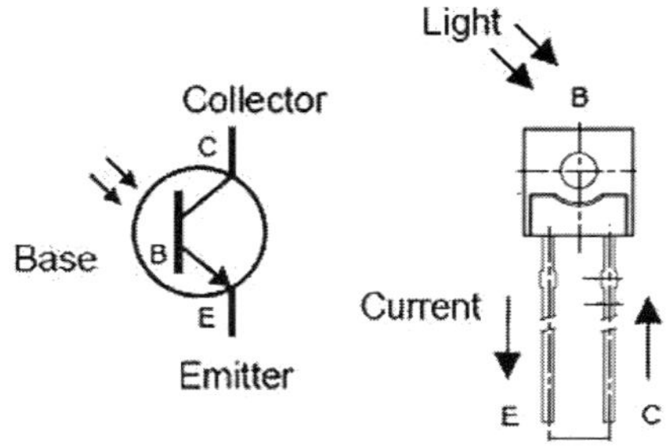

그림 4-3 포토 트랜지스터

그림 4-3과 같이 트랜지스터의 베이스에 빛이 들어가면 베이스와 에미터 사이에 작은 전류가 흐르게 되고 이것은 컬렉터에 연결된 전압에 의해 컬렉터에서 에미터로 큰 전류를 흐르게 한다. 즉, 베이스에 공급되는 조도 량에 따라 베이스-에미터 전류량이 조절되고 결과적으로 컬렉터에서 에미터로 흐르는 전류의 량을 조절할 수 있다.

② CDS센서

그림 4-4는 CDS센서의 기본구조를 나타낸 것이며 CDS센서는 빛이 입사하면 전도성 특성을 나타내는 반도체로서, 빛의 세기에 따라 저항 값이 변하는(빛의 세기가 셀수록 저항이 작아짐) 광 가변저항이다. 일반적으로 황화카드뮴을 사용하므로 CdS라고 한다. 광센서 중에 하나로 가장 간단하고 저렴하지만 아침이면 꺼지는 가로등, 아침이면 열리는 커튼, 카메라의 노출계 등 우리 주변의 많은 곳에 쓰이고 있다.

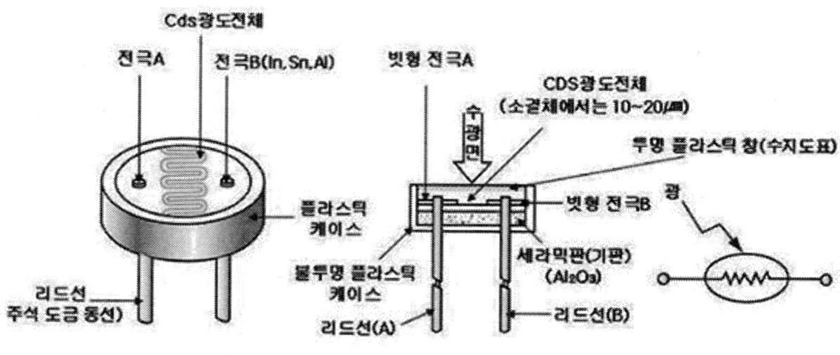

그림 4-4 CDS 센서

CDS 센서의 특징은 소형이며, 가격이 저렴하고 무극성 소자이므로 회로구성이 간단하다. 다만, 반응시간이 늦어 고속으로 동작하거나 즉각적인 반응을 필요로 하는 부분에는 적합하지 않다.

(2) 조도센서 제어방법

조도 센서는 측정된 조도를 해당하는 포트 핀으로 출력한다. 출력 값은 아날로그 이므로 ADC(Analog to Digital Converter) 기능을 통하여 이를 디지털 수치로 변환하여 확인이 가능하다. ADC를 통해 센서에서 출력되는 전압을 디지털로 변환하고 이 값을 출력한다. ADC를 구동하기 위해서는 일단 입력 값이 필요하다. CDS_OUT 핀을 라즈베리파이 확장보드의 Analog In0 핀과 연결하여 센싱된 아날로그 입력을 받도록 한다. 조도 센서는 빛의 양이 많을수록 수치가 높게 나타나고 빛의 양이 적을수록 수치가 낮게 나타난다.

(3) 아날로그-디지털 변환기(ADC) 회로 구성도

그림 4-5는 라즈베리파이 3의 GPIO와 ADC의 회로 구성도를 나타낸 것이다. MCP3208 ADC는 라즈베리파이3와 SPI 표준 인터페이스를 사용한다. ADC의 칩 선택신호(CS)는 GPIO 8번 핀(물리적으로는 24번 핀), ADC의 DOUT은 GPIO 9번 핀(MISO, 물리적으로는 21번 핀), ADC의 DIN은 GPIO 10번 핀(MOSI, 물리적으로는 19번 핀), ADC의 CLK는 GPIO 11번 핀(SCK, 물리적으로는 23번 핀)과 각각 연결한다.

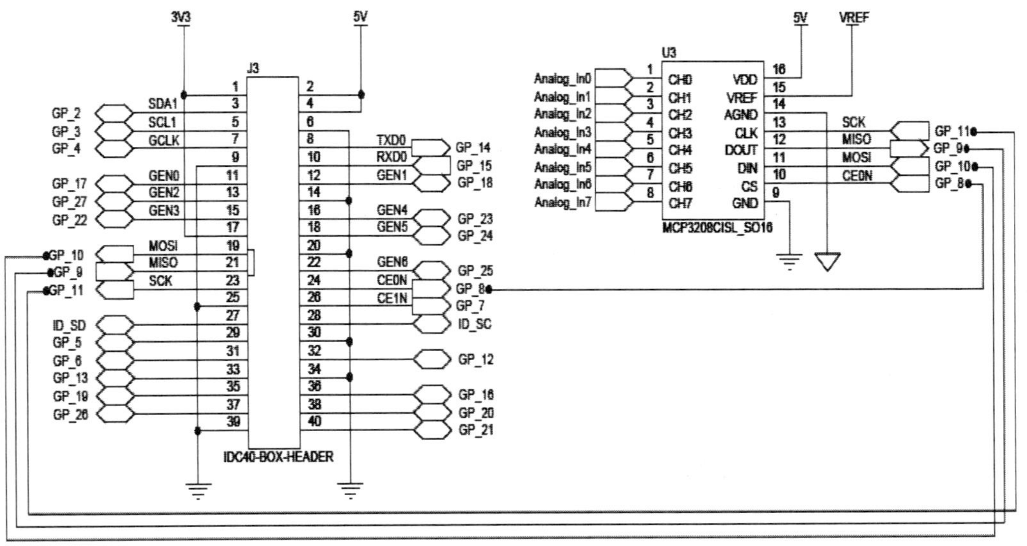

그림 4-5 라즈베리파이 확장보드의 ADC 인터페이스 회로

4.2.2 실습재료

라즈베리파이 3		조도 센서 모듈	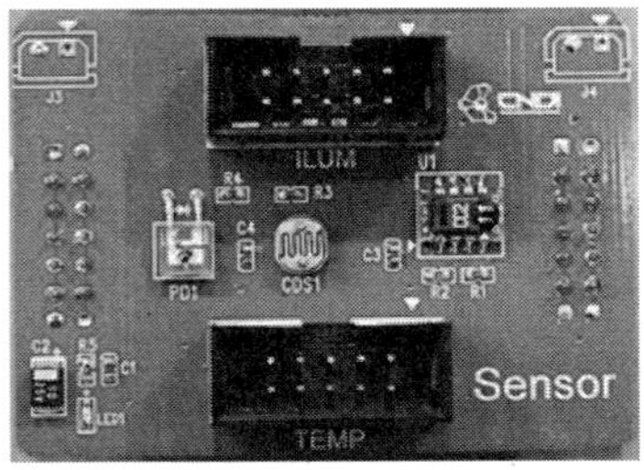
점퍼선	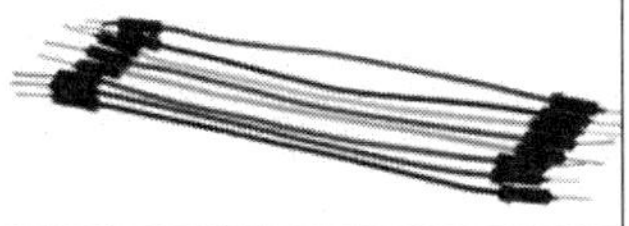		

4.2.3 연결정보

표 4-4 조도 센서 모듈과 GPIO연결정보

라즈베리파이 확장보드	모듈연결위치
Analog IN0	조도센서모듈 CDS_OUT SDA

4.2.4 회로 구성도

그림 4-6은 조도센서에 있는 CDS와 포토다이오드의 구동회로이며 각각의 출력은 CDS_OUT과 PD_OUT으로 명명하였다.

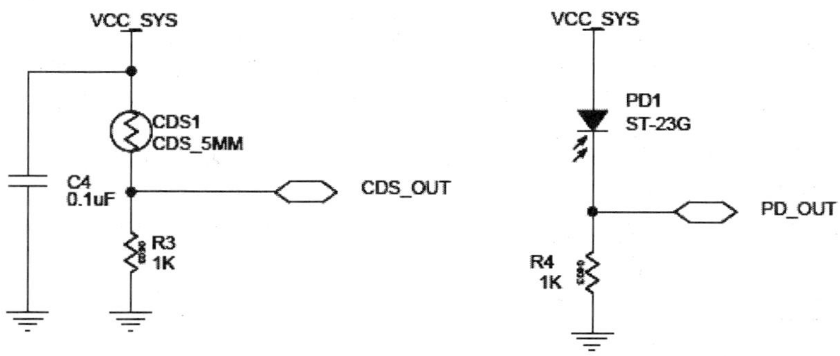

그림 4-6 CDS 센서와 포토 트랜지스터

CDS의 경우 빛이 들어오면 CDS의 저항이 작아져 R3에 걸리는 전압이 커지고 반대로 빛이 들어오지 않으면 R3에 걸리는 전압이 작아진다. 포토트랜지스터도 빛이 들어오면 PD1의 저항이 작아져 R4에 걸리는 전압이 커지고 반대로 빛이 들어오지 않으면 R4에 걸리는 전압이 작아진다. CDS_OUT와 PD_OUT출력을 라즈베리파이 확장보드에 있는 아날로그-디지털 변환기(ADC : Analog to Digital Converter)에 연결한 다음 ADC출력을 SPI 통신을 이용하여 라즈베리파이가 전송받고 이 데이터를 프로그램으로 처리하여 터미널로 나타낸다.

(1) 회로 구성을 위한 핀 연결방법

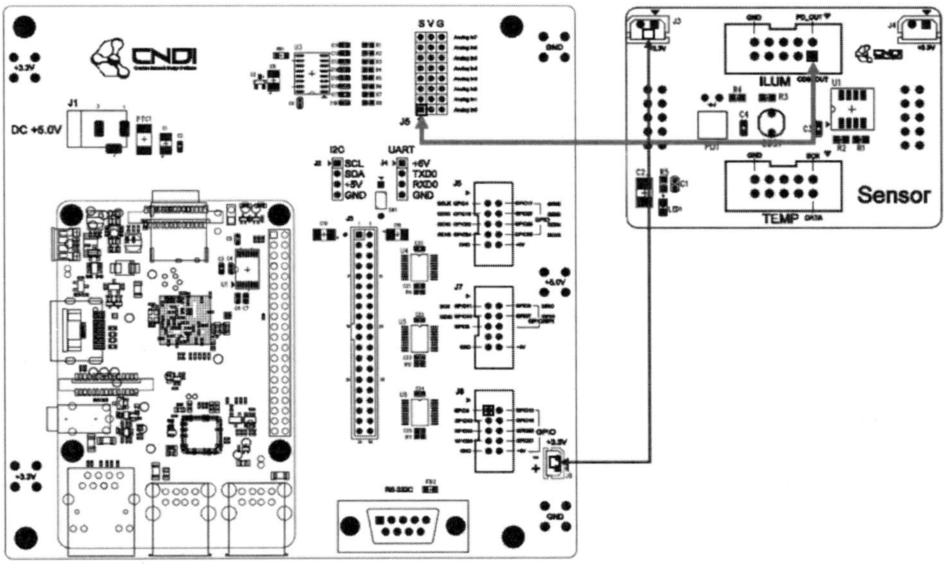

그림 4-7 라즈베리파이 보드와 조도센서 모듈 연결 회로도

표 4-4를 참조하여

① 그림 4-7과 같이 라즈베리파이 보드에 있는 Analog In0와 조도센서 모듈 ILUM의 CDS_OUT을 연결한다.

② 조도센서 모듈의 3.3V 파워라인과 라즈베리파이 확장보드의 3.3V 파워라인을 연결한다.

4.2.5 프로그램 소스(파일명 ilum.c)

표 4-5 ilum.c 소스파일과 설명

Program Source	Description
#include 〈stdio.h〉 #include 〈string.h〉 #include 〈errno.h〉	입출력 관련 헤더파일 포함 문자열 관련 헤더파일 포함 에러 관련 헤더파일 포함
#include 〈wiringPi.h〉 #include 〈wiringPiSPI.h〉	GPIO access library 헤더파일 포함
#define CS_MCP3208 8 #define SPI_CHANNEL 0 #define SPI_SPEED 1000000	MCP3208 CS 핀 정의 SPI 통신 채널 정의 (ch 0) SPI 통신 속도 정의

int ReadMcp3208ADC(unsigned char adcChannel)
{
unsigned char buff[3];
int nAdcValue = 0;
buff[0] = 0x06 | ((adcChannel & 0x07) 〉〉 2);
buff[1] = ((adcChannel & 0x07)〈〈6);
buff[2] = 0x00;
digitalWrite(CS_MCP3208,0);
wiringPiSPIDataRW(SPI_CHANNEL, buff, 3);
buff[1] = 0x0F & buff[1];
nAdcValue = (buff[1]〈〈8) | buff[2];
digitalWrite(CS_MCP3208, 1);
return nAdcValue;
}
	MCP3208을 통한 A/D Converter Read 함수
	
	3 Bytes Command Data
	0 0 0 0 0 Start SGL D2
	D1 D0 x x x x x x
	x x x x x x x x
	Chip Select Low 신호 출력
	설정한 채널로부터 데이터 획득
	
	12비트 변환 값 저장
	Chip Select High 신호 출력
	변환 값 반환

int main(void) {	

int nCdsChannel = 0;
int nPhotoCellChannel = 1;
int nCdsValue = 0;
int nPhotoCellValue = 0;
	ADC 채널 변수 선언
	
	ADC 값 변수 선언

if(wiringPiSetupGpio() == -1) {
fprintf(stdout,"Not start wiringPi: %s₩n", strerror(errno));
return 1;
}
if(wiringPiSPISetup(SPI_CHANNEL, SPI_SPEED) == -1) {
fprintf(stdout, "wiringPiSPISetup Failed: %s₩n",
	wiringPi의 GPIO를 사용하기 위한 설정
	
	wiringPi의 SPI를 사용하기 위한 설정

strerror(errno));
return 1;
}	

pinMode(CS_MCP3208, OUTPUT);	MCP3208 CS 핀 출력 설정

while(1)
{
nCdsValue =
ReadMcp3208ADC(nCdsChannel);
nPhotoCellValue =
ReadMcp3208ADC(nPhotoCellChannel);
printf("CSD Sensor Value = %u₩n",
nCdsValue);
printf("Photocell Sensor Value = %u₩n",
nPhotoCellValue);
delay(1000);
}
	ADC 채널에 입력되는 값을 변환하여 ADC 값 변수에 저장
	
	값 모니터링

return 0; }	

4.2.6 컴파일 및 실행

작성한 ilum.c 파일을 표 4-6과 같은 명령어를 이용하여 컴파일하고 실행한다. 여기서 ilum은 실행파일을 의미한다. 그리고 다음 과정을 통해 실행결과를 확인한다.

표 4-6 컴파일 및 실행 명령어

컴파일 명령어	gcc –o ilum ilum.c -lwiringPi	실행파일명을 ilum으로 설정하여 컴파일한다.
실행	sudo ./ilum	프로그램을 실행한다.

① 조도센서를 어둡게 한 다음 터미널에 나타나는 조도량 데이터를 확인한다.

② 현재는 조도 센서 출력을 ADC 채널 0번에 연결하였다. 이때 각각의 입력 버퍼(buff[0], buff[1], buff[2])의 값을 예측해보자.

③ ADC 채널 4에 조도 센서 출력을 연결하였을 때 각각의 입력 버퍼(buff[0], buff[1], buff[2])의 값을 예측해보자.

④ 포토 트랜지스터의 출력을 Analog In3에 연결한 다음 소스를 수정하고 컴파일 한 다음 다양한 방법으로 조도를 차단하면서 터미널에 나타나는 데이터를 분석한다.

4.3 토양 수분 센서 제어

학습목표	• GPIO를 통한 토양 수분 센서 제어 방법을 알 수 있다. • C언어와 wiringPi를 이용한 토양 수분 센서 제어 프로그램을 설계할 수 있다.

4.3.1 실습내용

라즈베리파이 3의 GPIO를 이용하여 토양 수분 센서를 제어한다. 토양 수분 센서는 토양 환경에서 현재 수분의 양을 읽을 수 있다. 이 센서는 흙 속에 설치하는 2개의 프로브를 사용하며, 토양에 포함된 수분의 정도를 저항 값을 통해 확인할 수 있다. 그림 4-8은 토양수분센서의 등가회로이며 센서의 양극이 SA와 SB이며 두 극을 토양에 삽입하여 사용한다. 토양 속에 수분의 양이 많을수록 저항이 작아져 트랜지스터의 전류를 많이 흐르게 하면 저항 R2의 출력 전압은 커지고 반대로 수분의 양이 적을수록 저항이 커져서 트랜지스터에 흐르는 전류가 작아져서 저항 R2의 출력 전압도 적게 나타나는 원리를 이용한다.

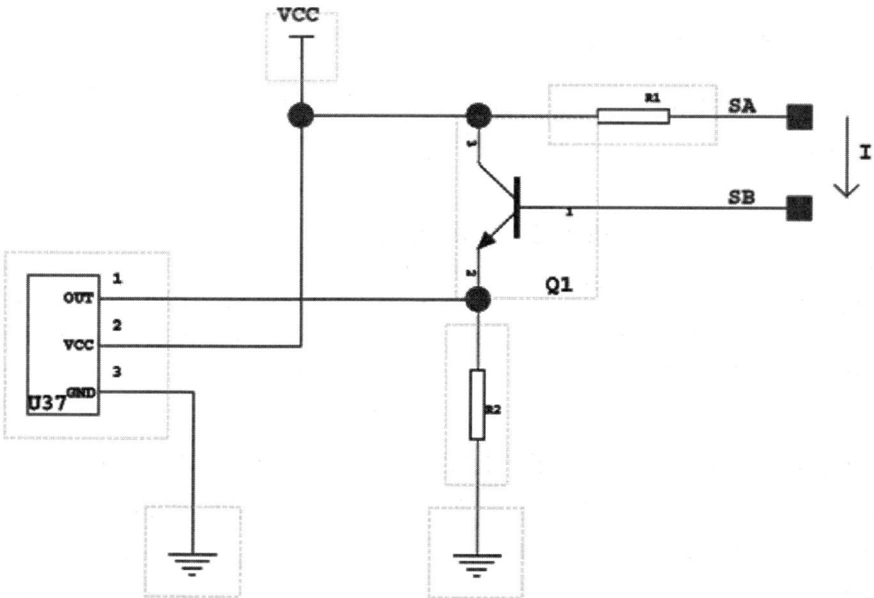

그림 4-8 토양 수분 센서 등가회로

4.3.2 실습재료

라즈베리파이 3		토양수분센서	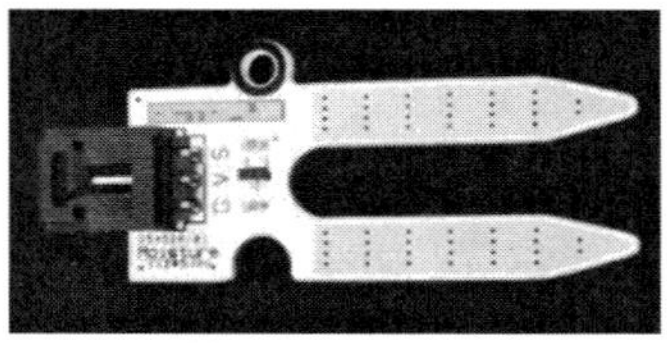 〈www.capstonemall.co.kr〉
점퍼선	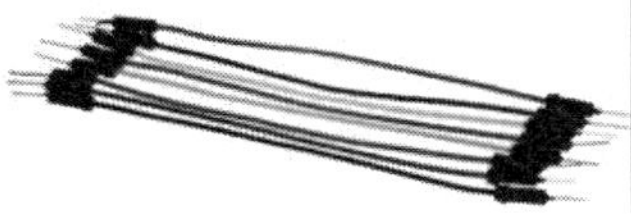		

4.3.3 연결정보

표 4-7 토양수분센서 모듈과 GPIO 연결정보

라즈베리파이 확장보드	모듈연결위치
Analog In0	토양 수분 센서 S
V	토양 수분 센서 V
G	토양 수분 센서 G

4.3.4 회로 구성도

표 4-7을 참조하여

① 라즈베리파이 보드에 있는 확장 커넥터 Analog In0 S(Signal)핀을 토양 수분 센서 모듈의 S 핀에 연결한다.

② 라즈베리파이 확장보드의 Analog In0 V(VCC)핀을 토양 수분 센서 모듈의 V(Vcc) 핀에 연결한다.

③ 라즈베리파이 확장보드의 Analog In0 G(GND)핀을 토양 수분 센서 모듈의 G(GND) 핀에 연결한다.

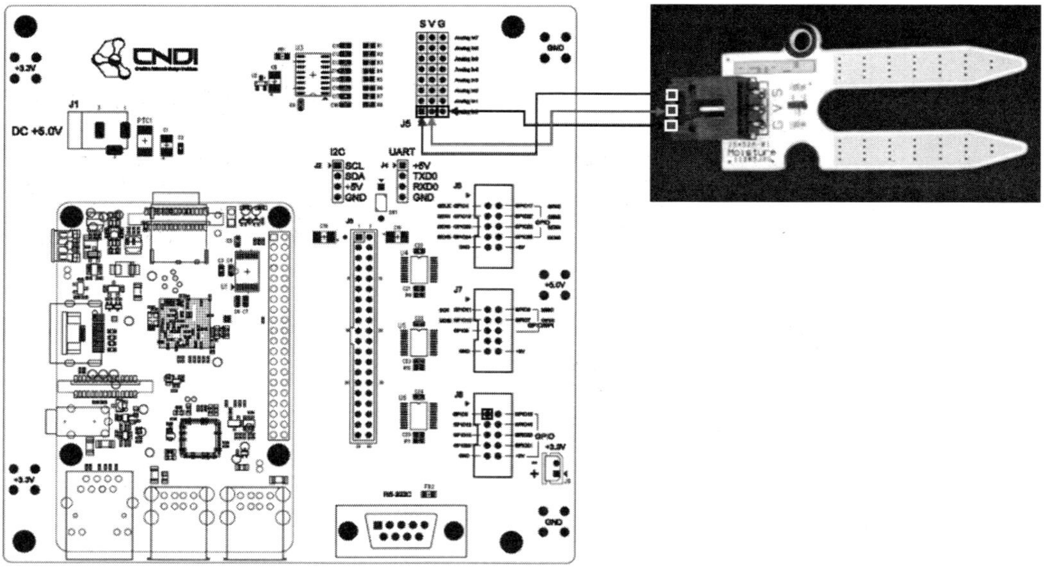

그림 4-9 라즈베리파이 보드와 토양 수분 센서 모듈 연결 회로도

4.3.5 프로그램 소스(파일명 soilMoisture.c)

표 4-8 soilMoisture 소스파일과 설명

Program Source	Description
#include 〈stdio.h〉 #include 〈string.h〉 #include 〈errno.h〉	입출력 관련 헤더파일 포함 문자열 관련 헤더파일 포함 에러 관련 헤더파일 포함
#include 〈wiringPi.h〉 #include 〈wiringPiSPI.h〉	GPIO access library 헤더파일 포함
#define CS_MCP3208 8 #define SPI_CHANNEL 0 #define SPI_SPEED 1000000	MCP3208 CS 핀 정의 SPI 통신 채널 정의 SPI 통신 속도 정의

int ReadMcp3208ADC(unsigned char adcChannel)
{
unsigned char buff[3];
int nAdcValue = 0;
buff[0] = 0x06 | ((adcChannel & 0x07) 〉〉 2);
buff[1] = ((adcChannel & 0x07)〈〈6);
buff[2] = 0x00;
digitalWrite(CS_MCP3208,0);
wiringPiSPIDataRW(SPI_CHANNEL, buff, 3);
buff[1] = 0x0F & buff[1];
nAdcValue = (buff[1]〈〈8) | buff[2];
	MCP3208을 통한 A/D Converter Read 함수
	
	3 Bytes Command Data
	0 0 0 0 0 Start SGL D2
	D1 D0 x x x x x x
	x x x x x x x x
	Chip Select Low 신호 출력
	설정한 채널로부터 데이터 획득

digitalWrite(CS_MCP3208, 1);
return nAdcValue;
}
	12비트 변환 값 저장
	Chip Select High 신호 출력
	변환 값 반환

int main(void) {	
int nAdcChannel = 0; int nAdcValue = 0;	ADC 채널 변수 선언 ADC 값 변수 선언

if(wiringPiSetupGpio() == -1) {
fprintf(stdout,"Not start wiringPi: %s₩n",strerror(errno));
return 1;
}
if(wiringPiSPISetup(SPI_CHANNEL, SPI_SPEED) == -1)
{
fprintf(stdout, "wiringPiSPISetup Failed: %s₩n",
strerror(errno));
return 1;
}
	wiringPi의 GPIO를 사용하기 위한 설정
	
	wiringPi의 SPI를 사용하기 위한 설정

pinMode(CS_MCP3208, OUTPUT);	MCP3208 CS 핀 출력 설정

while(1)
{
nAdcValue = ReadMcp3208ADC(nAdcChannel);
//sensorRead
printf("Soil Moisture Value = %u₩n", nAdcValue);
delay(1000);
}
	ADC 채널에 입력되는 값을 변환하여 ADC 값 변수에 저장
	값 모니터링

return 0; }	

4.3.6 컴파일 및 실행

작성한 soilMoisture.c 파일을 표 4-9와 같은 명령어를 이용하여 컴파일하고 실행한다. 여기서 soilMoisture는 실행파일을 의미한다. 그리고 다음 과정을 통해 실행결과를 확인한다.

표 4-9 컴파일 및 실행 명령어

컴파일 명령어	gcc –o soilMoisture soilMoisture.c -lwiringPi	실행파일명을 soilMoisture로 설정하여 컴파일한다.
실행	sudo ./soilMoisture	프로그램을 실행한다.

① 물 컵에 토양 수분 센서를 집어넣은 다음 터미널에 나타나는 수분 데이터를 확인한다.
② 현재는 토양 수분 센서 출력을 ADC 채널 0번에 연결하였다. 이때 각각의 입력 버퍼(buff[0],

buff[1], buff[2])의 값을 예측해보자.

③ ADC 채널 6에 토양 수분 센서 출력을 연결하였을 때 각각의 입력 버퍼(buff[0], buff[1], buff[2])의 값을 예측해보자.

④ 토양 수분 센서를 물컵 외에 다른 방법을 사용하여 3가지 유형을 찾아내고 데이터를 비교분석한다.

4.4 초음파 센서 제어

학습목표	• GPIO를 통한 초음파 센서 제어 방법을 알 수 있다. • 초음파 센서의 동작원리를 알 수 있다. • 초음파 센서를 이용하여 거리를 측정하고 이를 응용할 수 있다. • C언어와 wiringPi를 이용한 초음파 센서 제어 프로그램을 설계할 수 있다.

4.4.1 실습내용

라즈베리파이 3의 GPIO를 이용하여 초음파 센서를 제어해보자. 초음파 센서는 센서와 물체 사이의 거리를 측정하는 센서로 여기서는 HC-SR04 모듈을 사용한다. 이 모듈은 최소 2㎝, 최대 500㎝까지의 거리를 측정할 수 있다. 측정 해상도는 3㎜이다. HC-SR04 모듈은 초음파 송신기 및 수신기, 그리고 제어 회로를 포함한다. 5V 전원에서 동작하며, 4개의 핀을 연결하여 사용한다.

(1) 초음파 센서 구동회로

그림 4-10은 초음파 센서 구동회로의 입출력 핀이며 Sensor_Trigger신호를 0에서 1로 만들었다가 0으로 하면 초음파가 발생한다. 발생된 초음파는 직진을 하며 물체에 반사되어 돌아온다. Sensor_Echo는 초음파가 발사된 순간부터 반사되어 돌아오는 시간을 측정하여 출력한다. 이 시간을 초음파 속도 340㎧에 곱하고 2로 나누면 초음파 센서에서 물체가 있는 위치까지의 거리를 측정할 수 있게 된다. 자동차가 후진하거나 좌회전 및 우회전할 때 차량 주변에 물체가 있으면 경고음이 발생하는 장치는 초음파 센서를 응용한 예이다.

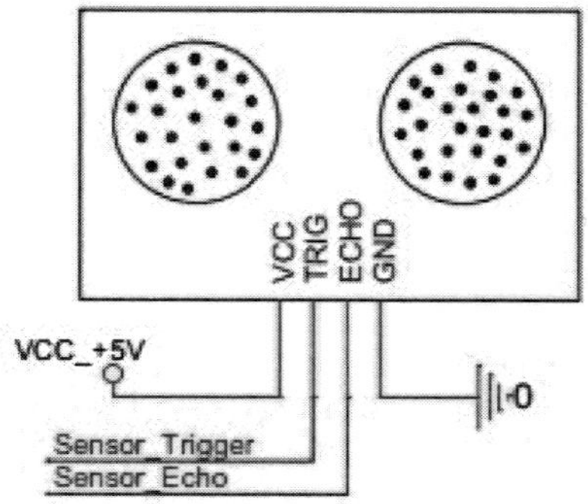

그림 4-10 초음파 센서 구동회로

(2) 초음파 센서 제어 방법

초음파 센서는 그림 4-11과 같이 초음파를 발생하고(Ultrasonic Burst) 물체에 부딪혀 돌아오는 시간을(Echo) 측정함으로써 거리를 측정한다. 초음파 센서 모듈의 Echo 핀 출력 신호와 Trig 핀 입력 신호를 이용하는데 Trig는 최소 10us HIGH 레벨을 유지하는 신호를 공급해야하며 Trig신호가 입력되면 초음파 센서 모듈은 총 8번의 40kH 초음파 신호를 출력하고 초음파 신호가 물체에 반사되어 돌아오는지 여부를 검출한다. 초음파가 발사된 순간부터 반사되어 돌아오는 순간까지 측정된 시간펄스가 Echo신호로 출력된다. 이 Echo시간을 이용하여 측정하고자 하는 거리는 다음과 같이 계산한다.

$$\begin{aligned} \text{거리} &= \text{속도}(v) \times \text{시간}(t) = 340\,\text{m/s} \times t(\mu\text{s}) \\ &= \frac{340 \times 100}{10^6} \times t(\mu\text{s}) \div 2 = 0.017 \times t(\text{cm}) \end{aligned}$$

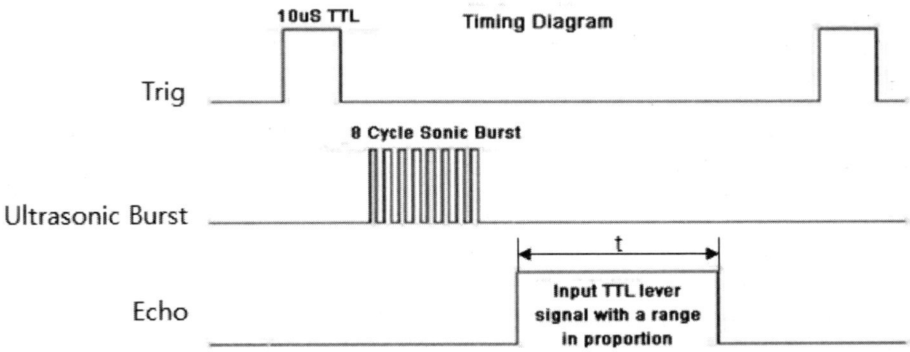

그림 4-11 초음파 센서 모듈 타이밍 다이아그램

4.4.2 실습재료

라즈베리파이 3		초음파 센서 모듈	 〈www.capstonemall.co.kr〉
점퍼선	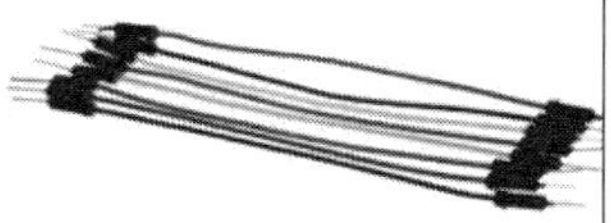		

4.4.3 연결정보

표 4-10 초음파 센서 모듈과 GPIO 연결정보

BCM	wpi	40Pin Connector	모듈연결위치
GPIO 4	7	7	초음파 센서 모듈 Trig
GPIO 17	0	11	초음파 센서 모듈 Echo

4.4.4 회로 구성도

표 4-10을 참조하여

① 그림 4-12와 같이 라즈베리파이 보드에 있는 확장 커넥터 J6의 GPIO 4에 케이블 커넥터를 연결하고 반대편은 초음파 센서 모듈 Trig에 연결한다.

② 확장 커넥터 J6의 GPIO 17에 케이블 커넥터를 연결하고 반대편은 초음파 센서 모듈 Echo에 연결한다.

③ 라즈베리파이 확장보드의 5V(Vcc)핀을 초음파 센서 모듈의 VCC(Vcc) 핀에 연결한다.

④ 라즈베리파이 확장보드의 GND(GND)핀을 초음파 센서 모듈의 GND(GND) 핀에 연결한다.

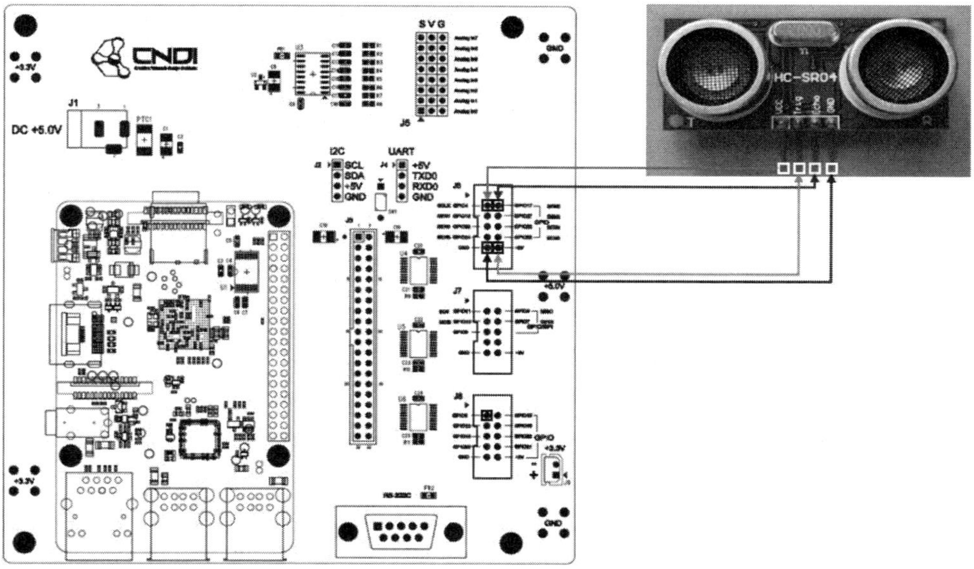

그림 4-12 라즈베리파이 보드와 초음파 센서 모듈 연결 회로도

4.4.5 프로그램 소스(ultrasonic.c)

표 4-11 ultrasonic.c 소스파일과 설명

Program Source	Description
#include <stdio.h>	입출력 관련 헤더파일 포함
#include <wiringPi.h>	GPIO access library 헤더파일 포함
#define TP 4 #define EP 17	Trigger 핀 정의 Echo 핀 정의

float getDistance(void)
{
float fDistance;
int nStartTime, nEndTime;
 	
digitalWrite(TP, LOW);
delayMicroseconds(2);
// pull the Trig pin to high level for more than 10us impulse
digitalWrite(TP, HIGH);
delayMicroseconds(10);
digitalWrite(TP, LOW);
 	
while(digitalRead(EP)==LOW);
nStartTime = micros();
	초음파 센서를 이용한 거리 측정 함수
	
	거리 값 변수
	측정 시간 변수
	
	TP에 LOW(0) 출력
	
	TP에 HIGH(1) 출력
	
	TP에 LOW(0) 출력
	
	EP을 읽어 LOW인 동안 대기

while(digitalRead(EP) == HIGH);
nEndTime = micros();
 	
fDistance = (nEndTime - nStartTime) / 29. / 2.;
 	
return fDistance;
}
	EP가 HIGH 일 때, 시간 측정
	
	EP을 읽어 HIGH인 동안 대기
	EP가 LOW 일 때, 시간 측정
	
	EP가 HIGH인 시간을 측정하여 거리 산출
	
	거리 값 반환

int main(void) {	

if(wiringPiSetupGpio() == -1) {
return 1;
}
	wiringPi의 GPIO를 사용하기 위한 설정

pinMode(TP,OUTPUT); pinMode(EP,INPUT);	Trigger 핀 출력 설정 Echo 핀 출력 설정

while(1)
{
float fDistance = getDistance();
printf("Distance:%.2fcm₩n", fDistance);
delay(1000);
}
	
	함수로부터 반환된 거리 값 저장
	거리 값 모니터링

return 0; }	

4.4.6 컴파일 및 실행

작성한 ultrasonic.c 파일을 표 4-12와 같은 명령어를 이용하여 컴파일하고 실행한다. 여기서 ultrasonic은 실행파일을 의미한다. 그리고 다음 과정을 통해 실행결과를 확인한다.

표 4-12 컴파일 및 실행 명령어

컴파일 명령어	gcc -o ultrasonic ultrasonic.c -lwiringPi	실행파일명을 ultrasonic으로 설정하여 컴파일한다.
실행	sudo ./ultrasonic	프로그램을 실행한다.

① ultrasonic.c를 컴파일하고 실행하면 라즈비안 터미널에 거리가 측정되어 나타나는 것을 확인한다.

② ultrasonic.c를 수정하고 앞에서 배운 부저를 이용하여 거리에 따라 서로 다른 소리가 나도록 프로그램한다.

4.5 움직임 감지(PIR) 센서 제어

학습목표	• GPIO를 통한 PIR 센서 제어 방법을 알 수 있다. • PIR 센서의 동작원리를 알 수 있다. • C언어와 wiringPi를 이용한 PIR 센서 제어 프로그램을 설계할 수 있다.

4.5.1 실습내용

라즈베리파이 3의 GPIO를 이용하여 PIR(Passive Infrared)센서를 제어해보자. PIR센서는 사람이 센서의 범위에 들어왔는지, 또는 나갔는지 검출하기 위해 사용한다. PIR 센서는 적외선의 레벨을 검출할 수 있는 초전 센서로 구성된다(초전 센서를 덮고 있는 반구 형태의 커버를 벗기면 중앙에 사각형 크리스탈을 장착한 둥근 금속을 확인할 수 있다). 즉, 적외선을 띈 물체의 움직임을 감지하는 센서이다. 일반적으로 사람은 적외선을 방출하기 때문에 PIR센서를 이용하면 사람의 출현 유무를 확인할 수 있다.

4.5.2 실습재료

라즈베리파이 3		PIR 센서 (HC-SR501)	 ⟨www.capstonemall.co.kr⟩
점퍼선			

4.5.3 연결정보

표 4-13 PIR 센서 모듈과 GPIO 연결정보

BCM	wpi	40Pin Connector	모듈연결위치
GPIO 22	3	15	PIR 센서 모듈 OUT

4.5.4 회로 구성도

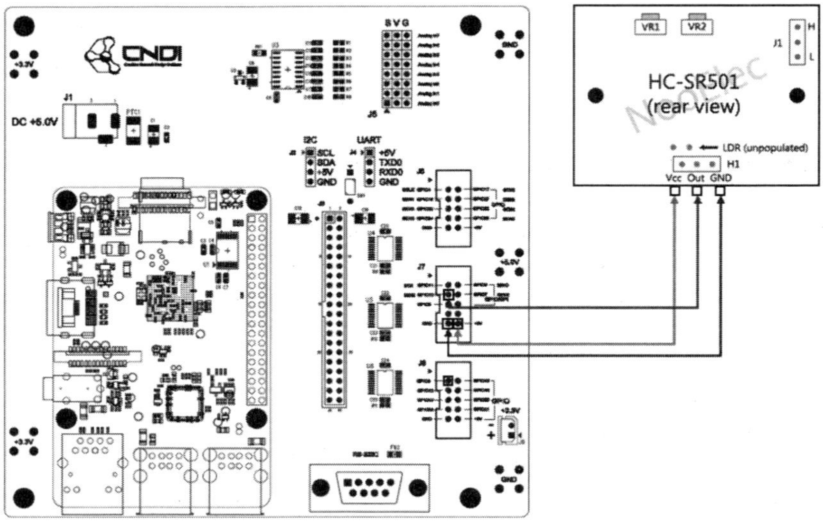

그림 4-13 라즈베리파이 보드와 PIR 센서 모듈 연결 회로도

표 4-13을 참조하여

① 그림 4-13과 같이 라즈베리파이 보드에 있는 확장 커넥터 J7의 GPIO 22에 케이블 커넥터를 연결하고 반대편은 PIR 센서 모듈의 OUT핀에 연결한다.

② 라즈베리파이 보드에 있는 확장 커넥터 J7의 +5V핀에 케이블 커넥터를 연결하고 반대편은 PIR 센서 모듈의 Vcc핀에 연결한다.

③ 라즈베리파이 보드에 있는 확장 커넥터 J7의 GND핀에 케이블 커넥터를 연결하고 반대편은 PIR 센서 모듈의 GND핀에 연결한다.

4.5.5 프로그램 소스(파일명 pir.c)

표 4-14 pir.c 소스파일과 설명

Program Source	Description
#include 〈stdio.h〉	입출력 관련 헤더파일 포함
#include 〈wiringPi.h〉	GPIO access library 헤더파일 포함
#define INPUT_PIN 22	INPUT_PIN 핀 정의
int g_nPirState = LOW; int g_nVal = 0;	이전 센싱 상태 저장 변수 센싱 값 저장 변수
int main(void)	

{	

if(wiringPiSetupGpio() == -1) {
    return 1;
  }
	wiringPi의 GPIO를 사용하기 위한 설정

pinMode(INPUT_PIN,INPUT);	INPUT 핀 입력 설정
while(1) {	

g_nVal = digitalRead(INPUT_PIN);
    if(g_nVal == HIGH) {
        if(g_nPirState == LOW) {
          printf("Motion Detected!!₩n");
        }
        g_nPirState = HIGH;
    }
    else {
        if(g_nPirState == HIGH) {
          printf("Motion ended.₩n");
      }
        g_nPirState = LOW;
    }
  }
	센서로부터 입력 값 읽어서 변수에 저장
	센싱 값이 HIGH인 경우,
	이전 센싱 상태가 LOW인 경우,
	움직임 상태 검출 메시지 출력
	
	이전 상태 변수에 현재 상태 저장
	
	센싱 값이 LOW인 경우,
	이전 센싱 상태가 HIGH인 경우,
	움직임 상태 종료 메시지 출력
	
	이전 상태 변수에 현재 상태 저장

return 0; }	

4.5.6 컴파일 및 실행

작성한 pir.c 파일을 표 4-15와 같은 명령어를 이용하여 컴파일하고 실행한다. 여기서 pir은 실행파일을 의미한다. 그리고 다음 과정을 통해 실행결과를 확인한다.

표 4-15 컴파일 및 실행 명령어

컴파일 명령어	gcc –o pir pir.c -lwiringPi	실행파일명을 pir로 설정하여 컴파일한다.
실행	sudo ./pir	프로그램을 실행한다.

① pir.c를 컴파일하고 실행한 다음 손으로 PIR 센서 주변에 움직임을 만들면서 라즈비안 터미널에 나타나는 변화를 확인한다.

② 사람손이 아닌 다른 물체를 이용하여 PIR 센서가 움직임을 감지하는지 확인한다.

③ PIR 센서의 동작유무에 따른 결과를 이용하여 LED와 같은 액추에이터를 구동하는 프로그램을 작성하고 그 결과를 확인한다.

4.6 가스 센서 제어

학습목표	• GPIO를 통한 가스 센서 제어 방법을 알 수 있다. • C언어와 wiringPi를 이용한 가스 센서 제어 프로그램을 설계할 수 있다.

4.6.1 실습내용

라즈베리파이 3의 GPIO를 이용하여 가스 센서를 제어해보자. 가스 센서는 가스 누출을 감지하는 센서로 여기서는 Smoke Sensor MQ-5 Brick을 사용한다. 아날로그 가스 센서 MQ-5는 소비자 및 산업 시장에서 가스 누출을 감지하는 장비에 사용되며, 이 센서는 LPG, i-부탄, 프로판, 메탄, 알코올, 수소, 연기 검출에 적합하다. 센서는 높은 감도와 빠른 반응 속도를 가진다. 그리고 감도는 가변저항기에 의해 조정된다. 가스 센서에서 아날로그 값은 라즈베리파이 확장보드에 있는 ADC의 Analog In0 핀으로 수신되고 ADC 회로에 의해 디지털 수치로 변환된다. 이 값은 라즈비안 터미널을 통해 모니터링 한다. 가스 센서는 감지되는 가스량이 많을수록 수치가 높게 나타나며, 적을수록 수치가 낮게 나타난다. 그림 4-14는 가스 센서의 등가회로이다.

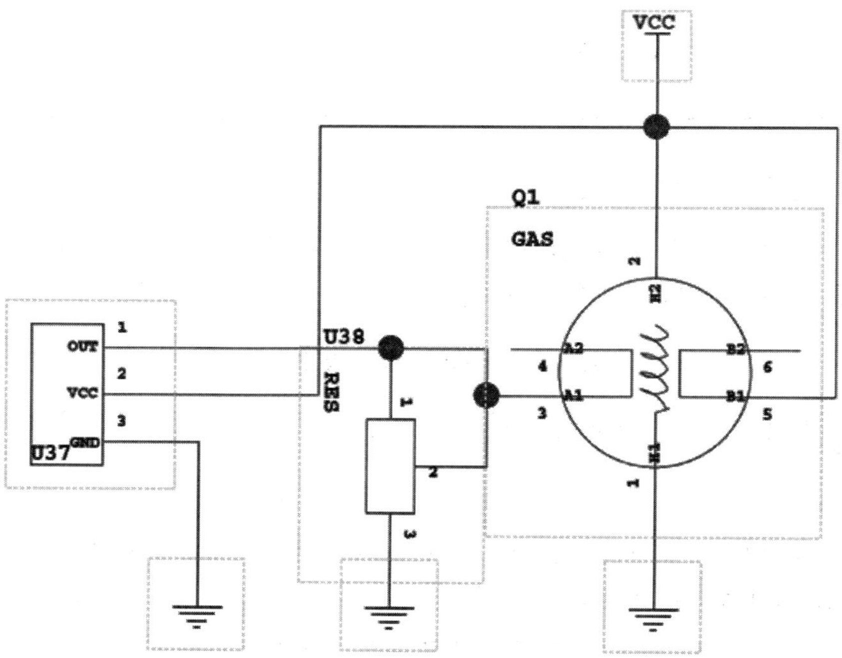

그림 4-14 가스 센서의 등가회로

4.6.2 실습재료

라즈베리파이 3		가스 센서	 〈www.capstonemall.co.kr〉
점퍼선	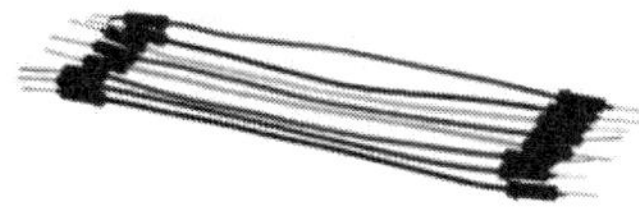		

4.6.3 연결정보

표 4-16 가스 센서 모듈과 GPIO 연결정보

라즈베리파이 확장보드	모듈연결위치
Analog In0	가스 센서 모듈 S

4.6.4 회로 구성도

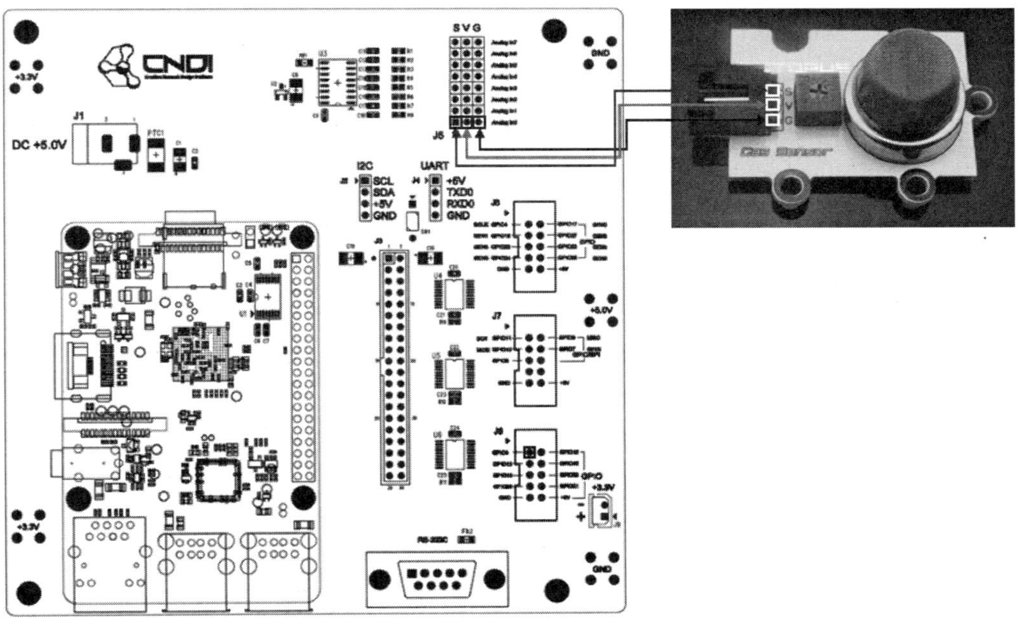

그림 4-15 라즈베리파이 보드와 가스 센서 모듈 연결 회로도

표 4-16을 참조하여

① 그림 4-15와 같이 라즈베리파이 확장 보드에 있는 ADC의 S(Signal)핀을 가스 센서 모듈의 S(Signal)핀에 연결

② 라즈베리파이 확장보드에 있는 ADC의 V(VCC)핀을 가스 센서 모듈의 V(Vcc) 핀에 연결

② 라즈베리파이 확장보드에 있는 ADC의 G(GND)핀을 가스 센서 모듈의 G(GND) 핀에 연결

4.6.5 프로그램 소스(파일명 gas.c)

표 4-17 gas.c 소스파일과 설명

Program Source	Description
#include <stdio.h> #include <string.h> #include <errno.h>	입출력 관련 헤더파일 포함 문자열 관련 헤더파일 포함 에러 관련 헤더파일 포함
#include <wiringPi.h> #include <wiringPiSPI.h>	GPIO access library 헤더파일 포함
#define CS_MCP3208 8 #define SPI_CHANNEL 0 #define SPI_SPEED 1000000	MCP3208 CS 핀 정의 SPI 통신 채널 정의 SPI 통신 속도 정의

int ReadMcp3208ADC(unsigned char adcChannel)
{
unsigned char buff[3];
int nAdcValue = 0;
buff[0]= 0x06 | ((adcChannel & 0x07) >> 2);
buff[1] = ((adcChannel & 0x07)<<6);
buff[2] = 0x00;
digitalWrite(CS_MCP3208,0);
wiringPiSPIDataRW(SPI_CHANNEL, buff, 3);
buff[1] = 0x0F & buff[1];
nAdcValue = (buff[1]<<8) | buff[2];
digitalWrite(CS_MCP3208, 1);
return nAdcValue;
}
	MCP3208을 통한 A/D Converter Read 함수
	
	3 Bytes Command Data
	0 0 0 0 0 Start SGL D2
	D1 D0 x x x x x x
	x x x x x x x x
	Chip Select Low 신호 출력
	설정한 채널로부터 데이터 획득
	
	12비트 변환 값 저장
	Chip Select High 신호 출력
	변환 값 반환

int main(void) {	
int nAdcChannel = 0; int nAdcValue = 0;	ADC 채널 변수 선언 ADC 값 변수 선언
if(wiringPiSetupGpio() == -1) {	wiringPi의 GPIO를 사용하기 위한

fprintf(stdout,"Not start wiringPi: %s₩n",strerror(errno));
return 1;
}
if(wiringPiSPISetup(SPI_CHANNEL, SPI_SPEED) == -1) {
fprintf(stdout, "wiringPiSPISetup Failed: %s₩n", strerror(errno));
return 1;
}
	설정
	
	wiringPi의 SPI를 사용하기 위한 설정

pinMode(CS_MCP3208, OUTPUT);	MCP3208 CS 핀 출력 설정

while(1)
{
nAdcValue = ReadMcp3208ADC(nAdcChannel);
//sensorRead
printf("Smoke Sensor Value = %u₩n", nAdcValue);
delay(1000);
}
	ADC 채널에 입력되는 값을 변환하여 ADC 값 변수에 저장
	값 모니터링

return 0; }	

4.6.6 컴파일 및 실행

표 4-18 컴파일 및 실행 명령어

컴파일 명령어	gcc –o gas gas.c -lwiringPi	실행파일명을 gas로 설정하여 컴파일한다.
실행	sudo ./gas	프로그램을 실행한다.

작성한 gas.c 파일을 표 4-18과 같은 명령어를 이용하여 컴파일하고 실행한다. 여기서 gas는 실행파일을 의미한다. 그리고 다음 과정을 통해 실행결과를 확인한다.

① gas.c를 컴파일하고 실행한 다음 가스 센서에 사람의 입으로 불거나 가스라이터를 이용하여 가스를 공급하면서 터미널에 나타나는 값의 변화를 확인한다.
② 가스 센서가 공급하는 값에 따라 액추에이터를 다양하게 구동하는 프로그램을 설계하고 실행하고 그 결과를 확인한다.

5장 / 안드로이드 앱 개발하기

5.1 개발환경 구축

학습목표	• Android Studio를 설치하여 개발환경을 구축할 수 있다.

5.1.1 Android Studio 설치하기

Android Studio는 구글이 안드로이드 앱 개발을 위해 IntelliJ IDEA를 기반으로 만든 통합 개발 환경이다. 2017년 5월부터 안드로이드의 공식 프로그래밍 언어로 채택된 Kotlin도 사용한다. 설치파일은 개발자 공식 웹 사이트에서 다운로드 가능하며, Windows, macOS, Linux 운영체제를 지원한다. Android Studio를 설치할 플랫폼 즉, 컴퓨터의 운영체제에 맞는 Android Studio 패키지 파일을 선택하여야 하며, 관련 웹 페이지 화면은 그림 5-1과 같다.

■ Android Studio 개발자 공식 웹 사이트 : developer.android.com/studio

Android 스튜디오 다운로드

플랫폼	Android Studio 패키지	사이즈	SHA-256 체크섬
Windows (64비트)	android-studio-ide-181.5014246-windows.exe 추천	923MB	978673a7babf51a9dca67729213c178995c1039a496dc1dfccb4c0
		android-studio-ide-181.5014246-windows.zip .exe 설치 프로그램 없음	1000MB
Windows (32비트)	android-studio-ide-181.5014246-windows32.zip .exe 설치 프로그램 없음	999MB	e28a862663ae90cb9e329ce69cf431306b7933af10ed06e428a8c3
Mac	android-studio-ide-181.5014246-mac.dmg	988MB	a3499a64970bf97d95a3bb27ebe571a56cee77510fa8a6d4745d6fl
Linux	android-studio-ide-181.5014246-linux.zip	1006MB	e671d48cad66589860c510871167309b88c3f1f5e22a691cba0537

그림 5-1 Android Studio 설치파일 다운로드 웹 페이지 화면

5.2 Android Studio를 이용한 앱 개발

학습목표	• Project를 생성하여 앱을 개발할 수 있다.

5.2.1 사용자 인터페이스

Android Studio의 기본 창은 그림 5-2에서와 같이 툴바, 탐색 메뉴, 편집기 창, 도구 창 모음, 도구 창, 상태 표시줄, 이렇게 6개의 논리적 영역으로 구성된다. 툴바를 사용하면 앱 실행, Android 도구 시작과 같은 다양한 작업을 수행할 수 있다. 탐색 메뉴는 Project 창에 나타나는 구조를 보다 간략하게 표시하며, 탐색 메뉴를 사용하면 프로젝트를 탐색하고 편집할 파일을 열 수 있다. 편집기 창은 코드를 작성하고 수정하는 영역으로, 파일 유형에 따라 편집기가 바뀔 수 있다. 예를 들어, 레이아웃 파일을 볼 때 편집기는 Layout Editor를 표시하게 된다. 도구 창 모음은 IDE 창 바깥 주변에 있으며, 개별 도구 창을 펼치거나 접을 수 있게 해주는 버튼이 있다. 도구 창에서는 프로젝트 관리, 검색, 버전 제어 등의 특정 작업에 액세스할 수 있으며. 도구 창은 펼치거나 접을 수 있다. 마지막으로 상태 표시줄은 프로젝트와 IDE 자체의 상태를 표시하며, 경고나 메시지도 표시된다.

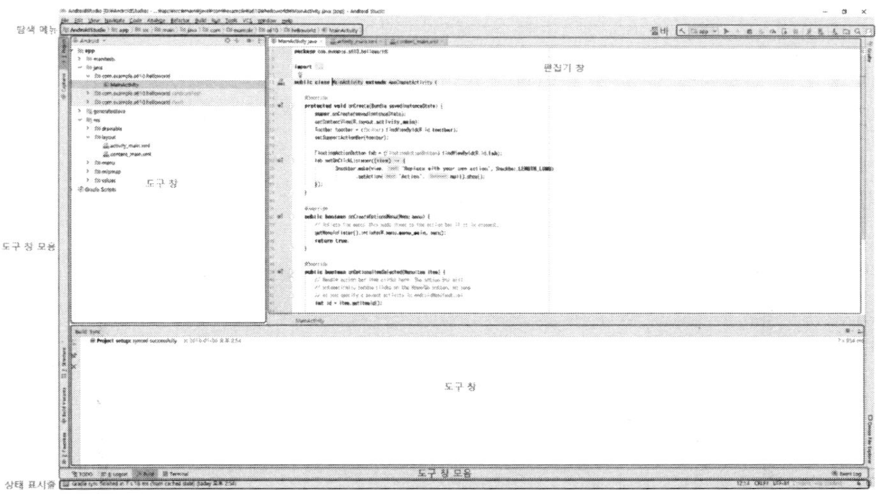

그림 5-2 Android Studio 기본 창

툴바와 도구 창을 숨기거나 이동하여 화면 공간을 넓혀서 기본 창을 구성할 수 있고, 단축키를 사용하여 대부분의 IDE 기능에 액세스할 수 있다. Android Studio 창의 오른쪽 상단 모서리에 있는 돋보기를 클릭하여 소스 코드, 데이터베이스, 액션, 사용자 인터페이스 요소 등에서 검색을 수행할 수 있다. 또한, 단축키를 사용하여 도구 창을 열 수 있으며, 유용한 도구 창의 단축키는 표 5-1과 같다.

표 5-1 도구 창의 단축키

도구 창	단축키
프로젝트	Alt+1
버전 관리	Alt+9
실행	Shift+F10
Debug	Shift+F9
Android Monitor	Alt+6

5.2.2 Project 생성

Android Studio를 설치하고, 실행하면 그림 5-3과 같은 창이 생성된다. 신규 project를 생성하는 경우, 'Start a new Android Studio project'메뉴 버튼을 누르고, 'Application name', 'Company domain', 'Project location'을 입력한다. 단, 'Company domain'은 고유 명칭으로 작성해야 한다. 'Package name'은 'Company domain'의 역순과 'Application name'을 결합해서 자동적으로 생성된다. 예를 들어, 'Application name'이 BLE101이고 'Company domain'이 a610.example.com 이면, 'Package name'은 com.example.a610.ble101이 된다.

디바이스 형태 (form factors) 및 SDK 창에서는 'phone and tablet'과 안드로이드 OS 버전을 선택한다. 여기서 안드로이드 OS 버전은 앱이 실행될 목표 API 레벨이다. 앱의 activity 화면 창에서는 용도에 부합하는 activity를 선택하는데, 기본적으로 'Empty Activity'를 선택한다. activity 설정 창에서는 생성할 activity 클래스의 명칭을 입력한다. 여기서 'Activity Name'와 'Layout Name'는 일반적으로 기본값을 사용한다.

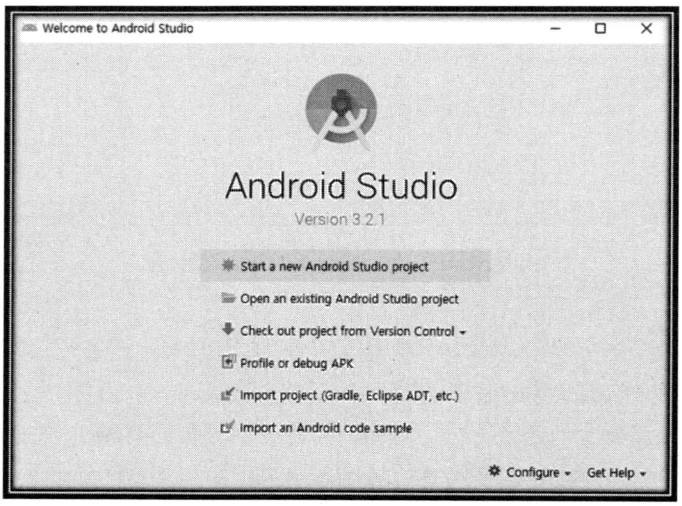

그림 5-3 Android Studio 실행 화면

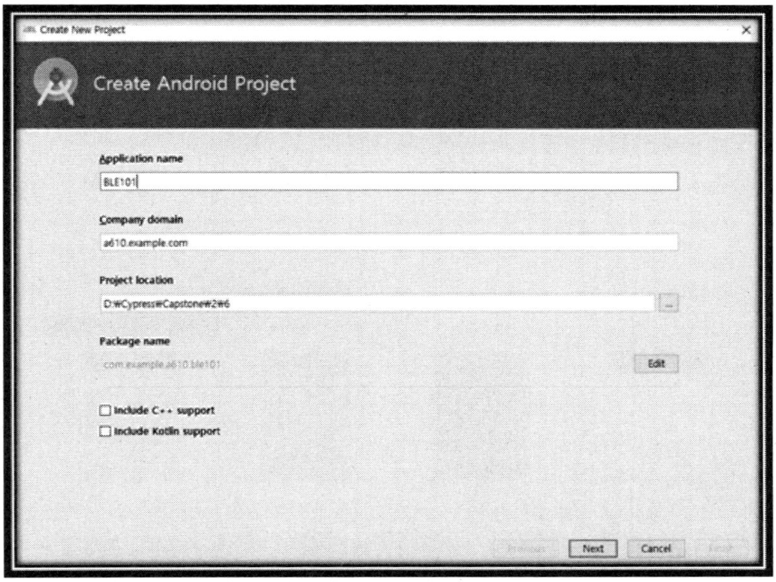

그림 5-4 신규 project 생성 화면1

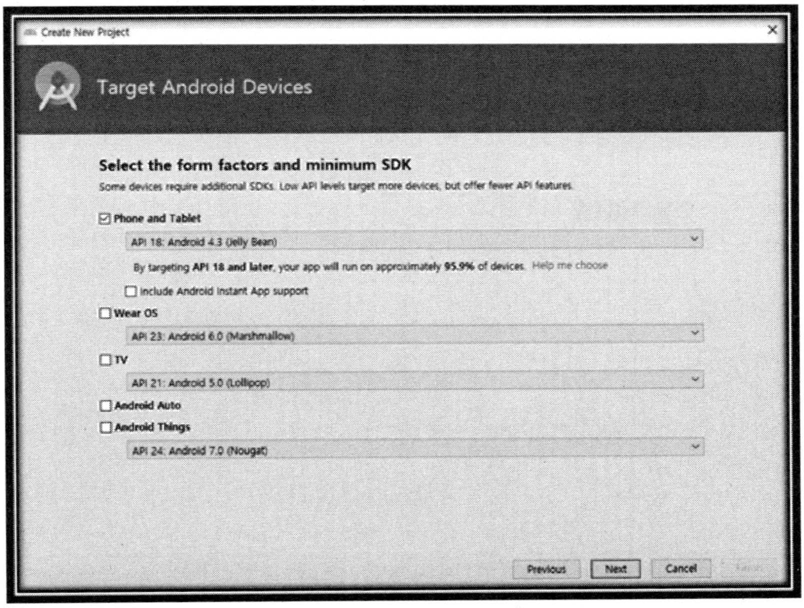

그림 5-5 신규 project 생성 화면2

그림 5-6 신규 project 생성 화면3

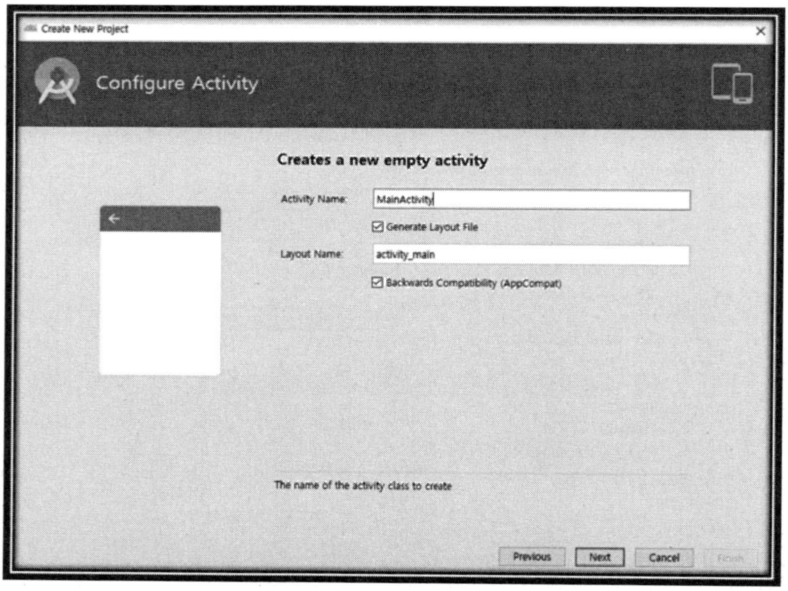

그림 5-7 신규 project 생성 화면4

5.2.3 코드 작성

Android Studio에서는 기본 완성, 스마트 완성, 명령문 완성의 세 가지 유형으로 코드 작성이 가능하다. 각 유형별 코드 작성은 단축키를 사용하여 액세스할 수 있으며, 단축키는 표 5-2와 같다. 그림 5-8은 기본 완성 유형의 예를 보여주고 있다.

표 5-2 코드 작성 단축키

유형	단축키	설명
기본 완성	Control+Space	변수, 유형, 메서드, 식 등에 대한 기본 추천 항목을 표시한다. 한 행에서 기본 완성을 두 번 호출하는 경우, 비공개 멤버 및 가져오지 않은 정적 멤버를 비롯하여 더 많은 결과가 나타난다.
스마트 완성	Control+Shift+Space	상황에 따라 관련 옵션을 표시한다. 스마트 완성은 예상되는 유형과 데이터 흐름을 인식하여 한 행에서 스마트 완성을 두 번 호출하는 경우, 체인을 비롯하여 더 많은 결과가 나타난다.
명령문 완성	Control+Shift+Enter	현재 명령문을 자동으로 완성하고 누락된 소괄호, 중괄호, 대괄호, 서식 등을 추가한다.

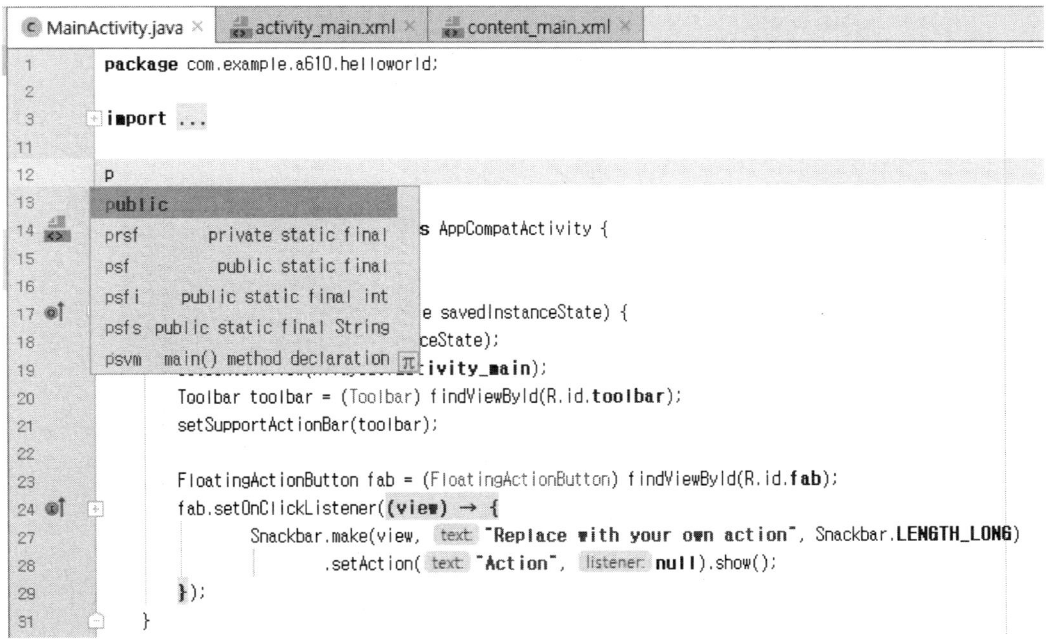

그림 5-8 기본 완성 유형 예

Android Studio의 코드 샘플 탐색 기능을 사용하면 프로젝트에서 현재 강조 표시된 기호를 바탕으로 Google에서 제공하는 고품질 Android 코드 샘플을 손쉽게 찾을 수 있다. 그림 5-9에서와 같이 File 메뉴에서 New 〉 Import Sample을 선택하여 코드 샘플을 검색하게 된다. 그림 5-11과 그림 5-12는 각각 Bluetooth Gatt Server와 UART Loopback 코드 샘플 검색 결과를 보여주고 있다.

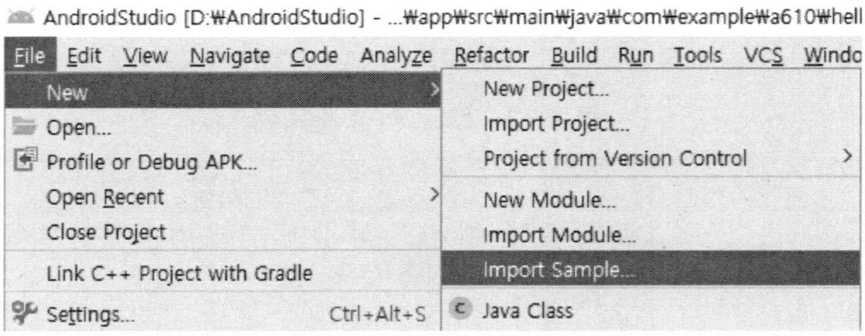

그림 5-9 Import Sample 메뉴 항목

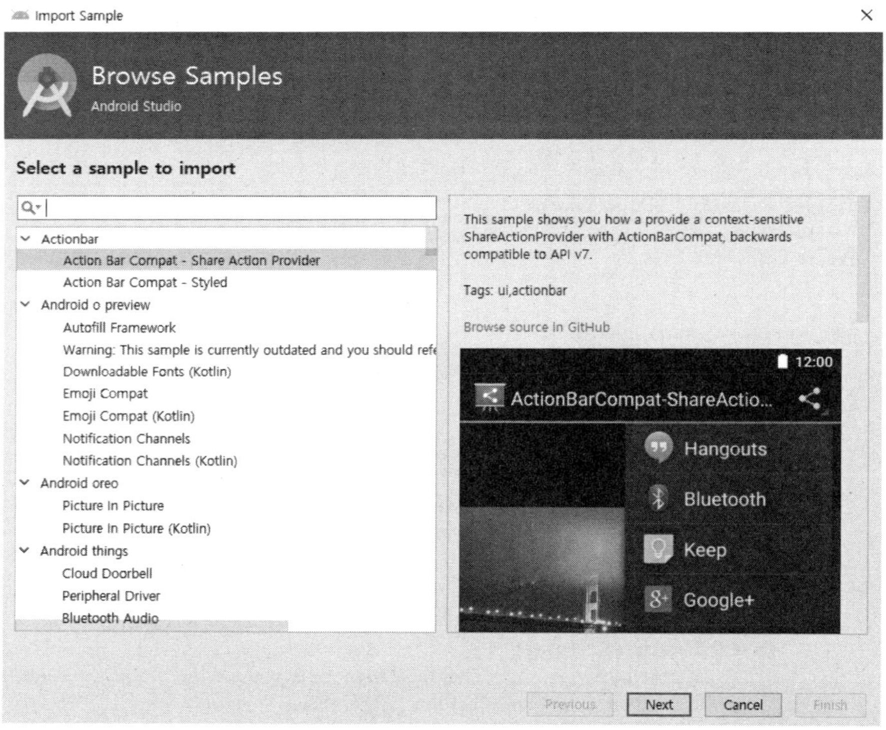

그림 5-10 코드 샘플 탐색 창

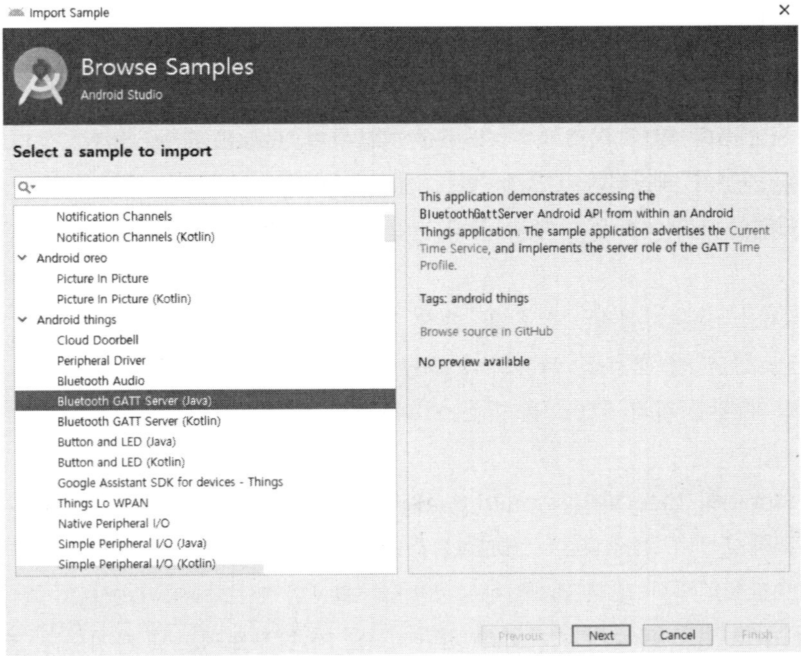

그림 5-11 코드 샘플 탐색 예1

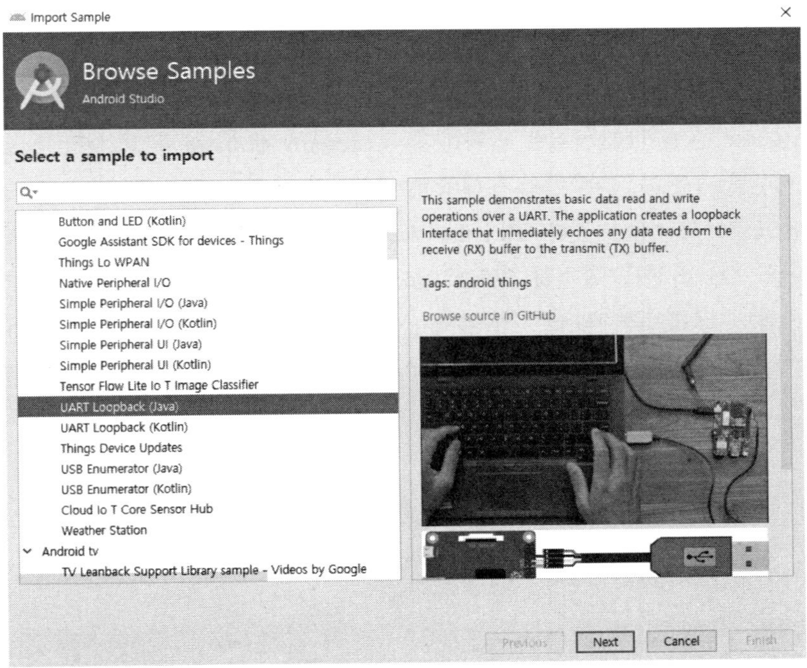

그림 5-12 코드 샘플 탐색 예2

5.2.4 Project 빌드

(1) Gradle 빌드 시스템

Android Studio의 빌드 시스템은 Gradle 기반이며, Gradle용 Android 플러그인을 통해 Android 전용 기능이 제공된다. Gradle 빌드 시스템은 Android Studio 메뉴에서는 통합 도구로 실행되고, 명령줄에서는 독립적으로 실행된다. 주요 기능은 다음과 같다.

- 빌드 프로세스 사용자설정, 구성 및 확장
- 동일한 프로젝트 및 모듈을 사용하여 다양한 기능을 갖춘 앱을 위한 여러 APK 생성
- 전체 소스 세트에 걸쳐 코드 및 리소스 재사용

Android Studio의 빌드 파일은 build.gradle 이다. Groovyopen_in_new 구문을 사용하는 일반 텍스트 파일이며, Gradle용 Android 플러그인이 제공하는 요소들로 빌드를 구성하게 된다. 전체 프로젝트에서 각 프로젝트에는 하나의 최상위 빌드 파일이 있으며 각 모듈에 대해 별도의 모듈 수준 빌드 파일이 존재하게 된다. 또한 기존 프로젝트를 가져오는 경우, Android Studio는 필요한 빌드 파일을 자동으로 생성하게 된다.

(2) Project 빌드 절차

Android Studio를 실행하여 'Start a new Android Studio project' 메뉴 버튼을 누르고, 'Application name'은 HelloWorld로 입력한다. 'Company domain'과 'Project location'을 입력하고 'Next' 버튼을 누른다. 디바이스 형태(form factors) 및 SDK 창에서는 'phone and tablet'을 선택하고, 안드로이드 OS 버전은 'API 14: Android 4.0 (IceCreamSandwich)'를 선택한다. 단, 안드로이드 OS 버전은 설치할 안드로이드 기기의 OS 버전에 맞추어 선택할 수 있다. 앱의 activity 화면 창에서는 'Basic Activity'를 선택한다. activity 설정 창에서는 activity 클래스의 명칭을 기본값에서 변경하지 않고, 'Finish' 버튼을 눌러서 Project 생성을 완료한다.

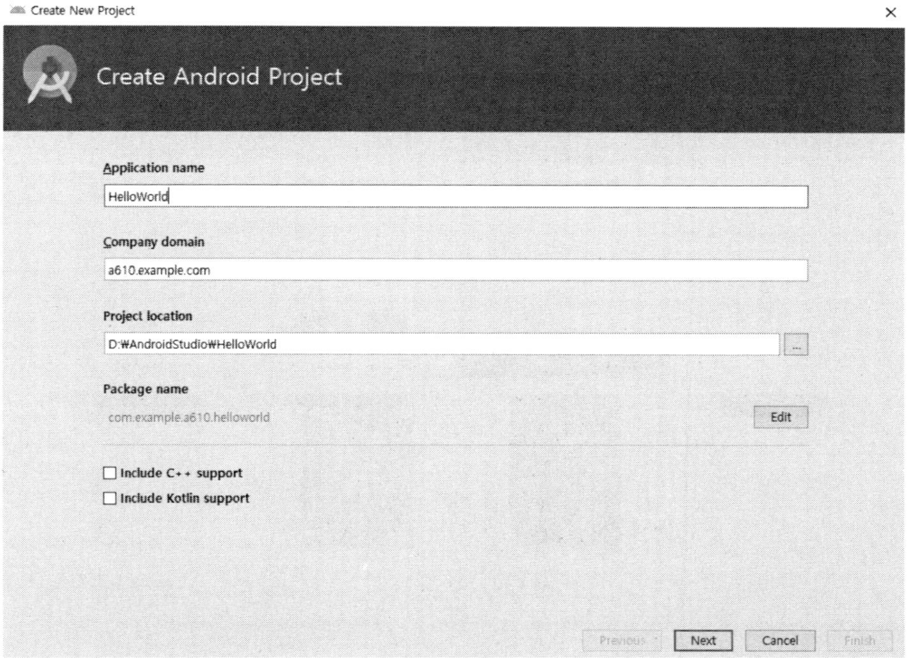

그림 5-13 'HelloWorld' project 생성 화면1

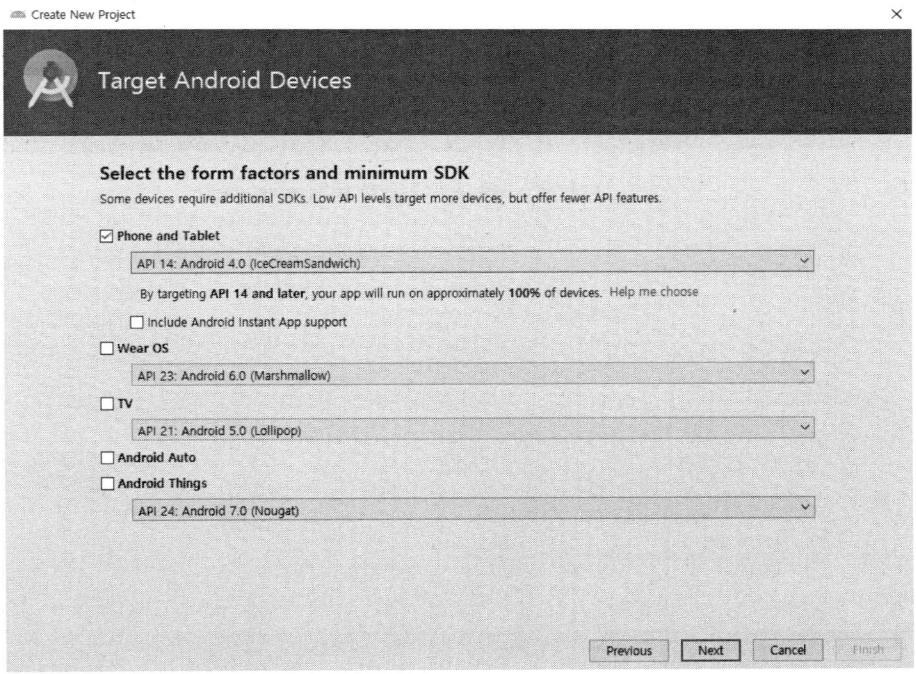

그림 5-14 'HelloWorld' project 생성 화면2

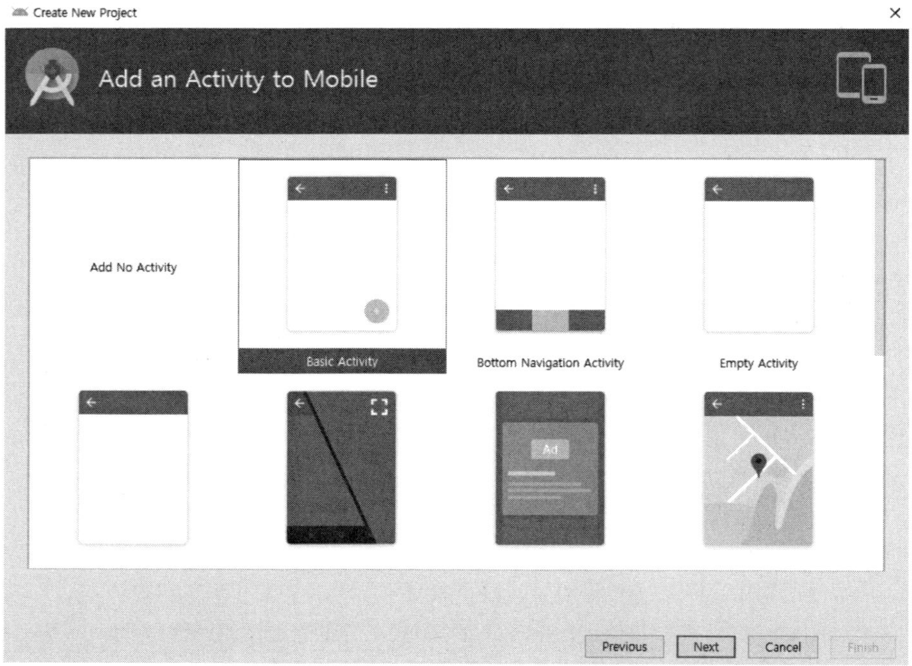

그림 5-15 'HelloWorld' project 생성 화면3

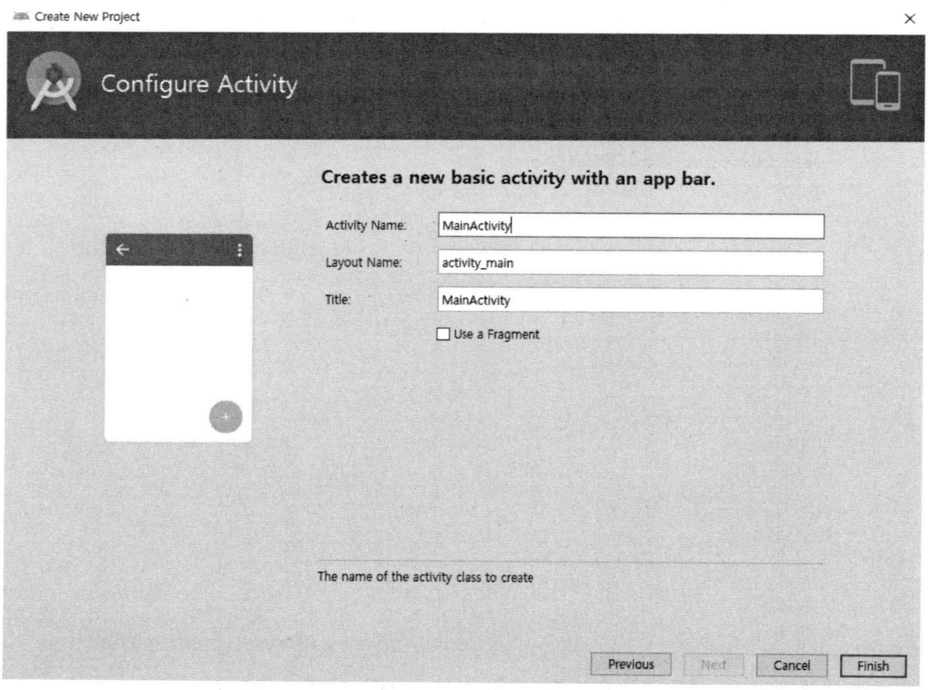

그림 5-16 'HelloWorld' project 생성 화면4

안드로이드 응용 프로그램의 빌드는 상단 Build 메뉴에서 Make Project를 선택하여 실행한다. 빌드가 진행되고 있는 상태에는 상태바에 "Gradle Build Running"이 표시되며, 정상적으로 빌드가 완료되면 하단의 메시지 도구 창의 Build 탭에서 "Build: completed successfully" 메시지를 확인할 수 있다.

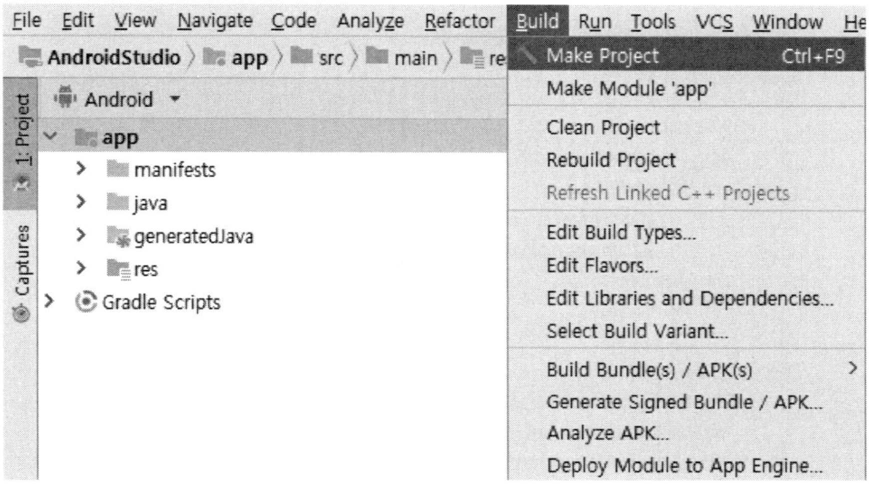

그림 5-17 빌드 메뉴 선택 화면

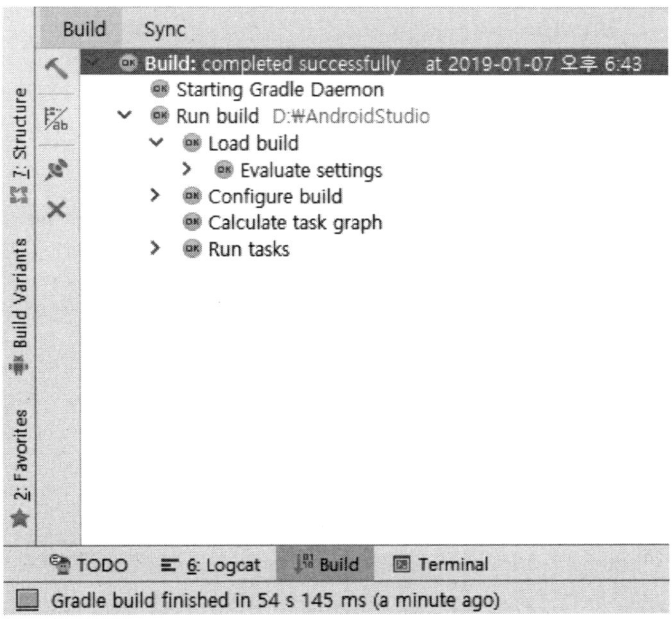

그림 5-18 빌드 완료 화면

그림 5-19 Project 뷰 화면

Android Studio는 왼쪽에 위치한 프로젝트 뷰에 프로젝트 파일을 표시한다. 프로젝트 파일은 그림 5-19에서와 같이 모듈별로 구성되어 있어서 프로젝트의 주요 소스 파일에 신속하게 액세스할 수 있다. 모든 빌드 파일은 Gradle Scripts 아래의 최상위에 표시되며, app 모듈에는 manifests, java, res 폴더가 포함된다. manifests 폴더는 AndroidManifest.xml 파일을 포함하고, java 폴더는 JUnit 테스트 코드를 비롯한 자바 소스 코드 파일을 포함하게 된다. 그리고 res 폴더는 XML 레이아웃, UI 문자열, 비트맵 이미지 등 모든 리소스를 포함하게 된다.

5.2.5 Project 실행

5.2.4에서 생성한 HelloWorld 프로젝트의 빌드가 완료되면 프로젝트 뷰의 app/res/layout 폴더에 activity_main.xml 파일이 생성된 것을 확인할 수 있다. 이 파일을 클릭하고 하단의 Design 탭을 선택하면 "Hello world!" 문구가 표시되는 안드로이드 클라이언트 화면이 나타나게 된다.

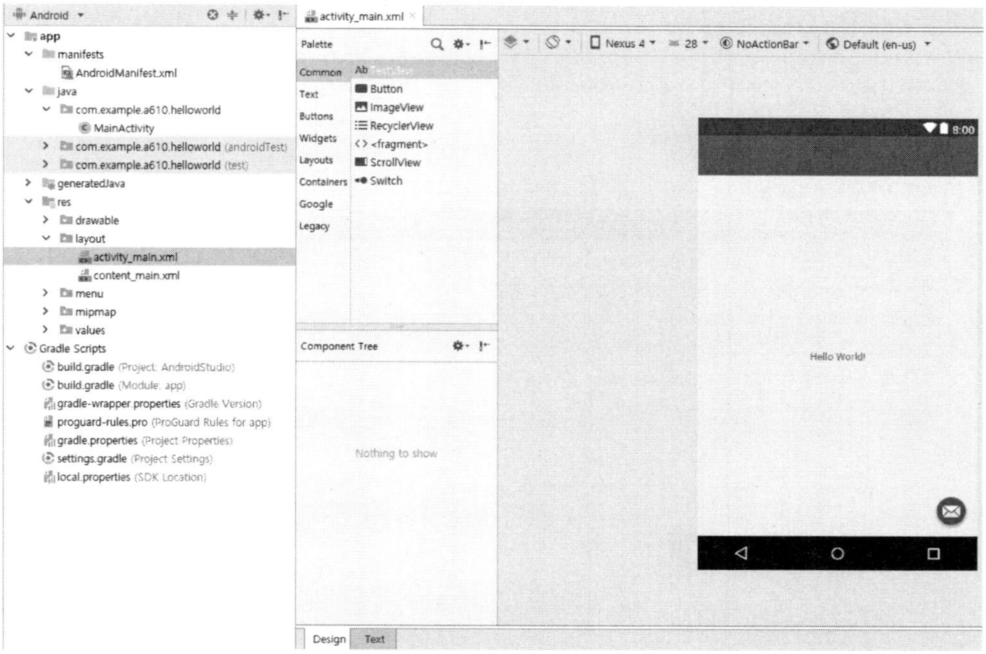

그림 5-20 layout 디자인화면

응용 프로그램을 실행하기 위해 상단 툴바에서 삼각형 모양의 Run 'app' 버튼을 누르거나, Run 메뉴에서 Run 'app'을 선택한다. 그림 5-21의 응용 프로그램을 어떤 에뮬레이터에서 구동할지 선택하는 창이 생성되면, 가상 장치를 이용하여 실행할 수 있다. 기존 가상 장치를 선택하거나 신규 가상 장치를 생성할 수 있으며, 신규 가상 장치를 생성하는 과정은 다음과 같다. 에뮬레이터 선택 창에서 'Create New Virtual Device' 버튼을 클릭한다. 하드웨어 선택 창이 생성되면 'Category'에서 'Phone'을 선택하고 생성할 모델을 선택한 다음 'Next' 버튼을 클릭한다. 시스템 OS 선택 창에서 응용 프로그램이 실행될 안드로이드 OS 버전을 선택하고, 'Next' 버튼을 클릭한다. 그림 5-23은 Android 5.0 (Lollipop)를 선택한 화면이다. 선택한 안드로이드 OS가 존재하지 않는 경우, 그림 5-24에서와 같이 다운로드가 실행된다. 마지막으로 가상 장치 설정 창에서 에뮬레이터 명칭을 입력하고, 설정 항목을 선택한 다음 'Finish' 버튼을 클릭하여 에뮬레이터 생성을 완료한다.

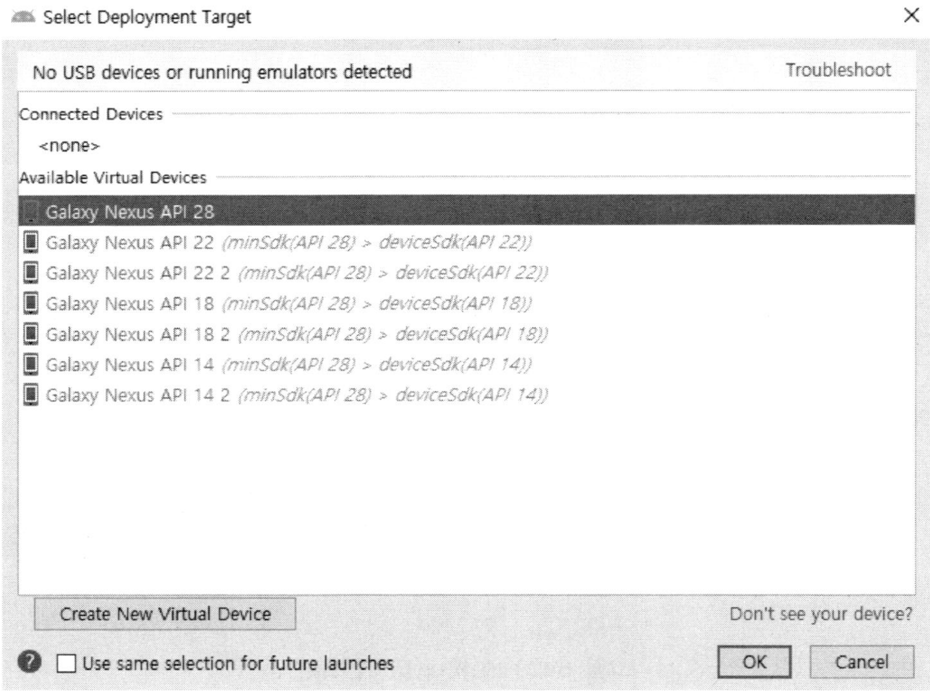

그림 5-21 에뮬레이터 선택 창

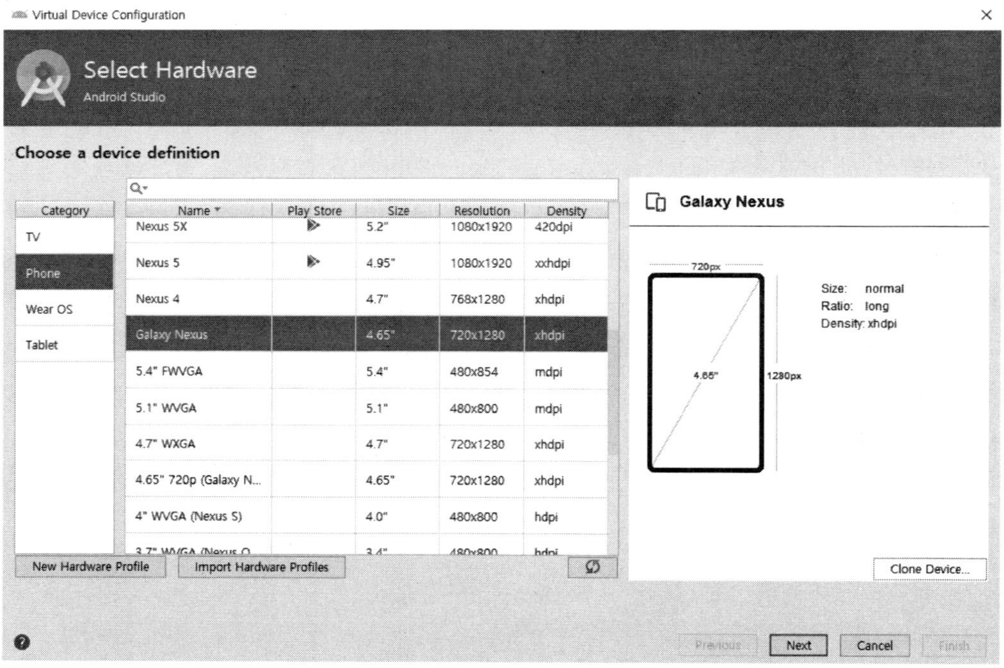

그림 5-22 하드웨어 선택 창

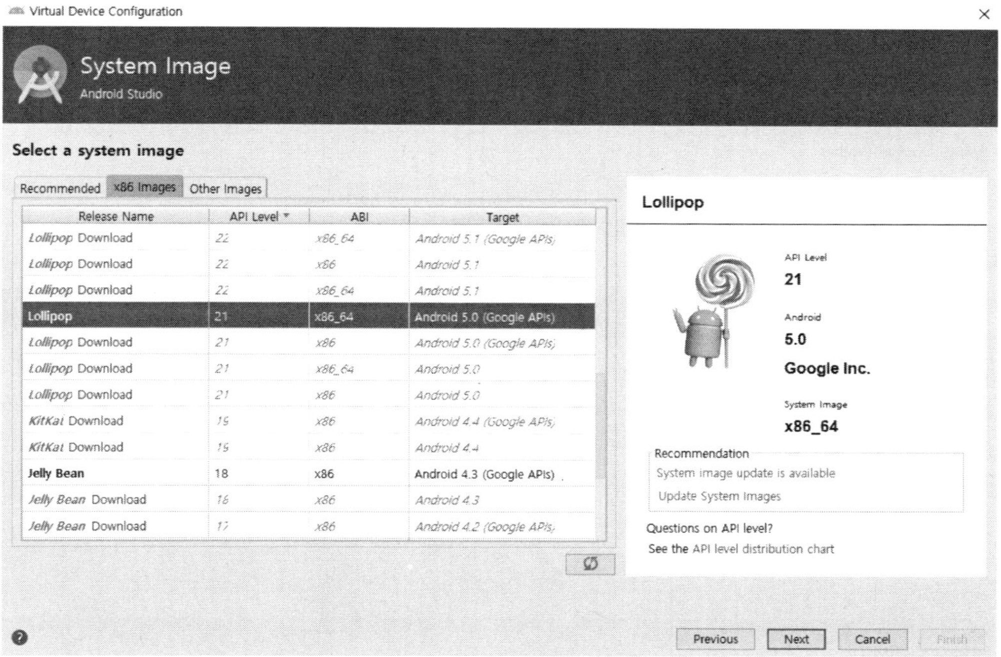

그림 5-23 시스템 OS 선택 창

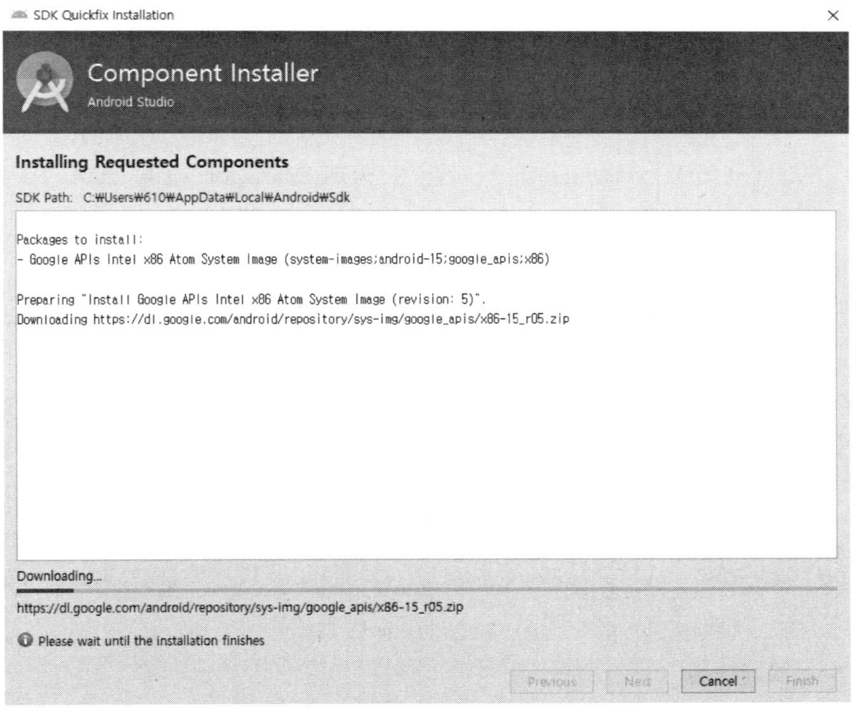

그림 5-24 시스템 OS 설치 창

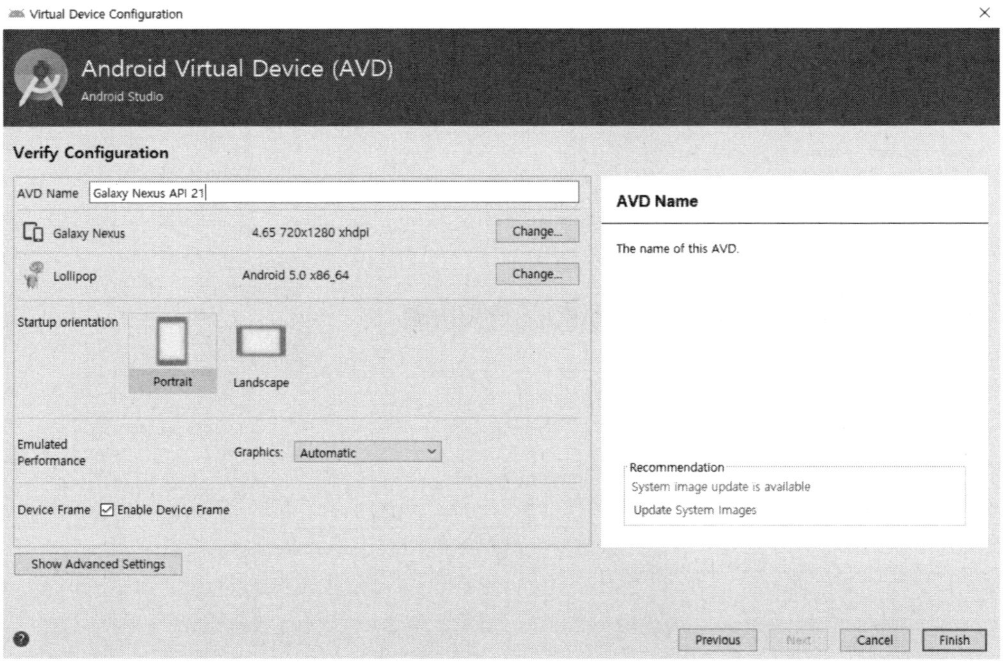

그림 5-25 가상 장치 설정 창

생성한 에뮬레이터를 선택하고 OK 버튼을 누르면 그림 5-26에서와 같이 빌드가 진행된다. 만약 "Emulator: emulator: ERROR: x86_64 emulation currently requires hardware acceleration!"에러 메시지가 나오면 아래 방법을 이용하여 해결할 수 있다.

- Tools 메뉴에서 SDK Manager를 선택한다. SDK Manager 창의 SDK Tools 탭에서 1)Android SDK Build-Tools, 2)Android Emulator, 3)Android SDK Platform-Tools, 4)Android SDK Tools 항목이 설치되어 있는지 확인한다. 미설치 항목은 설치해준다.
- SDK Tools 탭에서 Intel x86 Emulator Accelator(HAXM installer)가 체크되어 있다면 체크 해제하고, Apply 버튼을 클릭한다.
- https://github.com/intel/haxm/releases/download/v7.2.0/haxm-windows_v7_2_0.zip 링크로 가서 인텔 가상 에뮬레이터를 다운받은 후 압축파일을 푼다.
- 컴퓨터 재부팅 후 BIOS를 열어서 그래픽탭에서 가상화 기술(Virtualization)이 Disable이라면 Enable로 바꿔준다.
- 컴퓨터를 재부팅하고, 다운로드한 intelhaxm-android.exe를 C 드라이브에 설치해준다.
- 안드로이드 스튜디오를 실행하고 SDK Tools에 Intel x86 Emulator Accelator(HAXM installer)를 설치해준다.

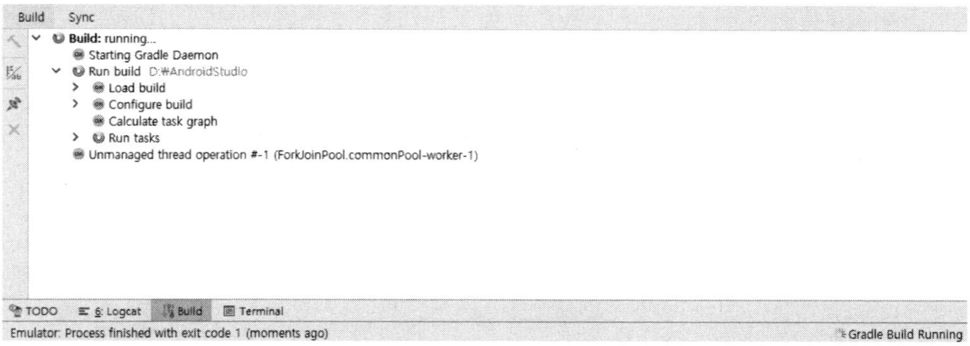

그림 5-26 에뮬레이터 빌드 화면

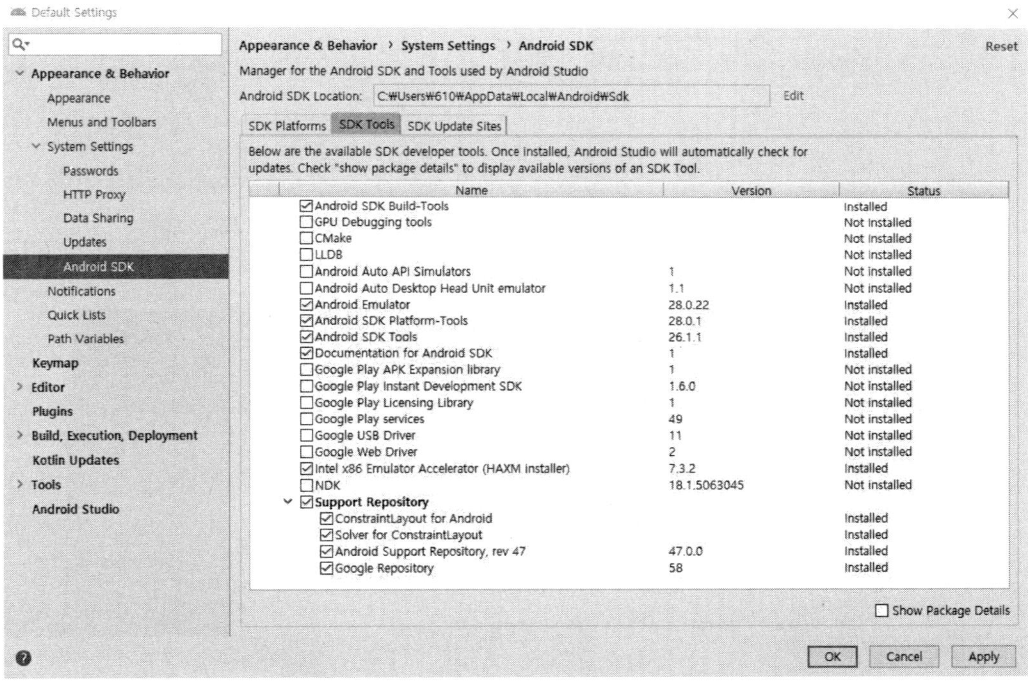

그림 5-27 SDK Manager 창

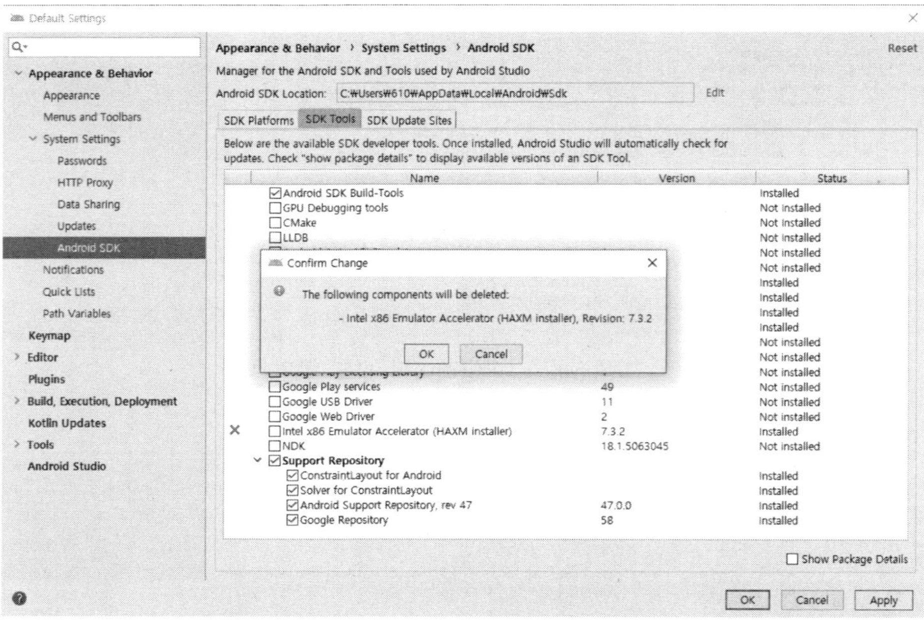

그림 5-28 Intel x86 Emulator Accelator(HAXM installer) 제거 화면1

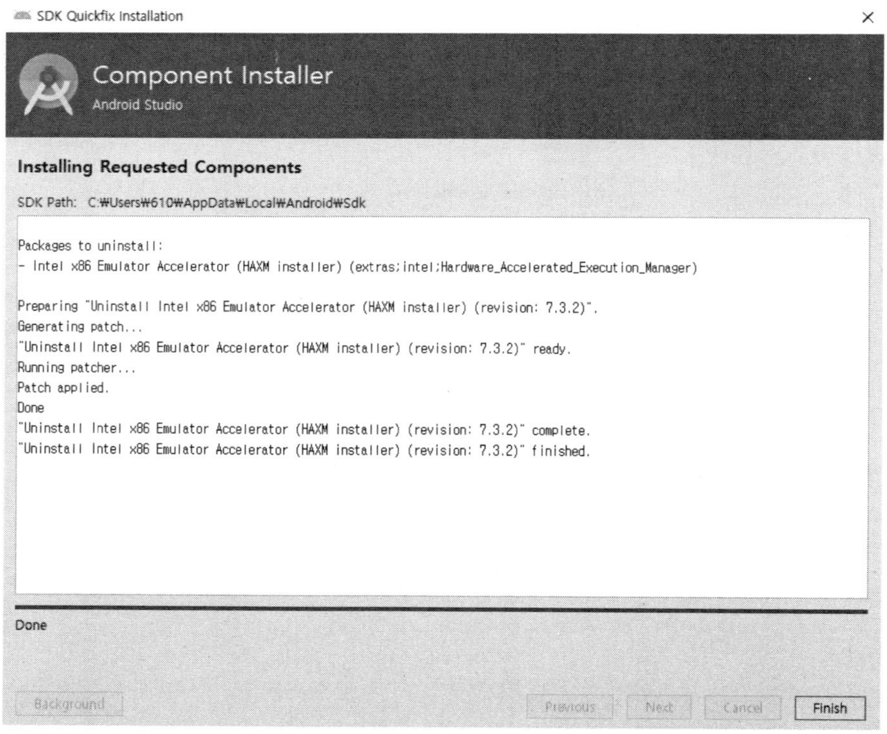

그림 5-29 Intel x86 Emulator Accelator(HAXM installer) 제거 화면2

선택한 에뮬레이터가 실행되면 그림 5-30과 같은 휴대폰 이미지가 생성되면서 "Hello World!" 문구가 휴대폰 화면에 출력되는 것을 확인할 수 있다.

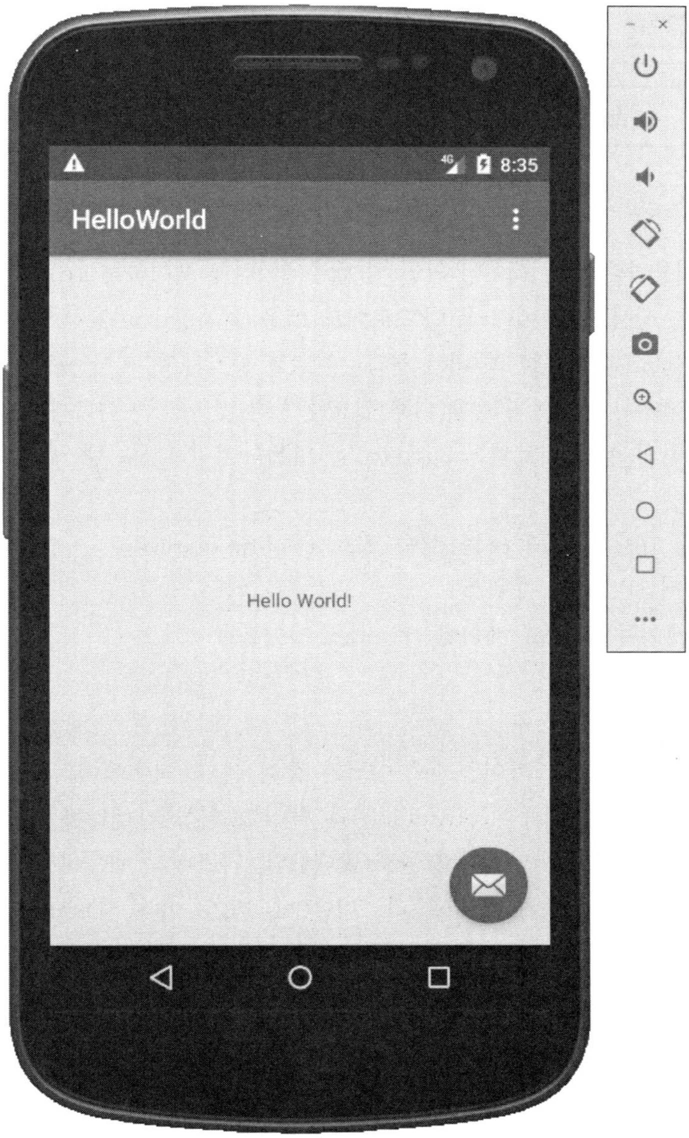

그림 5-30 에뮬레이터 실행 화면

6장 / 안드로이드 앱을 이용한 IoT 시스템 구현하기

6.1 IoT 구현 절차 및 방법

학습목표	• WiFi 통신 안드로이드 앱을 이용한 IoT 구현 시스템을 설계 및 구축할 수 있다.

6.1.1 시스템 구성

WiFi 통신을 이용하여 센서 데이터 확인 및 액추에이터를 제어하는 IoT 시스템은 라즈베리파이(Raspberry Pi), 센서, 액추에이터, 안드로이드 앱을 설치한 스마트폰으로 구성할 수 있다. 라즈베리파이와 안드로이드 앱은 서버와 클라이언트로 동작하며, 센서 출력 데이터를 안드로이드 앱을 통해 표시한다. 시스템 구성을 위해 필요한 장비 및 공구는 다음과 같다. 본 교재에서는 라즈베리파이 기반의 실습 키트인 mCube-IoT를 사용하여 IoT 시스템 구성 방법을 설명한다.

- 라즈베리파이 기반의 보드 또는 실습 키트 (예) mCube-IoT)
- 컴퓨터, 모니터, 키보드, 마우스
- Micro USB 케이블, HDMI 케이블, Jumper 케이블
- DC 5V/3A Adaptor

서버 역할을 하는 라즈베리파이는 아두이노와 같이 센서, 액추에이터 등을 연결해 다양한 기능을 구현할 수 있으나 아두이노(Arduino)와 달리 동영상 카메라를 어려움 없이 적용할 수 있어 2013년 5월에는 전용 카메라 모듈도 발매했다. 라즈베리 재단에서 공식적으로 지원하는 OS는 리눅스 데비안을 기반으로 하는 라즈비안(Raspbian) 이다. SDRAM을 포함하여 아두이노에 비해 그래픽 기능이 포함된 것이 차이점이다. HDMI를 통해 모니터 연결이 가능하고, SD 메모리를 보조 메모리로 사용하며 통신 기능은 모델B/B+만 Ethernet을 가지고 있다. 무선 통신을 하려면 USB를 통한 확장 WiFi 모듈 등을 이용해야 한다.

라즈베리파이와 센서를 연결한 회로도는 그림 6-1과 같다. 센서는 PIR(Passive Infrared) 동작 감지 센서를 사용하였고, 결선 방법은 다음과 같다.

- Raspberry Pi Adapter Board의 포트 J6의 핀 GPIO22를 PIR 동작 감지 센서 모듈의 OUT 핀에 연결한다.
- Raspberry Pi Adapter Board의 포트 J6의 핀 GND를 PIR 동작 감지 센서 모듈의 GND 핀에 연결한다.

Raspberry Pi Adapter Board의 포트 J6의 핀 +5V를 PIR 동작 감지 센서 모듈의 VCC 핀에 연결한다.

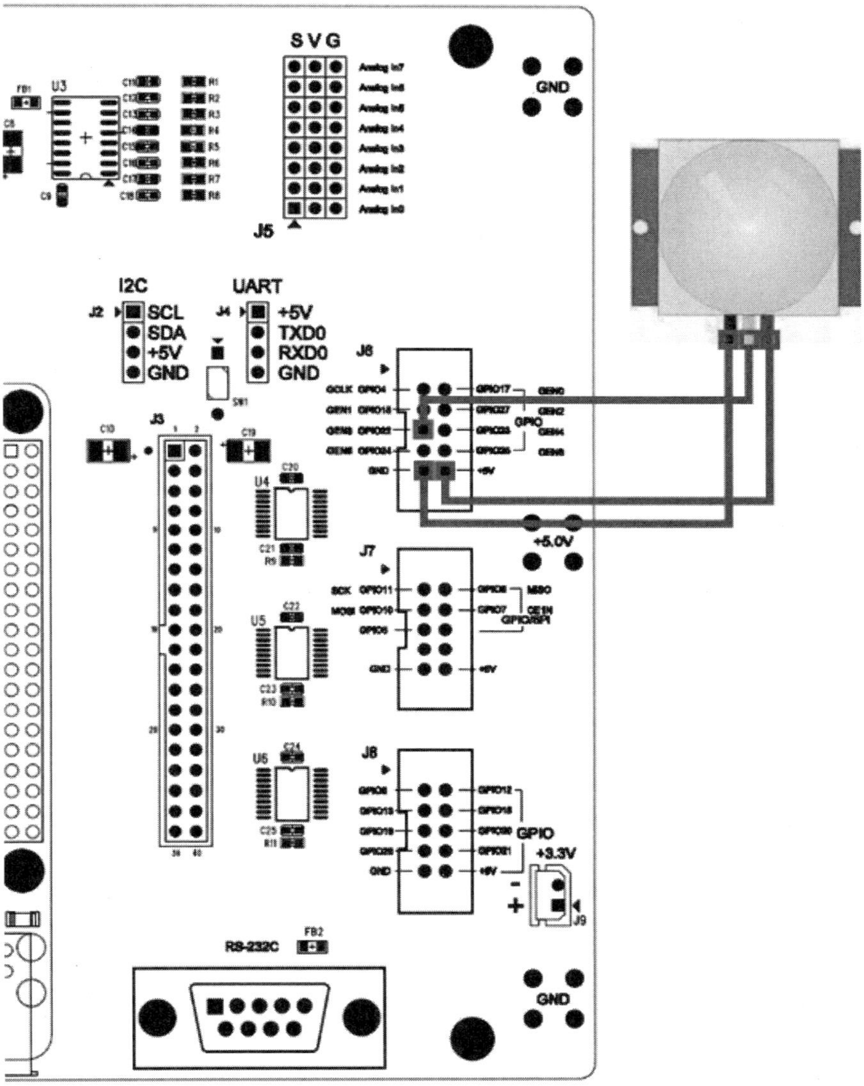

그림 6-1 PIR 동작 감지 센서 연결 회로도

6.1.2 라즈베리파이 프로그래밍

라즈베리파이 응용 프로그램은 nano 에디터를 사용하여 작성하며, 폴더를 생성하여 파일 관리를 한다. 본 장에서는 WiFi를 사용하여 안드로이드 앱과 통신하는 IoT 시스템을 구현하기 위한 방법을 소개한다. 본 IoT 시스템의 동작 과정은 다음과 같다. TCP/IP 소켓통신에서 라즈베리파이는 서버 역할을 하게 되며, 프로그램을 실행하고 대기하다가 안드로이드폰 등의 안드로이드 클라이언트가 연결을 시도하면 클라이언트의 IP를 표시하고 연결한다. PIR 동작 감지 센서로 감지된 값을 안드로이드 클라이언트로 전송하고 동작 여부를 실시간으로 확인한다.

본 IoT 시스템을 구현하기 위한 라즈베리파이 응용 프로그램 예제는 다음과 같다.

표 6-1 라즈베리파이 응용 프로그램 파일 예제 1

폴더명	파일명
rasp_server	rasp_server.c
	sensor.c
	sensor.h

◆ sensor.h

```
#ifndef __SENSOR_H__
#define  __SENSOR_H__

int getSensorData(void);                          // get Sensor Data

#endif
```

◆ sensor.c

```
#include <stdio.h>
#include <string.h>
#include <errno.h>

#include <wiringPi.h>

#define INPUT_PIN 22                              // input pin Define
int nVal = 0;                                     // variable for reading the pin starts
int SensingFlag = 0;

int getSensorData(void)
{
        if(wiringPiSetupGpio() == -1)                    // wiringPi
        {
           return 1;
        }

        pinMode(INPUT_PIN,INPUT);                 // set Pin Mode

        nVal =  digitalRead(INPUT_PIN);                  //read input value
        if(nVal == HIGH)
```

```
        {
            printf("Sensor Detected!!₩n");
            SensingFlag = 1;
        }
        else
        {
            SensingFlag = 0;
        }
        return SensingFlag;
}
```

◆ rasp_server.c

```
#include <stdio.h>
#include <stdlib.h>
#include <string.h>
#include <unistd.h>
#include <arpa/inet.h>
#include <sys/socket.h>
#include "sensor.h"

#define BUF_SIZE            4
#define INIT_VAL_OF_MEM     0
#define NUM_OF_ARGC         2
#define PROTOCOL_TYPE       0
#define NUM_OF_QUEUE        5
#define DATA_SIZE           1

#define PKT_STX  0x01
#define PKT_ETX  0x04

#define CMD_SENSOR_REQ 0x10
#define CMD_SENSOR_RES 0x90

int getSensorData(void);
void error_handling(char *message);

void main(int argc, char *argv[])
{
        int serv_sock, clnt_sock;
        FILE * fp;
        char snd_buf[BUF_SIZE];
        char rcv_buf[BUF_SIZE];
        int read_cnt;
        int readBufSize;

        struct sockaddr_in serv_adr, clnt_adr;
```

```
    socklen_t clnt_adr_sz;

    int getData;

    printf("============================================₩n");
    printf("TCP/IP Data Transmission Program - Server₩n");
    printf("============================================₩n₩n");

    // check port info
    if(argc != NUM_OF_ARGC) {
      printf("Usage: %s <port>₩n", argv[0]);
      exit(1);
    }

    // create Socket
    serv_sock =  socket(PF_INET, SOCK_STREAM, PROTOCOL_TYPE);
    if (serv_sock == -1)
            error_handling("socket() error");

    memset(&serv_adr, INIT_VAL_OF_MEM, sizeof(serv_adr));

    serv_adr.sin_family = AF_INET;          // Address Family : IPv4 Internet Protocal
    serv_adr.sin_addr.s_addr = htonl(INADDR_ANY);  // get ip address
    serv_adr.sin_port = htons(atoi(argv[1]));          // get port num

    // allocate Address to Socket
    if (bind(serv_sock, (struct sockaddr*)&serv_adr, sizeof(serv_adr)) == -1)
            error_handling("bind() error");

    // wait to request Connection
    if (listen(serv_sock, NUM_OF_QUEUE) == -1)
      error_handling("listen() error");

    clnt_adr_sz = sizeof(clnt_adr);

    // accept Connection
    clnt_sock = accept(serv_sock, (struct sockaddr*)&clnt_adr, &clnt_adr_sz);

    printf("Connected IP : %s₩n₩n", inet_ntoa(clnt_adr.sin_addr));

    while(1)
    {
      // read Data
      if(readBufSize = read(clnt_sock, rcv_buf, BUF_SIZE) != -1)
      {
              if(rcv_buf[0] == PKT_STX)  {
                      if(rcv_buf[1] == CMD_SENSOR_REQ) {
                              if(rcv_buf[3] == PKT_ETX)  {
                                      getData = getSensorData();
```

```
                                                snd_buf[0] = PKT_STX;
                                                snd_buf[1] = CMD_SENSOR_RES;
                                                snd_buf[2] = getData;
                                                snd_buf[3] = PKT_ETX;

                                                // write Data
                                                write(clnt_sock, snd_buf, BUF_SIZE);
                                        }
                                }
                        }
                }
                else
                {
                        write(clnt_sock, snd_buf, BUF_SIZE);
                        break;
                }
        }
        // close Socket
        close(clnt_sock);
        close(serv_sock);
        printf("Transmission terminated.₩n");
        printf("Disconnected(IP : %s)₩n₩n", inet_ntoa(clnt_adr.sin_addr));
}

void error_handling(char *message)
{
        fputs(message, stderr);
        fputc('₩n', stderr);
        exit(1);
}
```

6.1.3 안드로이드 앱

Android Studio를 실행하여 'Start a new Android Studio project' 메뉴 버튼을 누르고, 'Application name'은 RaspNetworkClient로 입력한다. 'Company domain'과 'Project location'을 입력하고 'Next' 버튼을 누른다. 디바이스 형태 (form factors) 및 SDK 창에서는 'phone and tablet'을 선택하고, 안드로이드 OS 버전은 'API 14: Android 4.0 (IceCreamSandwich)'를 선택한다. 단, 안드로이드 OS 버전은 설치할 안드로이드 기기의 OS 버전에 맞추어 선택할 수 있다. 앱의 activity 화면 창에서는 'Basic Activity'를 선택한다. activity 설정 창에서는 activity 클래스의 명칭을 NetworkClientActivity로 변경하고, 'Finish' 버튼을 눌러서 Project 생성을 완료한다.

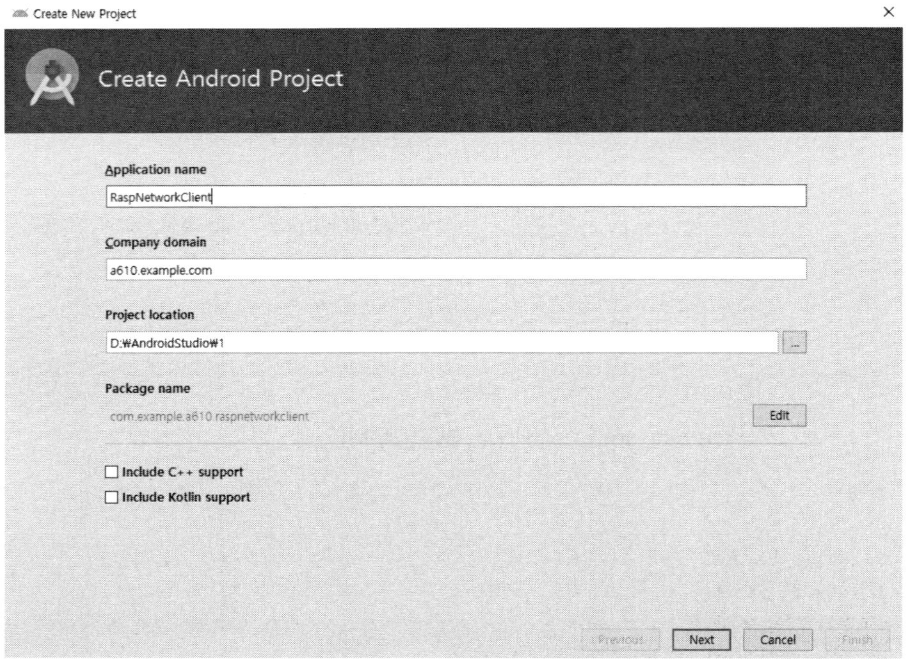

그림 6-2 'RaspNetworkClient' project 생성 화면1

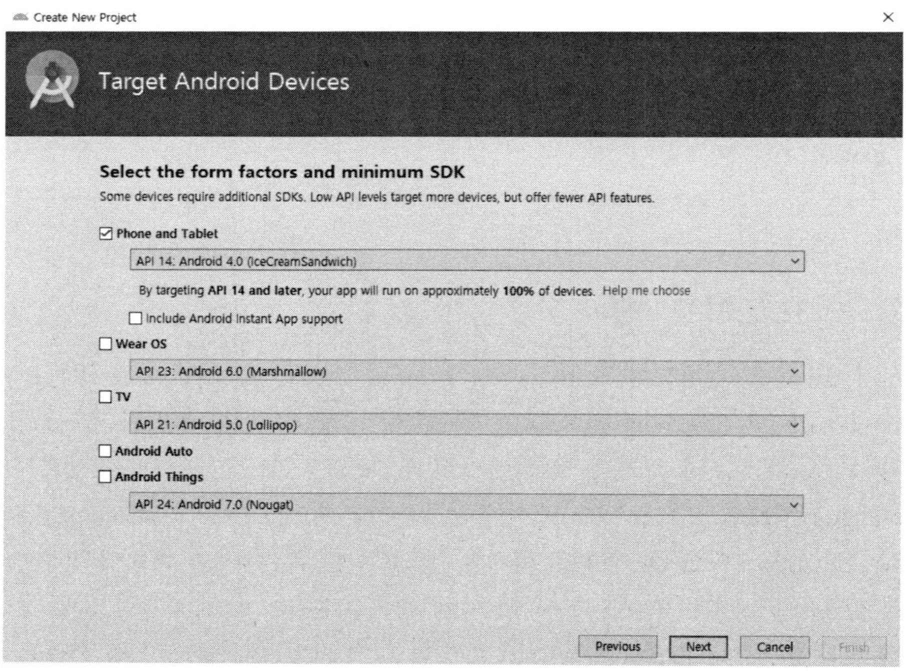

그림 6-3 'RaspNetworkClient' project 생성 화면2

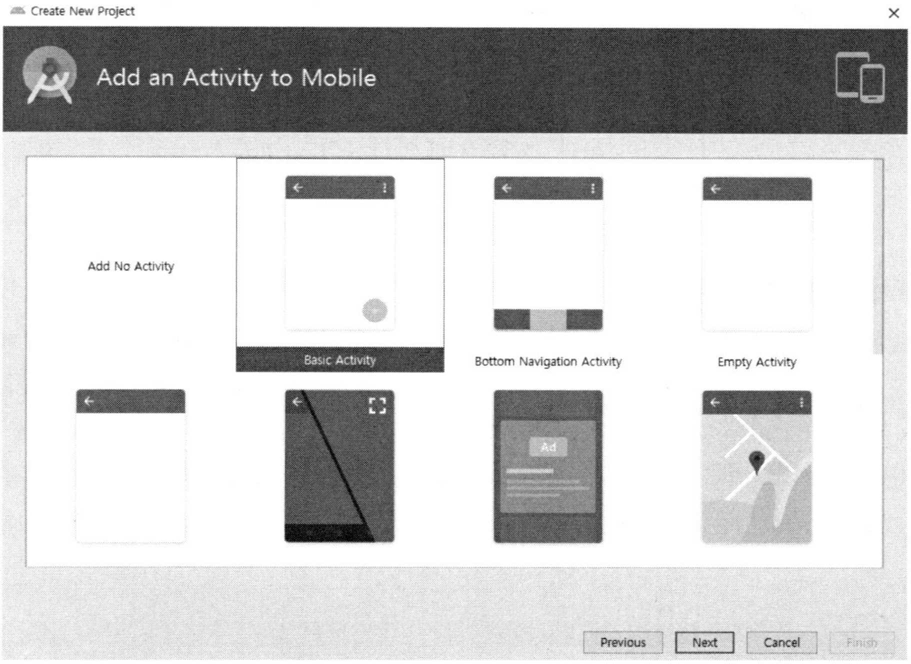

그림 6-4 'RaspNetworkClient' project 생성 화면3

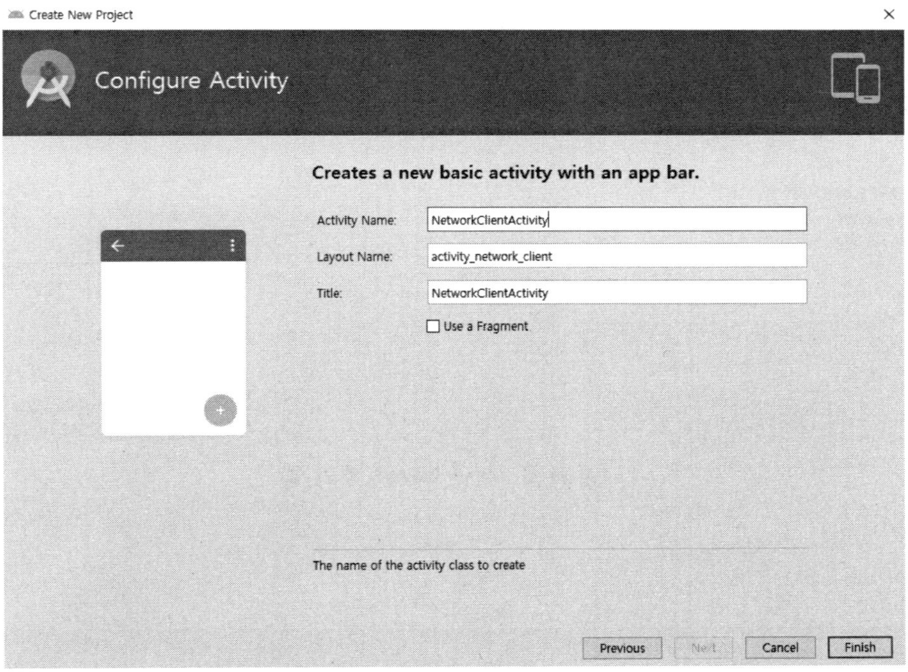

그림 6-5 'RaspNetworkClient' project 생성 화면4

본 IoT 시스템에서 안드로이드 스마트기기는 라즈베리파이와 Wi-Fi를 이용한 TCP/IP 통신을 통해서 데이터를 송수신한다. 라즈베리파이가 서버 역할을 하며, 안드로이드 스마트기기는 클라이언트 역할을 하게 된다. 따라서 안드로이드 앱은 TCP/IP Socket 객체를 생성하여 서버와 연결하도록 프로그램을 작성해야 한다. 이를 위해 안드로이드 앱의 Activity는 서버 IP를 설정하는 것과 수신된 값을 모니터링 하는 것으로 구성한다. 세부적인 절차는 다음과 같다.

(1) 서버 IP 설정

app/res/layout 폴더에서 마우스 오른쪽 클릭하여 New 〉 Layout resource file을 선택하여 layout을 생성한다. 그림 6-6에서와 같이 'File name'은 activity_server_set으로 입력하고 'OK' 버튼을 누른다. activity_server_set.xml 파일이 생성되면, Text 탭으로 이동하여 서버 설정을 위한 TextView와 EditText, 그리고 Button을 생성하기 위해 본 교재에서 제공하는 소스 코드로 변경한다. Design 탭을 선택하면 그림 6-7의 생성한 layout 디자인을 확인할 수 있다.

그림 6-6 신규 layout 추가 창

그림 6-7 'activity_server_set' layout 디자인

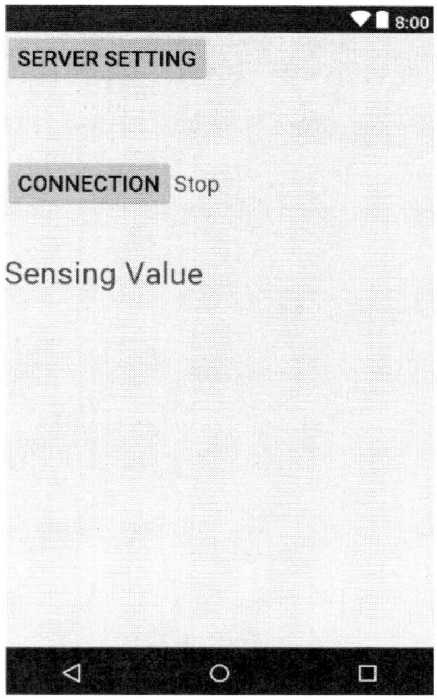

그림 6-8 'activity_network_client' layout 디자인

(2) 클라이언트 동작 설정

클라이언트 동작을 위한 Button 2개와 TextView 3개를 생성하기 위해서 activity_network_client.xml 파일을 선택하고 Text 탭으로 이동하여 본 교재에서 제공하는 소스 코드로 변경한다. 디자인 탭을 선택하면 그림 6-8의 layout 디자인을 확인할 수 있다.

(3) Activity 생성 및 제어

app/java 폴더 아래에서 package 명칭의 폴더를 선택하고 java 파일을 열어서 Activity의 Button이나 TextView, ImageView 등 위젯들(Widgets)과 각 Activity의 동작을 제어하기 위한 프로그램을 작성한다. 본 project에서는 2개의 Activity와 1개의 제어를 위한 java 파일이 생성되어야 한다. 네트워크 클라이언트 Activity를 위한 "NetworkClientActivity"파일이 생성되어 있으므로, java 파일 2개를 신규로 생성해야 한다. java 파일은 package 명칭 폴더를 마우스 오른쪽 버튼 클릭하고, New 〉 Java Class를 선택하여 신규 생성할 수 있다. 신규 생성하는 java 파일의 명칭은 "ServerSetActivity", "NetManager"로 한다. java 파일이 생성되면, 파일을 선택하고 Text 탭으로 이동하여 본 교재에서 제공하는 소스 코드로 변경한다. 단. package 명칭은 생성한 project의 package 명칭으로 수정해야 한다.

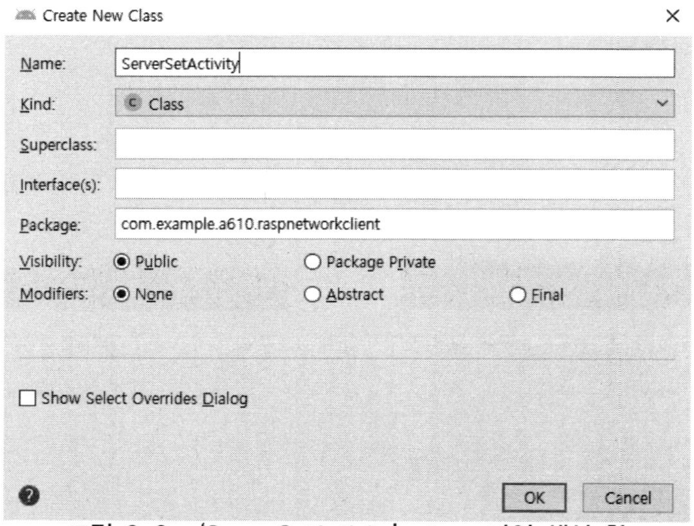

그림 6-9 'ServerSetActivity' java 파일 생성 창

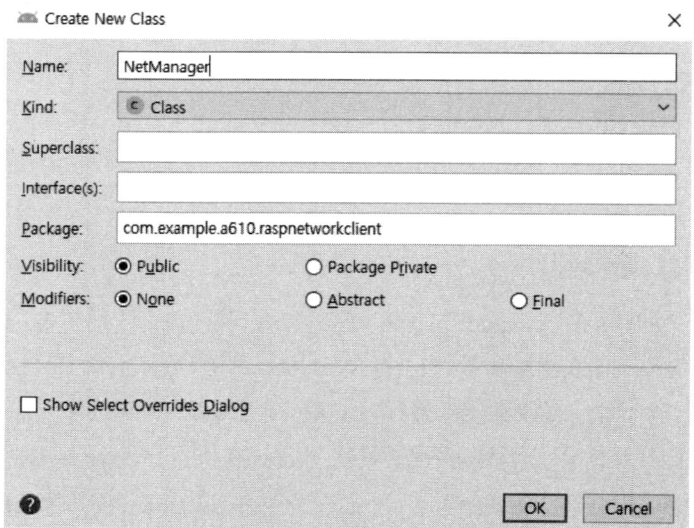

그림 6-10 'NetManager' java 파일 생성 창

(4) Menu 설정

Activity를 생성하는 Java 파일은 안드로이드 기기의 메뉴키를 눌렀을 때, 메뉴키의 동작을 제어하는 파일을 참조한다. 메뉴키 동작을 제어하는 파일은 app/res/menu 폴더에 위치하게 된다. 네트워크 클라이언트의 메뉴키를 위한 "menu_network_client.xml"파일이 생성되어 있으므로, 서버 설정을 위한 메뉴키 파일을 신규로 생성해야 한다. 메뉴키 파일은 app/res/menu 폴더를 마우스 오른쪽 버튼 클릭하고, New 〉 Menu resource file를 선택하여 신규 생성할 수 있다. 신규 생성하는 메뉴키 파일의 명칭은 "menu_server_set"로 하고, 본 교재에서 제공하는 소스 코드로 변경한다.

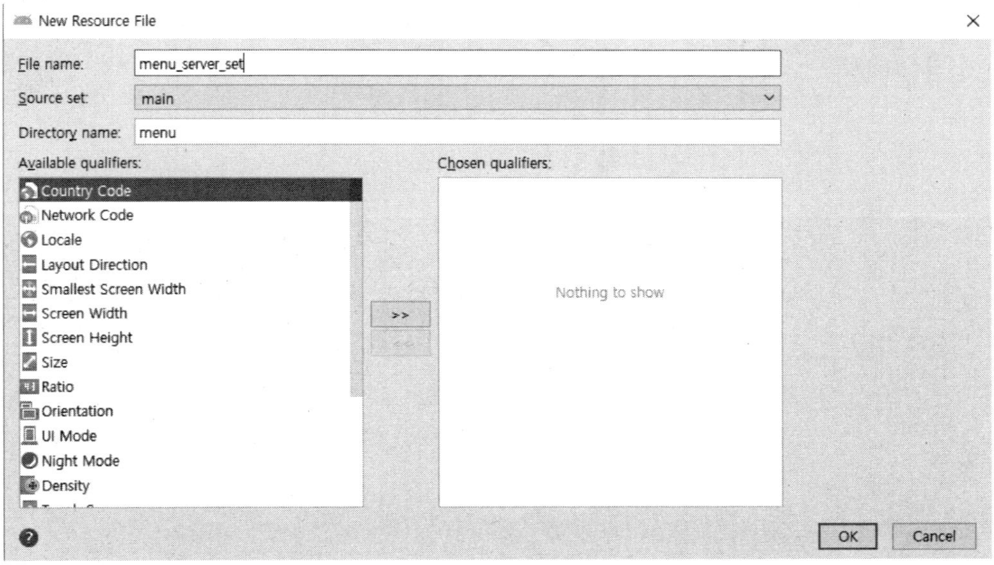

그림 6-11 'menu_server_set' 메뉴키 파일 생성 창

(5) Manifest 파일 수정

Manifest 파일은 앱에 관한 전체적인 권한 및 설정 등을 포함하고 있다. 앱의 아이콘, 이름, 테마 등을 설정할 수 있으며, 블루투스, 인터넷, 데이터 권한 등의 설정도 가능하다. 또한, Activity의 이름과 라벨도 설정 가능하다. Manifest 파일은 app/manifests 폴더에 위치하며, 본 교재에서 제공하는 소스 코드로 변경한다. 단. package 명칭은 생성한 project의 package 명칭으로 수정해야 한다.

6.1.4 네트워크 구성 및 동작 확인

그림 6-12와 같이 시스템 동작 확인을 위한 네트워크를 구성한다. 안드로이드 앱의 소스 코드에는 임의의 서버 IP 주소가 입력되어 있다. 따라서 구성한 네트워크에서 라즈베리파이가 할당받은 IP 주소를 확인하고, 안드로이드 클라이언트의 앱에서 서버 IP 주소를 변경하여 연결한다. 라즈베리파이는 유무선 공유기와 유선 또는 무선으로 연결할 수 있으며, 터미널 창을 열어서 ipconfig 명령어를 사용하여 IP 주소를 확인할 수 있다.

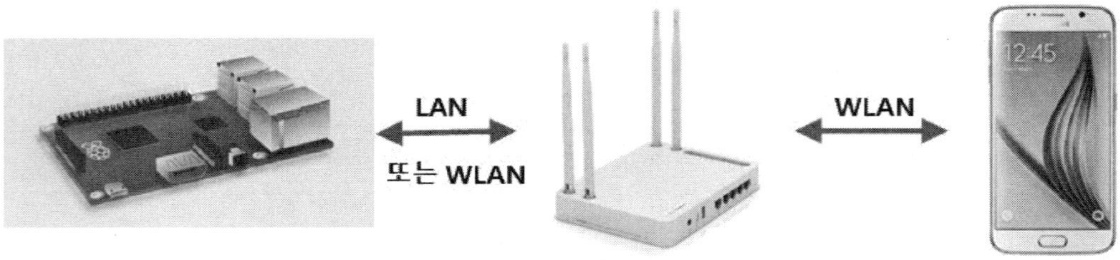

그림 6-12 네트워크 구성

```
pi@raspberrypi ~ $ ifconfig
eth0      Link encap:Ethernet  HWaddr b8:27:eb:49:51:ea
          UP BROADCAST MULTICAST  MTU:1500  Metric:1
          RX packets:0 errors:0 dropped:0 overruns:0 frame:0
          TX packets:0 errors:0 dropped:0 overruns:0 carrier:0
          collisions:0 txqueuelen:1000
          RX bytes:0 (0.0 B)  TX bytes:0 (0.0 B)

lo        Link encap:Local Loopback
          inet addr:127.0.0.1  Mask:255.0.0.0
          UP LOOPBACK RUNNING  MTU:65536  Metric:1
          RX packets:0 errors:0 dropped:0 overruns:0 frame:0
          TX packets:0 errors:0 dropped:0 overruns:0 carrier:0
          collisions:0 txqueuelen:0
          RX bytes:0 (0.0 B)  TX bytes:0 (0.0 B)

wlan0     Link encap:Ethernet  HWaddr 90:9f:33:ec:ec:9f
          inet addr:192.168.10.75  Bcast:192.168.255.255  Mask:255.255.0.0
          UP BROADCAST RUNNING MULTICAST  MTU:1500  Metric:1
          RX packets:42960 errors:0 dropped:928 overruns:0 frame:0
          TX packets:44042 errors:0 dropped:0 overruns:0 carrier:0
          collisions:0 txqueuelen:1000
          RX bytes:5198194 (4.9 MiB)  TX bytes:11489896 (10.9 MiB)

pi@raspberrypi ~ $ 
```

그림 6-13 라즈베리파이 IP 주소 확인 방법

터미널 창에서 C언어로 코딩한 아래의 예제 프로그램을 gcc로 컴파일하고 실행한다. 관련 명령어는 다음과 같다.

● 폴더 이동 : cd 폴더명, 예) cd rasp_server/

● 컴파일/빌드 :

① 프로그램이 단일 파일로 구성된 경우 : gcc –c 파일명.c 또는 gcc –o 실행파일명 파일명.c
예) gcc –c sensor.c 또는 gcc –o sensor sensor.c

② 2개의 파일로 구성된 프로젝트 기반의 프로그램인 경우 : gcc –o 실행파일명 파일1.c … 파일2.c 또는 gcc –o 실행파일명 파일2.c 파일1의 실행파일명.o

③ 예) gcc –o execution operation.c input.c 또는 gcc –o execution operation.c input.o 3개 이상의 파일로 구성된 프로젝트 기반의 프로그램인 경우 : gcc –o 실행파일명 파일1.c … 파일N.c
예) gcc –o execution operation.c input1.c input2.c

● 실행 :

① 일반적인 경우 : ./실행파일명
예) ./execution

② 최고권한이 필요한 경우(sudo 키워드를 추가) : sudo ./실행파일명
예) sudo ./execution

그림 6-14에서와 같이 6.1.2에서 소개한 응용 프로그램 예제를 실행하면, 안드로이드 클라이언트의 연결을 기다리며 대기하게 된다. 안드로이드 클라이언트의 앱에서 서버 IP 주소를 입력하고 'CONNECTION' 버튼을 누르면 라즈베리파이 터미널 창에서 연결된 안드로이드 클라이언트의 IP주소가 표시되면서 라즈베리파이와 안드로이드 클라이언트가 연결된다. 라즈베리파이 서버는 클라이언트가 연결되면 센서에서 값을 받아서 전송한다.

안드로이드 클라이언트 앱을 실행하는 과정은 다음과 같다. 6.1.3에서 생성한 project의 빌드가 에러 없이 완료되면 안드로이드 project를 생성할 때 지정한 경로에서 app₩build₩outputs₩apk 폴더 안에 안드로이드 클라이언트에 앱을 설치하기 위한 apk 파일이 생성된다. apk 파일은 사용하는 안드로이드 클라이언트 기기에 따라서 다르므로, 본 교재에서는 에뮬레이터를 이용하여 동작을 확인한다. 응용 프로그램을 실행하기 위해 상단 툴바에서 삼각형 모양의 Run 'app' 버튼을 누르거나, Run 메뉴에서 Run 'app'을 선택한다. 응용 프로그램을 어떤 에뮬레이터에서 구동할지 선택하는 창이 생성되면. 안드로이드 OS 버전이 Android 5.0 (Lollipop)인 가상 장치를 선택하여 실행한다. 그림 6-16은 RaspNetworkClient 안드로이드 앱의 초기 화면이다. 서버의 IP 주소를 입력하고 'CONNECTION' 버튼을 누른다. 서버와 연결이 되면 'CONNECTION' 버튼이 비활성화 되면서 "Connected" 문구가 표시된다. 그리고 'Sensing Value'에 센서가 측정한 값을 주기적으로(1초) 표시한다. 정상적으로 서버와 연결되지 않는 경우, 네트워크 상태나 프로그램의 정상 작동 여부를 확인한다. 입력한 서버 IP 주소를 확인하

고, ping 테스트를 통해 라즈베리파이와 안드로이드 클라이언트 사이의 네트워크가 정상적으로 연결되어 있는지 확인한다. Ping 테스트는 터미널 창에서 "ping [서버의 IP 주소]" 명령어를 입력하여 진행하며, 방법은 다음과 같다.

Ping 테스트 : ping [서버의 IP 주소], 예) ping 192.168.10.17

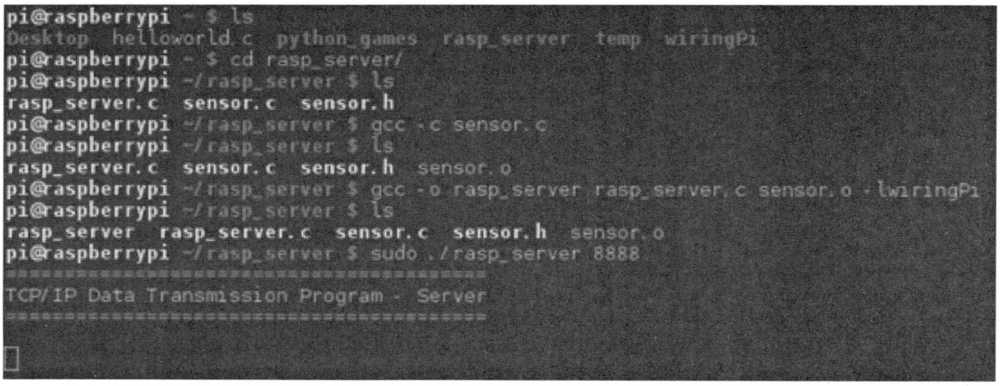

그림 6-14 라즈베리파이 프로그램 컴파일/빌드 및 실행 방법

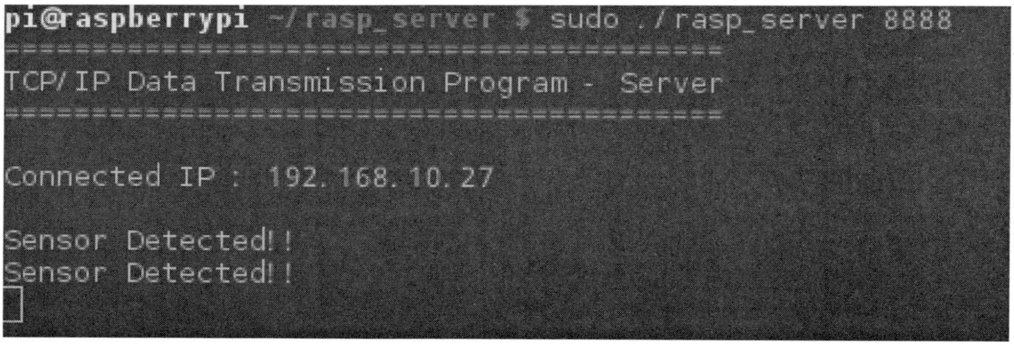

그림 6-15 라즈베리파이와 안드로이드 클라이언트가 연결된 상태의 터미널 창 화면

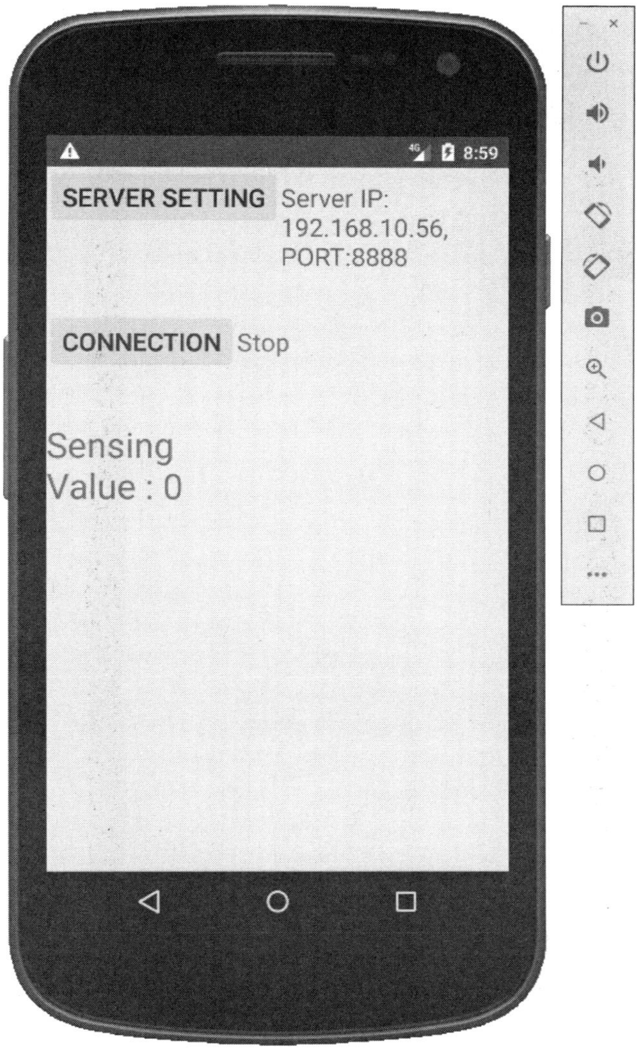

그림 6-16 RaspNetworkClient 안드로이드 앱 초기 화면

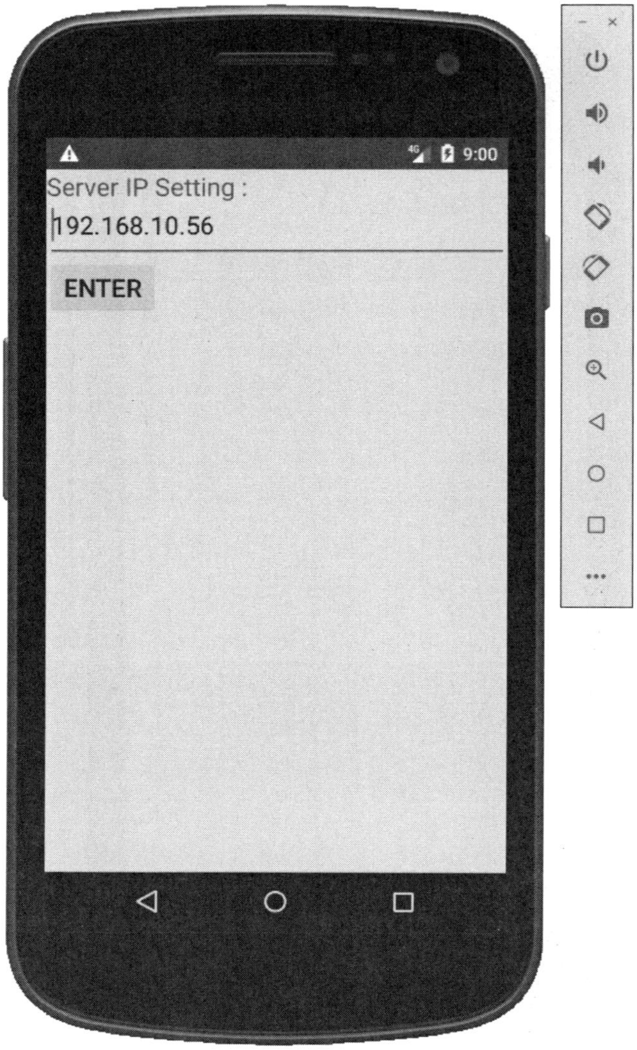

그림 6-17　RaspNetworkClient 안드로이드 앱의 서버 IP 입력 화면

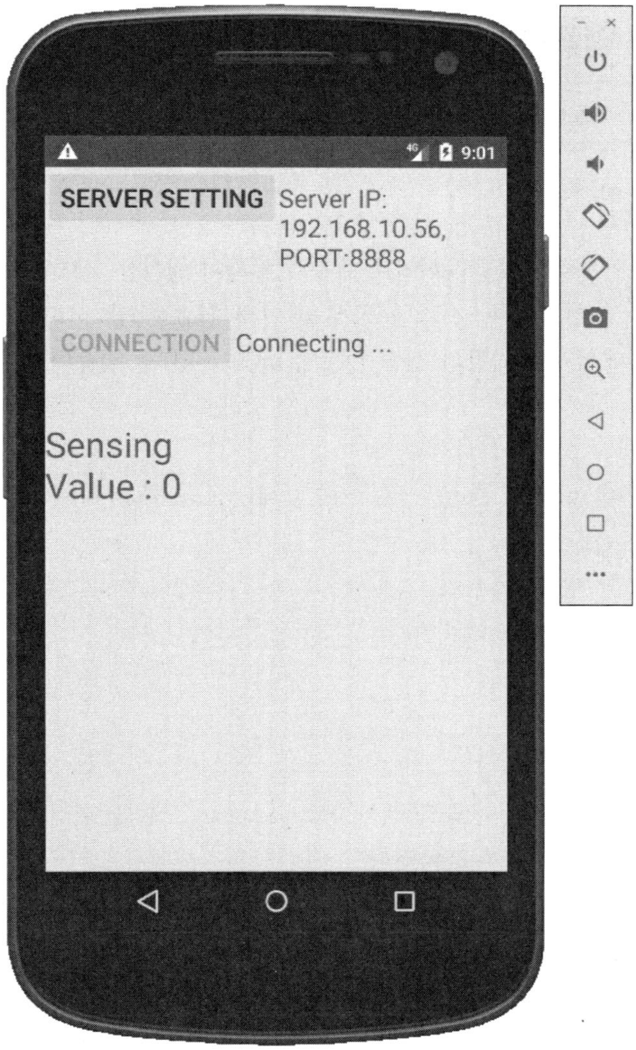

그림 6-18 RaspNetworkClient 안드로이드 앱의 서버 연결 화면

6.2 스마트 선풍기

학습목표	• 스마트 선풍기 IoT 시스템을 설계 및 구축할 수 있다.

6.2.1 시스템 구성

스마트 선풍기는 안드로이드 클라이언트 앱과 연동하여 센싱한 온도에 따라 자동으로 Fan의 회전을 제어하는 IoT 기기이다. 시스템 구성을 위해 필요한 장비 및 공구는 다음과 같다. 본 교재에서는 라즈베리파이 기반의 실습 키트인 mCube-IoT를 사용하여 시스템 구성 방법을 설명한다.

- 라즈베리파이 기반의 보드 또는 실습 키트 (예) mCube-IoT)
- 온습도 센서, Keypad, Fan
- 컴퓨터, 모니터, 키보드, 마우스
- Micro USB 케이블, HDMI 케이블,
- Jumper 케이블
- DC 5V/3A Adaptor

그림 6-19는 라즈베리파이와 온습도 센서, Keypad, Fan 모듈을 연결한 시스템 구성을 보여주고 있으며, 결선 방법은 표 6-2와 같다.

라즈베리파이를 20 x 2 케이블을 이용하여 어댑터 보드와 연결한다.
Keypad는 3.3V 전원으로 동작하며, 2핀 전원 케이블을 이용하여 라즈베리파이 어댑터의 +3.3V(J9)와 Keypad 모듈의 J3, J4 커넥터 중 하나를 선택하여 연결한다. 붉은색 케이블을 Sensor Shield의 3.3V 와 연결하고 검정색 케이블은 GND와 연결한다. 이때 Keypad 모듈의 전원 커넥터는 화살표 모양이 있는 핀이 +3.3V 이고 옆의 핀이 GND이므로 주의하여 연결한다.
온습도 센서는 5V 전원으로 동작하며, 2핀 전원 케이블을 이용하여 라즈베리파이 어댑터의 GND와 +5V를 온습도 센서 모듈의 J3, J4 커넥터 중 하나를 선택하여 연결한다. 붉은색 케이블을 Sensor Shield의 5V 와 연결하고 검정색 케이블은 GND 와 연결한다. 이 때, 온습도 센서 모듈의 전원 커넥터는 화살표 모양이 있는 핀이 +5V 이고 옆의 핀이 GND 이므로 주의하여 연결한다.
Fan은 5V 전원으로 동작하여, 2핀 전원 케이블을 이용하여 라즈베리파이 어댑터 보드의 GND와 +5V를 Fan 모듈의 FAN 포트 GND와 5V에 연결한다.

표 6-2 스마트 선풍기 연결 핀 맵

Raspberry Pi	온습도 센서	Keypad	Fan
GPIO11	TEMP SCK		
GPIO9	TEMP DATA		
GPIO6		BT1 PB1	
GPIO12		BT1 PB2	
GPIO4			FAN MT_P
GPIO17			FAN MT_N

그림 6-19 스마트 선풍기 시스템 구성

6.2.2 라즈베리파이 프로그래밍

라즈베리파이 응용 프로그램은 nano 에디터를 사용하여 작성하며, 폴더를 생성하여 파일 관리를 한다. 스마트 선풍기 IoT 시스템의 동작 과정은 다음과 같다. TCP/IP 소켓통신에서 라즈베리파이는 서버 역할을 하게 되며, 프로그램을 실행하고 대기하다가 안드로이드폰 등의 안드로이드 클라이언트가 연결을 시도하면 클라이언트의 IP를 표시하고 연결한다. 온습도 센서로부터 값을 획득하고 이를 안드로이드 클라이언트 앱을 통해 표시하며, 설정된 온도에 따라 Fan의 동작을 제어한다.

스마트 선풍기 IoT 시스템을 구현하기 위한 라즈베리파이 응용 프로그램 예제는 다음과 같다.

온습도 센서를 이용해 측정한 주변의 온도를 실시간으로 확인하여 Fan을 동작시킨다.
Fan의 동작을 위한 기준 온도의 초기값은 25도 이며, 기준 온도는 Keypad를 눌러 설정할 수 있다. Keypad 모듈의 버튼스위치 중 PB1 버튼은 설정온도를 1도씩 높이고, PB2 버튼은 설정온도를 1도씩 낮춘다.
온습도 센서에서 측정한 온도가 기준 온도보다 높으면 Fan이 동작하며, 낮으면 Fan이 동작하지 않는다.
온습도 센서에서 측정한 온도 값은 Wi-Fi TCP/IP 소켓통신을 통해서 안드로이드 클라이언트로 전송된다.

표 6-3 스마트 선풍기 라즈베리파이 응용 프로그램 파일 예제

폴더명	파일명
SmartElectricFan	rasp_server.c
	SmartElectricFan.c
	sensor.h
	temp.c / temp.h
	fan.c / fan.h
	keypad.c / keypad.h

◆ sensor.h

```
#ifndef __SENSOR_H__
#define  __SENSOR_H__

int setupwiringPiGpio(void);
int getSensorData(void);
void controlFan(int temp);

int setInterrupt (int pin, int edge, void(*function)(void));
void PB1_Interrupt(void);
void PB2_Interrupt(void);
void upTemp(void);
```

```
void downTemp(void);

#endif /* __SENSOR_H__ */
```

◆ rasp_server.c

```
#include <stdio.h>
#include <stdlib.h>
#include <string.h>
#include <unistd.h>
#include <arpa/inet.h>
#include <sys/socket.h>

#include "sensor.h"
#include "keypad.h"

#define BUF_SIZE 5
#define INIT_VAL_OF_MEM  0
#define NUM_OF_ARGC      2
#define PROTOCOL_TYPE    0
#define NUM_OF_QUEUE     5
#define DATA_SIZE        1

#define PKT_STX  0x01
#define PKT_ETX  0x05

#define CMD_SENSOR_REQ 0x10
#define CMD_SENSOR_RES 0x90

int getData(void);
void error_handling(char *message);

int main(int argc, char *argv[])
{
        int serv_sock, clnt_sock;
        FILE * fp;
        char snd_buf[BUF_SIZE];
        char rcv_buf[BUF_SIZE];
        int read_cnt;
        int readBufSize;
```

```
    struct sockaddr_in serv_adr, clnt_adr;
    socklen_t clnt_adr_sz;

    int getData;
    char getData_msb = 0;
    char getData_lsb = 0;

    printf("=============================================₩n");
    printf("TCP/IP Data Transmission Program - Server₩n");
    printf("=============================================₩n₩n");

    // check port info
    if(argc != NUM_OF_ARGC) {
      printf("Usage: %s <port>₩n", argv[0]);
      exit(1);
    }

    serv_sock =  socket(PF_INET, SOCK_STREAM, PROTOCOL_TYPE);
    if (serv_sock == -1)
            error_handling("socket() error");

    memset(&serv_adr, INIT_VAL_OF_MEM, sizeof(serv_adr));

    serv_adr.sin_family = AF_INET;
    serv_adr.sin_addr.s_addr = htonl(INADDR_ANY);  // get ip address
    serv_adr.sin_port = htons(atoi(argv[1]));                 // get port num

    if (bind(serv_sock, (struct sockaddr*)&serv_adr, sizeof(serv_adr)) == -1)
            error_handling("bind() error");

    if (listen(serv_sock, NUM_OF_QUEUE) == -1)
      error_handling("listen() error");

    clnt_adr_sz = sizeof(clnt_adr);
    clnt_sock = accept(serv_sock, (struct sockaddr*)&clnt_adr, &clnt_adr_sz);
    printf("Connected IP : %s₩n₩n", inet_ntoa(clnt_adr.sin_addr));

    setupwiringPiGpio();

    initSHT11();
```

```
initFan();
initKeypad();

setInterrupt(KEYPAD_PB1, INT_EDGE_FALLING, &PB1_Interrupt);
setInterrupt(KEYPAD_PB2, INT_EDGE_FALLING, &PB2_Interrupt);

while(1)
{
  if(readBufSize = read(clnt_sock, rcv_buf, BUF_SIZE) != -1)
  {
        if(rcv_buf[0] == PKT_STX)
        {
                if(rcv_buf[1] == CMD_SENSOR_REQ)
                {
                        if(rcv_buf[4] == PKT_ETX)
                        {
                                getData = getSensorData();
                                controlFan(getData);

                                getData_lsb = (getData & 0xff);
                                getData_msb = ((getData)>>8) & 0xff);

                                snd_buf[0] = PKT_STX;
                                snd_buf[1] = CMD_SENSOR_RES;
                                snd_buf[2] = getData_lsb;
                                snd_buf[3] = getData_msb;
                                snd_buf[4] = PKT_ETX;

                                write(clnt_sock, snd_buf, BUF_SIZE);
                        }
                }
        }
  }
  Else {
        write(clnt_sock, snd_buf, BUF_SIZE);
        break;
  }
}
close(clnt_sock);
close(serv_sock);
```

```
        printf("Transmission terminated.\n");
        printf("Disconnected(IP : %s)\n\n", inet_ntoa(clnt_adr.sin_addr));
        return 0;
}

void error_handling(char *message)
{
        fputs(message, stderr);
        fputc('\n', stderr);
        exit(1);
}
```

◆ SmartElectricFan.c

```
#include "temp.h"

volatile float temp;
volatile float humi;

int setupwiringPiGpio(void)
{
        if(wiringPiSetupGpio() == -1)
        return 1;
}

int getSensorData(void)
{
        Transmission_start();
        temp = get_SHT11_data (TEMP);          // Sensing Temp
        delay(100);

        Transmission_start();
        humi = get_SHT11_data (HUMI);          // Sensing Humi
        delay(100);

        printf("Temp = %2.2f [C], Humi = %2.2f [%]\n", temp, humi);
        return temp;
}

int g_nFanOnValue = 25;
```

```
int controlFan(int temp)
{
        if(temp > g_nFanOnValue) {
          FanOn(); //Fan On
        }
        else {
          FanOff(); //Fan Off
        }
}
int setInterrupt (int pin, int edge, void(*function)(void))
{
        if(wiringPiISR(pin, edge, function)<0)
          return 1;
}
void upTemp(void)
{
        g_nFanOnValue++;
}
void downTemp(void)
{
        g_nFanOnValue--;
}
void PB1_Interrupt(void)
{
        upTemp();
        printf("Fan On Value : %d₩n", g_nFanOnValue);
}
void PB2_Interrupt(void)
{
        downTemp();
        printf("Fan On Value : %d₩n", g_nFanOnValue);
}
```

◆ temp.h

```
#ifndef __LIB_TEMP_H__
#define  __LIB_TEMP_H__

#include <stdio.h>
#include <wiringPi.h>
```

```
#define SET_DATA()                  digitalWrite(SDA, 1)
#define CLR_DATA()                  digitalWrite(SDA, 0)
#define SET_SCK()           digitalWrite(SCK, 1)
#define CLR_SCK()                   digitalWrite(SCK, 0)
#define READ_DATA()         digitalRead(SDA)
#define READ_SCK()          digitalRead(SCK)

#define  SCK                11
#define  SDA                9

#define NOACK    0
#define ACK      1
                                            // Addr  Code(command)   r/w
#define MEASURE_TEMP                0x03    // 000          0001          1
#define MEASURE_HUMI                0x05    // 000          0010          1
#define READ_STATUS_REG 0x07        // 000          0011          1
#define WRITE_STATUS_REG            0x06    // 000          0011          0
#define RESET                       0x1e  // 000    1111          0

enum { TEMP, HUMI };

int initSHT11 (void);
void Connection_reset (void);
void Transmission_start (void);
float get_SHT11_data (unsigned char type);
unsigned char Write_byte (unsigned char value);
unsigned char Read_byte (unsigned char ack);
unsigned char Measure (unsigned short *p_value,
                        unsigned short *p_checksum,       unsigned char mode);
void calc_SHT11 (unsigned short p_humidity ,unsigned short p_temperature);

#endif /* __LIB_TEMP_H__ */
```

◆ temp.c

```
#include "temp.h"

float   val_temp, val_humi;
unsigned short SHT11_humi, SHT11_temp;
```

```
unsigned short error, checksum;
unsigned char sensing_type;

static void I2C_data_output (void)    { pinMode(SDA, OUTPUT); }
static void I2C_data_input (void)              { pinMode(SDA, INPUT); }
static void I2C_sck_output (void)              { pinMode(SCK, OUTPUT); }
static void I2C_sck_input (void)               { pinMode(SCK, INPUT); }

static void SET_I2CDATA_PIN (void)  { digitalWrite(SDA, 1); }
static void CLR_I2CDATA_PIN (void)  { digitalWrite(SDA, 0); }
static void SET_I2CSCK_PIN (void)   { digitalWrite(SCK, 1); }
static void CLR_I2CSCK_PIN (void)   { digitalWrite(SCK, 0); }
static int READ_I2CDATA_PIN (void)  { return digitalRead(SDA); }
static int READ_I2CSCK_PIN (void)   { return digitalRead(SCK); }

int initSHT11 (void)
{
        printf("SHT11 Initialize.₩n");
        I2C_data_output ();            // DDRF |= 0x02;
        I2C_sck_output ();             // DDRF |= 0x01;
        Connection_reset ();
        return 0;
}

void Connection_reset (void)
{
        unsigned char i;
        SET_DATA();                                 // Initial state
        CLR_SCK();                          // Initial state
        delayMicroseconds(1);
        for (i=0; i<9; i++) {          // 9 SCK cycles
          SET_SCK();
          delayMicroseconds(1);
          CLR_SCK();
          delayMicroseconds(1);
        }
}

void Transmission_start (void)
{
```

```
        SET_DATA();                     //Initial state
        CLR_SCK();                      //Initial state
        delayMicroseconds(1);

        SET_SCK();
        delayMicroseconds(1);

        CLR_DATA();
        delayMicroseconds(1);

        CLR_SCK();
        delayMicroseconds(1);

        SET_SCK();
        delayMicroseconds(1);

        SET_DATA();
        delayMicroseconds(1);

        CLR_SCK();
}

float get_SHT11_data (unsigned char type)
{
        sensing_type        =        type;
        error       =       0;

        if (sensing_type == HUMI) {
          // measure humidity
          error      +=       Measure (&SHT11_humi, &checksum, HUMI);
          if (error != 0)               // [Error] connection reset
                    Connection_reset ();
          else                                    // Calculate humidity, temperature
                    calc_SHT11 (SHT11_humi, SHT11_temp);
          return     val_humi;
        }
        else if (sensing_type == TEMP) {
          // measure temperature
          error      +=       Measure (&SHT11_temp, &checksum, TEMP);
          if (error != 0)               // [Error] connection reset
```

```
                Connection_reset ();
        else                                    // Calculate humidity, temperature
                calc_SHT11 (SHT11_humi, SHT11_temp);
        return  val_temp;
    }
    else {
        return  0;
    }
}


unsigned char Measure (unsigned short *p_value, unsigned short *p_checksum,
                unsigned char mode)
{
    unsigned short error=       0;
    unsigned short SHT11_msb, SHT11_lsb;

    switch (mode)                               //send command to sensor
    {
      case TEMP :
                error   +=      Write_byte (MEASURE_TEMP);
                break;
      case HUMI :
                error   +=      Write_byte (MEASURE_HUMI);
                break;
      default :
                break;
    }
    if (error != 0)
      return    error;

    I2C_data_input ();

    while (READ_DATA());

    I2C_data_input();

    SHT11_msb =     Read_byte (ACK);        // read the first byte (MSB)
    SHT11_lsb  =    Read_byte (ACK);        // read the second byte (LSB)
    *p_value   =    (SHT11_msb * 256) + SHT11_lsb;
```

```
	*p_checksum		=		Read_byte (NOACK);		// read checksum

	return error;
}

unsigned char Write_byte (unsigned char value)
{
	unsigned char i, error		=		0;
	I2C_data_output ();
	for (i=0x80; i>0; i/=2)		{
	  if (i & value)	SET_DATA ();
	  else			CLR_DATA ();

	  delayMicroseconds(1);
	  SET_SCK ();
	  delayMicroseconds(1);
	  CLR_SCK ();
	  delayMicroseconds(1);
	}
	SET_DATA ();
	I2C_data_input ();
	delayMicroseconds(1);
	SET_SCK ();
	error		=		READ_DATA ();

	CLR_SCK ();
	I2C_data_output ();

	return error;
}

unsigned char Read_byte(unsigned char ack)
{
	unsigned char i, val =		0;
	I2C_data_input ();
	SET_DATA();
	delayMicroseconds(1);

	for (i=0x80; i>0; i/=2)		{
	  SET_SCK();
```

```
          delayMicroseconds(1);
          if (READ_DATA())
                    val = (val | i);
          CLR_SCK();
          delayMicroseconds(1);
        }
        I2C_data_output();

        if (ack)     CLR_DATA();
        else                  SET_DATA();

        SET_SCK();
        delayMicroseconds(1);
        CLR_SCK();
        delayMicroseconds(1);
        SET_DATA();
        return val;
}

void calc_SHT11 (unsigned short humidity, unsigned short temperature)
{
        const float C1       =        -2.0468;          // for 12 Bit
        const float C2       =        0.0367;           // for 12 Bit
        const float C3       =        -0.0000015955;    // for 12 Bit
        const float T1       =        0.01;                       // for 12 Bit
        const float T2       =        0.00008;                    // for 12 Bit

        float rh_lin;             // Relative Humidity
        float rh_true;            // Humidity Sensor RH/Temperature compensation
        float t_C;                // Temperature
        float rh      =          (float)humidity;
        float t                 =        (float)temperature;

        t_C                              =        ((t * 0.01) - 40.1) - 5;
        rh_lin                  =        (C3 * rh * rh) + (C2 * rh) + C1;
        rh_true       =         (t_C - 25) * (T1 + (T2 * rh)) + rh_lin;

        if (rh_true > 100)      rh_true = 100;
        if (rh_true < 0.1)      rh_true = 0.1;
```

```
        val_temp    =           t_C;
        val_humi    =           rh_true;
}
```

◆ fan.h

```
#ifndef __FAN_H__
#define  __FAN_H__

#include <wiringPi.h>
#include <stdio.h>

#define FAN_MT_P_PIN      4
#define FAN_MT_N_PIN      17

void initFan(void);
void FanOn(void);
void FanOff(void);

#endif /* __FAN_H__ */
```

◆ fan.c

```
#include "fan.h"

void initFan(void)
{
        printf("Fan Initialize.₩n");
        pinMode(FAN_MT_P_PIN, OUTPUT);
        pinMode(FAN_MT_N_PIN, OUTPUT);
        FanOff();
}

void FanOn(void)
{
        digitalWrite(FAN_MT_P_PIN, HIGH);
        digitalWrite(FAN_MT_N_PIN, LOW);
}

void FanOff(void)
{
```

```
        digitalWrite(FAN_MT_P_PIN, LOW);
        digitalWrite(FAN_MT_N_PIN, LOW);
}
```

◆ keypad.h

```
#ifndef __KEYPAD_H__
#define   __KEYPAD_H__

#include <wiringPi.h>
#include <stdio.h>

#define KEYPAD_PB1              6
#define KEYPAD_PB2              12
#define KEYPAD_PB3              13
#define KEYPAD_PB4              16
#define KEYPAD_PB5              19
#define KEYPAD_PB6              20
#define KEYPAD_PB7              26
#define KEYPAD_PB8              21

#define MAX_KEY_BT_NUM  8

int initKeypad(void);
int KeypadRead(void);

#endif /* __KEYPAD_H__ */
```

◆ keypad.c

```
#include "keypad.h"

const int KeypadTable[8]= {
        KEYPAD_PB1, KEYPAD_PB2, KEYPAD_PB3, KEYPAD_PB4,
        KEYPAD_PB5, KEYPAD_PB6, KEYPAD_PB7, KEYPAD_PB8,
};

int KeypadRead(void)
{
        int i,nKeypadstate;
         nKeypadstate = 0;
```

```
        for(i =0; i<MAX_KEY_BT_NUM; i++) {
          if(!digitalRead(KeypadTable[i])) {
                  nKeypadstate |= (1<<i);
          }
        }
        return nKeypadstate;
}

int initKeypad(void)
{
        int i;
        for(i =0; i<MAX_KEY_BT_NUM; i++) {
          pinMode(KeypadTable[i],INPUT);
        }
        printf("Keypad Initialize₩n");
        return 0;
}
```

6.2.3 안드로이드 앱

Android Studio를 실행하여 'Start a new Android Studio project' 메뉴 버튼을 누르고, 'Application name'은 SmartFan으로 입력한다. 'Company domain'과 'Project location'을 입력하고 'Next' 버튼을 누른다. 디바이스 형태(form factors) 및 SDK 창에서는 'phone and tablet'을 선택하고, 안드로이드 OS 버전은 'API 14: Android 4.0 (IceCreamSandwich)'를 선택한다. 단, 안드로이드 OS 버전은 설치할 안드로이드 기기의 OS 버전에 맞추어 선택할 수 있다. 앱의 activity 화면 창에서는 'Basic Activity'를 선택한다. activity 설정 창에서는 activity 클래스의 명칭을 FanActivity로 변경하고, 'Finish' 버튼을 눌러서 Project 생성을 완료한다.

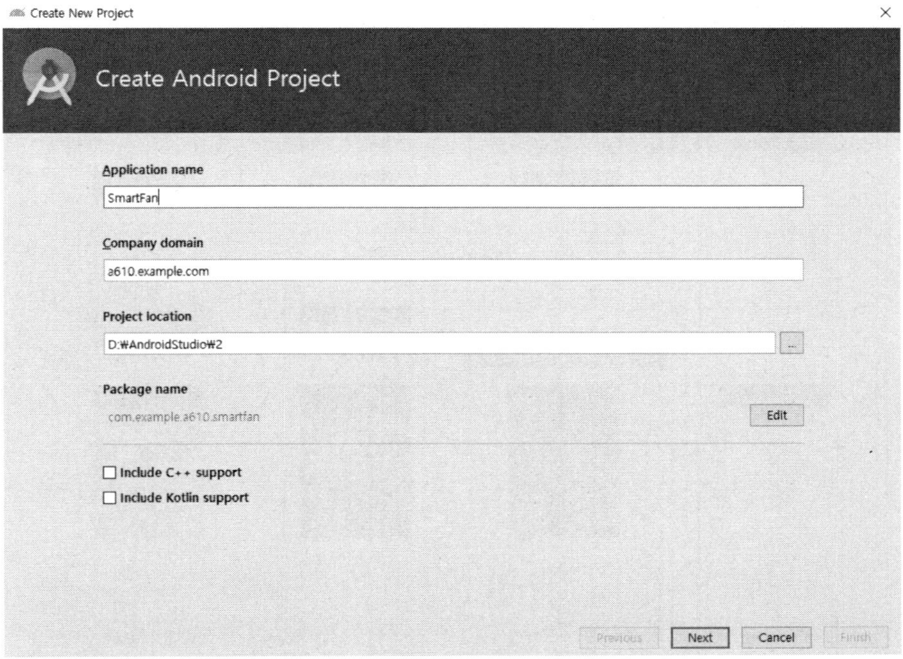

그림 6-20 'SmartFan' project 생성 화면1

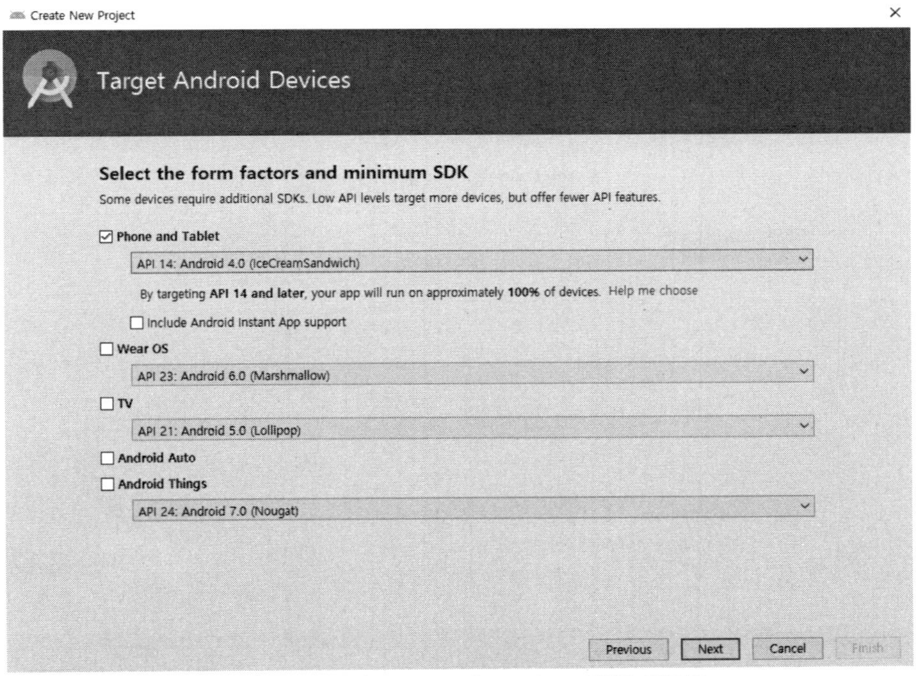

그림 6-21 'SmartFan' project 생성 화면2

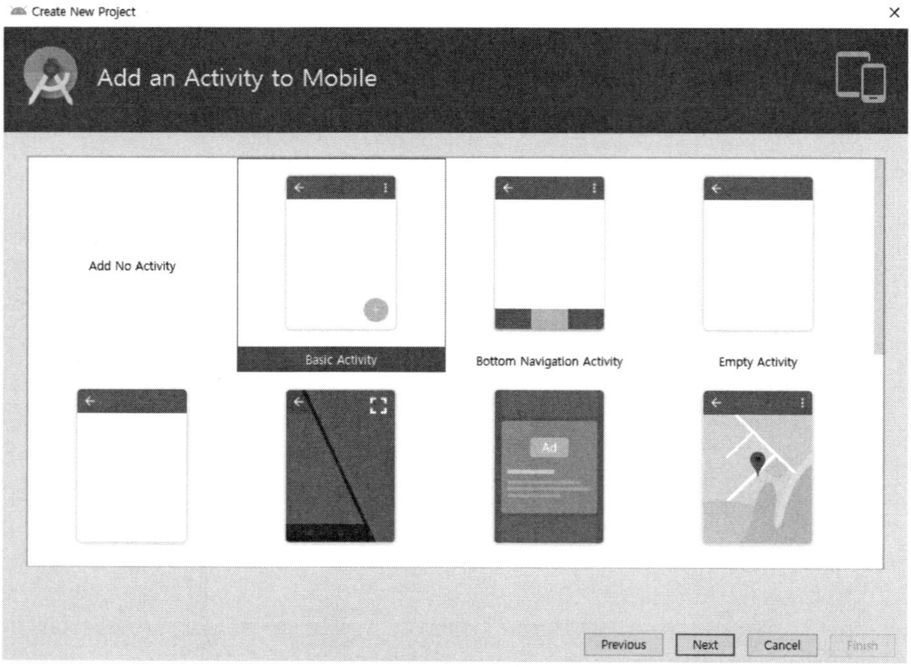

그림 6-22 'SmartFan' project 생성 화면3

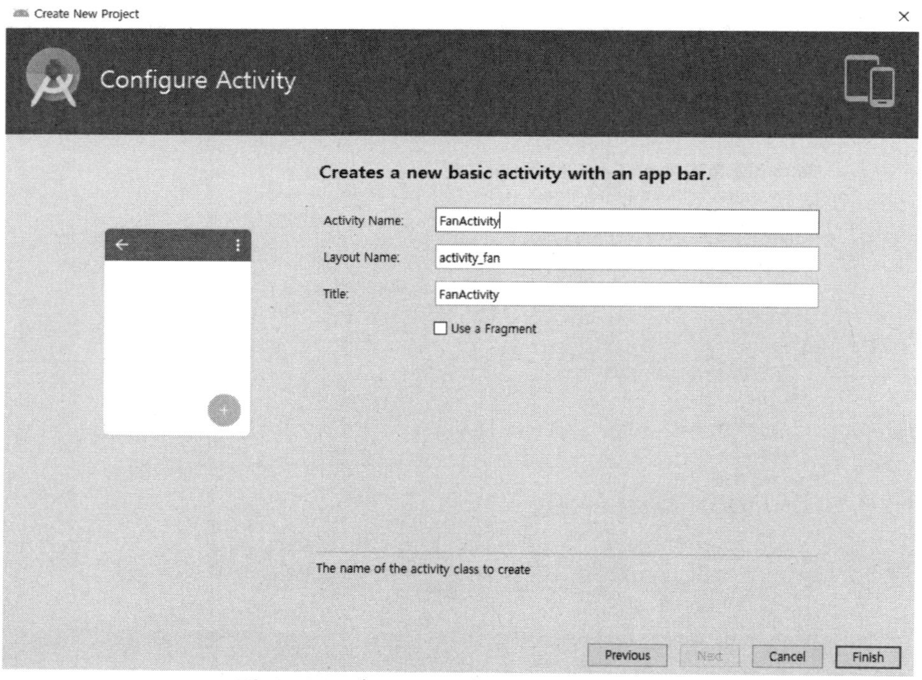

그림 6-23 'SmartFan' project 생성 화면4

본 IoT 시스템에서 안드로이드 스마트기기는 라즈베리파이와 Wi-Fi를 이용한 TCP/IP 통신을 통해서 데이터를 송수신한다. 라즈베리파이가 서버 역할을 하며, 안드로이드 스마트기기는 클라이언트 역할을 하게 된다. 따라서 안드로이드 앱은 TCP/IP Socket 객체를 생성하여 서버와 연결하도록 프로그램을 작성해야 한다. 이를 위해 안드로이드 앱의 Activity는 서버 IP를 설정하는 것과 수신된 값을 모니터링 하는 것으로 구성한다. 세부적인 절차는 다음과 같다.

(1) 서버 IP 설정

app/res/layout 폴더에서 마우스 오른쪽 클릭하여 New 〉 Layout resource file을 선택하여 layout을 생성한다. 'File name'은 activity_server_set으로 입력하고 'OK' 버튼을 누른다. activity_server_set.xml 파일이 생성되면, Text 탭으로 이동하여 서버 설정을 위한 TextView와 EditText, 그리고 Button을 생성하기 위해 본 교재에서 제공하는 소스 코드로 변경한다. Design 탭을 선택하면 그림 6-24의 생성한 layout 디자인을 확인할 수 있다.

그림 6-24 'activity_server_set' layout 디자인

(2) 클라이언트 동작 설정

클라이언트 동작을 위한 TextView 4개, Button 2개, ImageView 1개를 생성하기 위해서 activity_fan.xml 파일을 선택하고 Text 탭으로 이동하여 본 교재에서 제공하는 소스 코드로 변경한다.

(3) 디자인 파일 추가

Layout 소스코드 입력을 완료하면 Layout 배경화면과 버튼 스타일, 삽입되는 그림 등 디자인 파일들이 필요하다. 추가하는 그림 파일들은 생성한 project 폴더 내의 app/src/main/res/drawable 폴더에 복사한다. 복사하는 파일들은 Layout 소스코드 내에서 파일 이름을 참조하므로 다음 파일명과 동일해야 한다. 파일 복사를 완료하면 그림 6-25과 같이 Android Studio 프로젝트 뷰의 app/res/drawable 폴더에 파일이 추가된 것을 확인할 수 있다.

그림 6-25 디자인 파일 추가한 프로젝트 뷰

button1.xml 파일은 pp/src/main/res/drawable 폴더를 마우스 오른쪽 클릭하여 New 〉 Drawable resource file을 선택하여 생성한다. 'File name'은 button1으로 입력하고 'OK' 버튼을 누른다. button1.xml 파일이 생성되면, Text 탭으로 이동하여 소스코드를 입력한다. 버튼 스타일은 app/res/values 폴더의 styles.xml 파일을 본 교재에서 제공하는 소스코드로 변경하여 수정한다. 또한, 폭과 높이 치수는 app/res/values 폴더의 dimens.xml 파일을 본 교재에서 제공하는 소스코드로 변경하여 수정한다.

'activity_fan'layout 설정과 디자인 파일 추가를 완료하면 layout 디자인을 확인한다. 프로젝트 뷰의 app/res/layout 폴더의 layout 파일을 선택하고 디자인 탭을 클릭하면 그림 6-26의 layout이 나타난다.

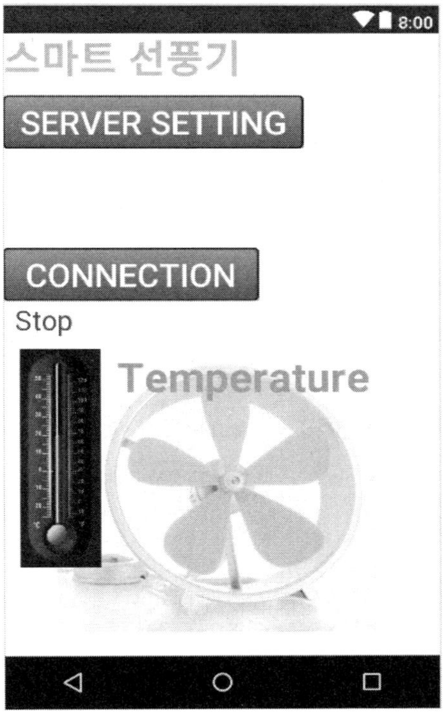

그림 6-26 'activity_fan' layout 디자인

(4) Activity 생성 및 제어

app/java 폴더 아래에서 package 명칭의 폴더를 선택하고 java 파일을 열어서 Activity의 Button이나 TextView, ImageView 등 위젯들(Widgets)과 각 Activity의 동작을 제어하기 위한 프로그램을 작성한다. 본 project에서는 2개의 Activity와 1개의 제어를 위한 java 파일이 생성되어야 한다. 네트워크 클라이언트 Activity를 위한 "NetworkClientActivity"파일이 생성되어 있으므로, java 파일 2개를 신규로 생성해야 한다. java 파일은 package 명칭 폴더를 마우스 오른쪽 버튼 클릭하고, New 〉 Java Class를 선택하여 신규 생성할 수 있다. 신규 생성하는 java 파일의 명칭은 "ServerSetActivity", "NetManager"로 한다. java 파일이 생성되면, 파일을 선택하고 Text

탭으로 이동하여 본 교재에서 제공하는 소스 코드로 변경한다. 단. package 명칭은 생성한 project의 package 명칭으로 수정해야 한다.

(5) Menu 설정

Activity를 생성하는 Java 파일은 안드로이드 기기의 메뉴키를 눌렀을 때, 메뉴키의 동작을 제어하는 파일을 참조한다. 메뉴키 동작을 제어하는 파일은 app/res/menu 폴더에 위치하게 된다. 네트워크 클라이언트의 메뉴키를 위한 "menu_fan.xml"파일이 생성되어 있으며, 본 교재에서 제공하는 소스코드로 변경하여 수정한다. 서버 설정을 위한 메뉴키 파일은 app/res/menu 폴더를 마우스 오른쪽 버튼 클릭하고, New 〉 Menu resource file를 선택하여 신규 생성할 수 있다. 신규 생성하는 메뉴키 파일의 명칭은 "menu_server_set"으로 하고, 본 교재에서 제공하는 소스 코드로 변경한다.

(6) Manifest 파일 수정

Manifest 파일은 앱에 관한 전체적인 권한 및 설정 등을 포함하고 있다. 앱의 아이콘, 이름, 테마 등을 설정할 수 있으며, 블루투스, 인터넷, 데이터 권한 등의 설정도 가능하다. 또한, Activity의 이름과 라벨도 설정 가능하다. Manifest 파일은 app/manifests 폴더에 위치하며, 본 교재에서 제공하는 소스 코드로 변경한다. 단. package 명칭은 생성한 project의 package 명칭으로 수정해야 한다.

6.2.4 네트워크 구성 및 동작 확인

그림 6-12와 같이 시스템 동작 확인을 위한 네트워크를 구성한다. 안드로이드 앱의 소스코드에는 임의의 서버 IP 주소가 입력되어 있다. 따라서 구성한 네트워크에서 라즈베리파이가 할당받은 IP 주소를 확인하고, 안드로이드 클라이언트의 앱에서 서버 IP 주소를 변경하여 연결한다. 라즈베리파이는 유무선 공유기와 유선 또는 무선으로 연결할 수 있으며, 터미널 창을 열어서 ipconfig 명령어를 사용하여 IP 주소를 확인할 수 있다.

그림 6-27에서와 같이 터미널 창에서 6.2.2에서 소개한 응용 프로그램 예제를 실행하면, 안드로이드 클라이언트의 연결을 기다리며 대기하게 된다. 안드로이드 클라이언트의 앱에서 서버 IP 주소를 입력하고 'CONNECTION' 버튼을 누르면 라즈베리파이 터미널 창에서 연결된 안드로이드 클라이언트의 IP주소가 표시되면서 라즈베리파이와 안드로이드 클라이언트가 연결된다. 라즈베리파이 서버는 클라이언트가 연결되면 그림 6-28처럼 온습도 센서에서 값을 받아서 전송한다. 기준 온도는 keypad 모듈의 PB1번과 PB2번 버튼을 눌러 변경 가능하고, 결과는 그림 6-29에서와 같이 터미널 창에서 확인할 수 있다.

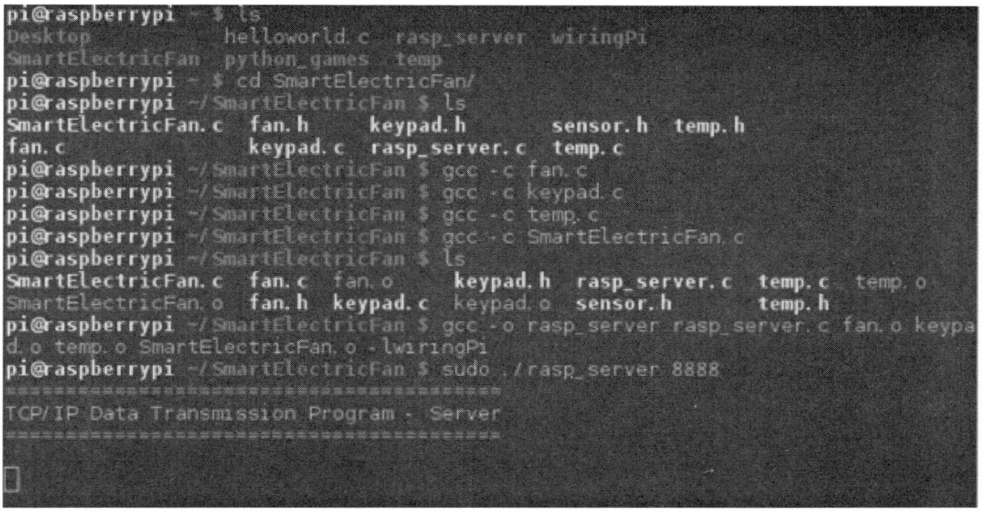

그림 6-27 스마트 선풍기 프로그램 컴파일/빌드 및 실행 방법

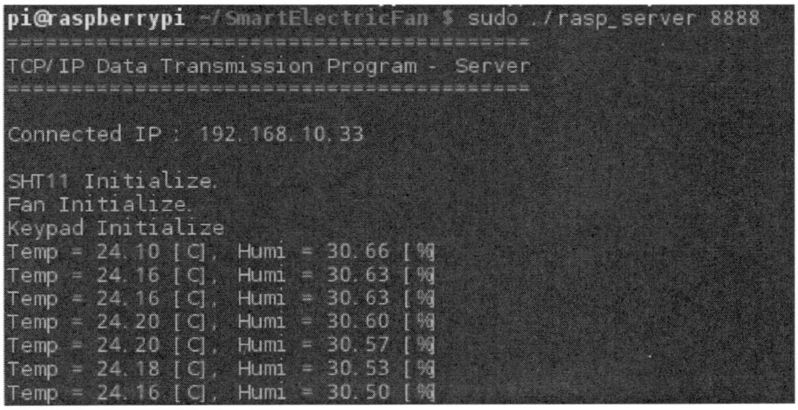

그림 6-28 스마트 선풍기 터미널 창 화면 – 라즈베리파이와 안드로이드 클라이언트가 연결된 상태

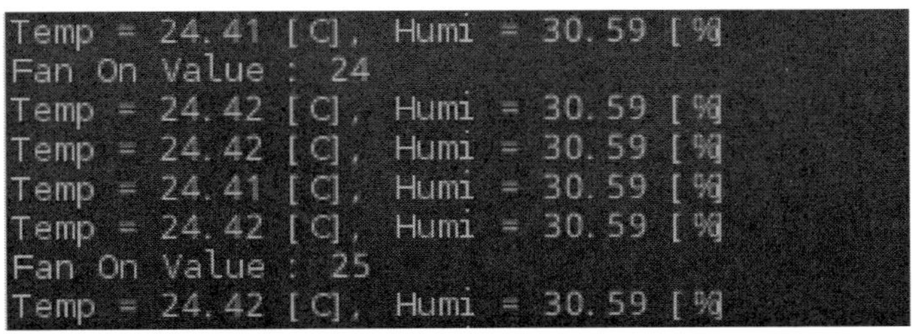

그림 6-29 스마트 선풍기 터미널 창 화면 - 기준 온도 변경

안드로이드 클라이언트 앱을 실행하는 과정은 다음과 같다. 6.2.3에서 생성한 project의 빌드가 에러 없이 완료되면 안드로이드 project를 생성할 때 지정한 경로에서 app₩build₩outputs₩apk 폴더 안에 안드로이드 클라이언트에 앱을 설치하기 위한 apk 파일이 생성된다. apk 파일은 사용하는 안드로이드 클라이언트 기기에 따라서 다르므로, 본 교재에서는 에뮬레이터를 이용하여 동작을 확인한다. 응용 프로그램을 실행하기 위해 상단 툴바에서 삼각형 모양의 Run 'app' 버튼을 누르거나, Run 메뉴에서 Run 'app'을 선택한다. 응용 프로그램을 어떤 에뮬레이터에서 구동할지 선택하는 창이 생성되면, 안드로이드 OS 버전이 Android 5.0 (Lollipop)인 가상 장치를 선택하여 실행한다. 그림 6-30은 SmartFan 안드로이드 앱의 초기 화면이다. 'SERVER SETTING' 버튼을 누르고 서버의 IP 주소를 입력한 다음, 'CONNECTION' 버튼을 누른다. 서버와 연결이 되면 'CONNECTION' 버튼이 비활성화 되면서 "Connected" 문구가 표시된다. 그리고 'Temperature'에 온습도센서가 측정한 값을 주기적으로 표시한다. 정상적으로 서버와 연결되지 않는 경우, 네트워크 상태나 프로그램의 정상 작동 여부를 확인한다. 입력한 서버 IP 주소를 확인하고, ping 테스트를 통해 라즈베리파이와 안드로이드 클라이언트 사이의 네트워크가 정상적으로 연결되어 있는지 확인한다.

그림 6-30 SmartFan 안드로이드 앱 초기 화면

그림 6-31 SmartFan 안드로이드 앱의 서버 IP 입력 화면

그림 6-32 SmartFan 안드로이드 앱의 서버 연결 화면

6.3 교량 안전관리 시스템

학습목표	• 교량 안전관리 시스템을 설계 및 구축할 수 있다.

6.3.1 시스템 구성

교량 안전관리 시스템은 안드로이드 클라이언트 앱과 연동하여 교량의 기울기, 진동 여부, 그리고 연결 부위 접합 여부를 센싱하여 교량의 상태를 점검하고, 실시간으로 대응하는 시스템이다. 시스템 구성을 위해 필요한 장비 및 공구는 다음과 같다. 본 교재에서는 라즈베리파이 기반의 실습 키트인 mCube-IoT를 사용하여 시스템 구성 방법을 설명한다.

- 라즈베리파이 기반의 보드 또는 실습 키트 (예) mCube-IoT)
- 3축 지자기 센서(3-axis digital compass sensor)
- 진동 감지 모듈(Vibration detection brick)
- 포토 인터럽터 센서(Photo interrupter sensor)
- 컴퓨터, 모니터, 키보드, 마우스
- Micro USB 케이블, HDMI 케이블,
- Jumper 케이블
- DC 5V/3A Adaptor

그림 6-33은 라즈베리파이와 3축 지자기 센서, 진동 감지 모듈, 그리고 포토 인터럽터 센서를 연결한 시스템 구성을 보여주고 있으며, 결선 방법은 표 6-4와 같다.

라즈베리파이를 20 x 2 케이블을 이용하여 어댑터 보드와 연결한다.
3축 지자기 센서, 진동 감지 모듈, 그리고 포토 인터럽터 센서는 5V 전원과 연결한다.

표 6-4 교량 안전관리 시스템 연결 핀 맵

Raspberry Pi	3축 지자기 센서	진동 감지 모듈	포토 인터럽터 센서
GND	G (GND)		
+5V	V (VCC)		
SDA	SD		
SCL	SC		
Analog In0 G		G (GND)	
Analog In0 V		V (VCC)	
Analog In0 S		S (Signal)	
Analog In1 G			G (GND)
Analog In1 V			V (VCC)
Analog In1 S			S (Signal)

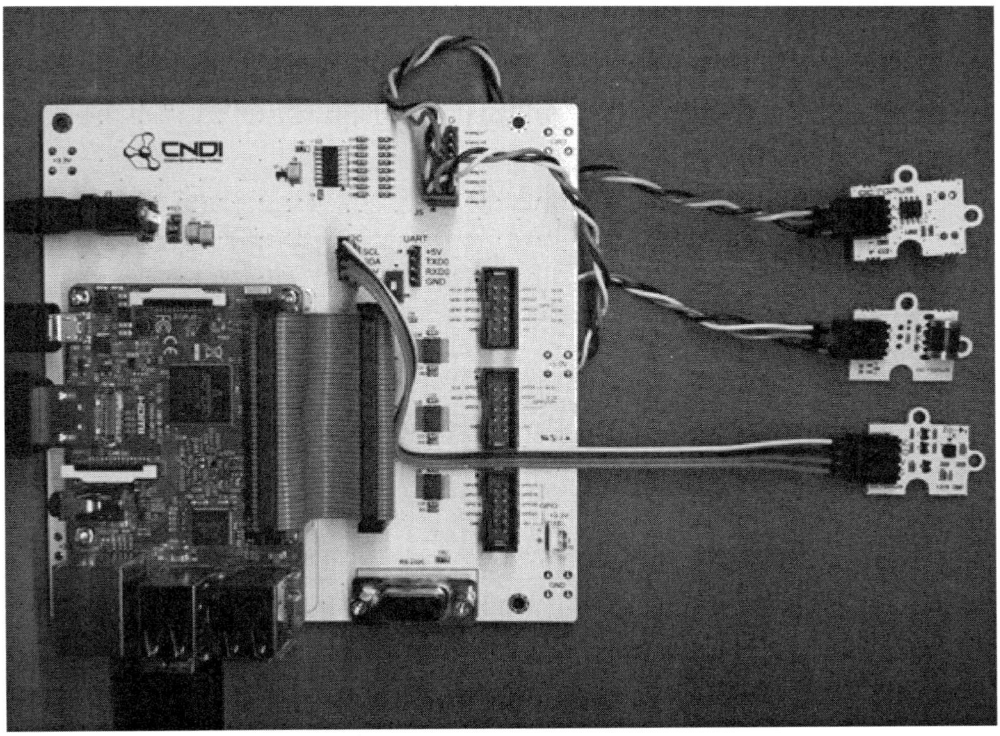

그림 6-33 교량 안전관리 시스템 구성

6.3.2 라즈베리파이 프로그래밍

라즈베리파이 응용 프로그램은 nano 에디터를 사용하여 작성하며, 폴더를 생성하여 파일 관리를 한다. 교량 안전관리 시스템의 동작 과정은 다음과 같다. TCP/IP 소켓통신에서 라즈베리파이는 서버 역할을 하게 되며, 프로그램을 실행하고 대기하다가 안드로이드폰 등의 안드로이드 클라이언트가 연결을 시도하면 클라이언트의 IP를 표시하고 연결한다. 각 센서로부터 센싱한 값을 받아서 안드로이드 클라이언트로 전달하여 앱을 통해 표시한다. 또한, 측정된 교량의 상태 값에 따라서 안드로이드 클라이언트 앱에 결과 메시지를 출력한다.

교량 안전관리 시스템을 구현하기 위한 라즈베리파이 응용 프로그램 예제는 다음과 같다.

- 3축 지자기 센서는 교량의 기울기를 감지하여 수평 정도를 확인한다. 센싱한 X축과 Y축의 값을 안드로이드 클라이언트로 전송하고 수치가 50 보다 크게 변화하면 경고 메시지를 출력한다.
- 진동 감지 모듈은 교량의 진동 정도를 감지한다.
- 포도 인터럽터 센서는 교량 연결 부분의 접합 여부를 감지한다. 감지 기준 레벨은 2000으로 설정하며, 감지되면 1을 스마트 폰으로 전송한다. 연결 부분의 접합이 불량하여 감지되지 않으면 0을 스마트 폰으로 전송하고 경고 메시지를 출력한다.
- 감지된 값이 교량의 안정성에 문제가 되는 정도인지 확인하여 화면에 경고 메시지를 출력한다.

표 6-5 교량 안전관리 시스템 라즈베리파이 응용 프로그램 파일 예제

폴더명	파일명
BridgeManagement	rasp_server.c
	BridgeManagement.c / BridgeManagement.h
	3-AxisDigitalCompass.c / 3-AxisDigitalCompass.h
	photoInterrupter.c / photoInterrupter.h
	vibrationDetection.c / vibrationDetection.h

◆ rasp_server.c

```
#include <stdio.h>
#include <stdlib.h>
#include <string.h>
```

```
#include <unistd.h>
#include <arpa/inet.h>
#include <sys/socket.h>

#include "3-AxisDigitalCompass.h"
#include "photoInterrupter.h"
#include "vibrationDetection.h"
#include "BridgeManagement.h"

#define BUF_SIZE            9
#define INIT_VAL_OF_MEM  0
#define NUM_OF_ARGC                2
#define PROTOCOL_TYPE              0
#define NUM_OF_QUEUE               5
#define DATA_SIZE                  1

#define PKT_STX  0x01
#define PKT_ETX  0x05

#define CMD_SENSOR_REQ 0x10
#define CMD_SENSOR_RES 0x90

int getData(void);
void error_handling(char *message);

int main(int argc, char *argv[])
{
        int serv_sock, clnt_sock;
        FILE * fp;
        char snd_buf[BUF_SIZE];
        char rcv_buf[BUF_SIZE];
        int read_cnt;
        int readBufSize;

        struct sockaddr_in serv_adr, clnt_adr;
        socklen_t clnt_adr_sz;

        int getData_vib = 0;
        int getData_vib_lsb = 0;
        int getData_vib_msb = 0;
```

```
int getData_photo = 0;

int getData_reg_x = 0;
int getData_reg_z = 0;
int getData_reg_y = 0;

char sign_bit;

printf("=========================================₩n");
printf("TCP/IP Data Transmission Program - Server₩n");
printf("=========================================₩n₩n");

// check port info
if(argc != NUM_OF_ARGC) {
  printf("Usage: %s <port>₩n", argv[0]);
  exit(1);
}

serv_sock =  socket(PF_INET, SOCK_STREAM, PROTOCOL_TYPE);
if (serv_sock == -1)
        error_handling("socket() error");

memset(&serv_adr, INIT_VAL_OF_MEM, sizeof(serv_adr));

serv_adr.sin_family = AF_INET;
serv_adr.sin_addr.s_addr = htonl(INADDR_ANY); // get ip address
serv_adr.sin_port = htons(atoi(argv[1]));                    // get port num

if (bind(serv_sock, (struct sockaddr*)&serv_adr, sizeof(serv_adr)) == -1)
        error_handling("bind() error");

if (listen(serv_sock, NUM_OF_QUEUE) == -1)
  error_handling("listen() error");

clnt_adr_sz = sizeof(clnt_adr);
clnt_sock = accept(serv_sock, (struct sockaddr*)&clnt_adr, &clnt_adr_sz);
printf("Connected IP : %s₩n₩n", inet_ntoa(clnt_adr.sin_addr));

setupwiringPiGpio();
```

```
	initVibrationDetection();
	initPhotoInterrupter();
	initDigitalCompass();

	while(1)
	{
	  if(readBufSize = read(clnt_sock, rcv_buf, BUF_SIZE) != -1) {
	    if(rcv_buf[0] == PKT_STX) {
	      if(rcv_buf[1] == CMD_SENSOR_REQ) {
	           if(rcv_buf[8] == PKT_ETX) {
	                    getData_vib = getVibrationDetection();
	                    getData_photo = getPhotoInterrupter();
	                    getData_reg_x = getDigitalCompass(OUTPUT_X);
	                    getData_reg_y=getDigitalCompass(OUTPUT_Y);
	                    printf("₩n");

	                    sign _bit = 0;
	                    if (getData_reg_x < 0) {
	                              sign _bit |= 0x01;
	                    }
	                                                  if (getData_reg_y < 0) {
	                              sign _bit |= 0x02;
	                    }

	                    getData_vib_lsb = (getData_vib & 0xff);
	                    getData_vib_msb = ((getData_vib>>8) & 0xff);

	                    snd_buf[0] = PKT_STX;
	                    snd_buf[1] = CMD_SENSOR_RES;
	                    snd_buf[2] = getData_vib_lsb;
	                    snd_buf[3] = getData_vib_msb;
	                    snd_buf[4] = getData_photo;
	                    snd_buf[5] = getData_reg_x;
	                    snd_buf[6] = getData_reg_y;
	                    snd_buf[7] = sign _bit;
	                    snd_buf[8] = PKT_ETX;

	                    write(clnt_sock, snd_buf, BUF_SIZE);
	           }
```

```
                }
            }
        }
        else {
                write(clnt_sock, snd_buf, BUF_SIZE);
                break;
        }
    }
    close(clnt_sock);
    close(serv_sock);
    printf("Transmission terminated.₩n");
    printf("Disconnected(IP : %s)₩n₩n", inet_ntoa(clnt_adr.sin_addr));
    return 0;
}

void error_handling(char *message)
{
    fputs(message, stderr);
    fputc('₩n', stderr);
    exit(1);
}
```

◆ BridgeManagement.h

```
#ifndef __BRIDGEMANAGEMENT_H__
#define __BRIDGEMANAGEMENT_H__

#include <stdio.h>
#include <string.h>
#include <errno.h>

#include <wiringPi.h>
#include <wiringPiSPI.h>

#define CS_MCP3208      8           //GPIO 8
#define SPI_CHANNEL     0           //SPI Channel
#define SPI_SPEED       1000000     //spi speed

int setupwiringPiGpio(void);
int ReadMcp3208ADC(unsigned char adcChannel);
```

```
#endif  /* __BRIDGEMANAGEMENT_H__ */
```

◆ BridgeManagement.c

```
#include "BridgeManagement.h"

int setupwiringPiGpio(void)
{
        if(wiringPiSetupGpio() == -1)
        return 1;
}

int ReadMcp3208ADC(unsigned char adcChannel)
{
        unsigned char buff[3];
        int nAdcValue = 0;

        buff[0] = 0x06 | ((adcChannel & 0x07) >> 2);
        buff[1] = ((adcChannel & 0x07)<<6);
        buff[2] = 0x00;

        digitalWrite(CS_MCP3208,0);              //low cs Active

        wiringPiSPIDataRW(SPI_CHANNEL, buff, 3);

        //8bit data
        buff[1] = 0x0F & buff[1];
        nAdcValue = (buff[1]<<8) | buff[2];

        //spi chip Select command
        digitalWrite(CS_MCP3208, 1);

        return nAdcValue;
}
```

◆ vibrationDetection.h

```
#ifndef __VIBRATIONDETECTION_H__
#define __VIBRATIONDETECTION_H__

```

```
#include <stdio.h>
#include <string.h>
#include <errno.h>

#include <wiringPi.h>
#include <wiringPiSPI.h>

#define CS_MCP3208       8                              //GPIO 8
#define SPI_CHANNEL      0                              //SPI Channel
#define SPI_SPEED        1000000                        //spi speed

int initVibrationDetection(void);
int getVibrationDetection(void);

#endif  /* __VIBRATIONDETECTION_H__ */
```

◆ vibrationDetection.c

```
#include "vibrationDetection.h"

int initVibrationDetection(void)
{
        if(wiringPiSPISetup(SPI_CHANNEL, SPI_SPEED) == -1) {
          fprintf(stdout, "wiringPiSPISetup Failed: %s₩n", strerror(errno));
          return 1;
        }
        printf("Vibration Detection Initialization₩n");
        pinMode(CS_MCP3208, OUTPUT);

        return 0;
}

int getVibrationDetection(void)
{
        int nVibrationChannel = 0;
        int nVibrationValue = 0;

        nVibrationValue = ReadMcp3208ADC(nVibrationChannel); //sensorRead
        printf("Vibration : %d₩n", nVibrationValue);
```

```
        return nVibrationValue;
}
```

◆ photoInterrupter.h

```
#ifndef __PHOTOINTERRUPTER_H__
#define __PHOTOINTERRUPTER_H__

#include <stdio.h>
#include <string.h>
#include <errno.h>

#include <wiringPi.h>
#include <wiringPiSPI.h>

#define CS_MCP3208      8               //GPIO 8
#define SPI_CHANNEL     0               //SPI Channel
#define SPI_SPEED       1000000         //spi speed

#define PHOTO_LEVEL     2000

int initPhotoInterrupter(void);
int getPhotoInterrupter(void);

#endif  /* __PHOTOINTERRUPTER_H__ */
```

◆ photoInterrupter.c

```
#include "photoInterrupter.h"

int initPhotoInterrupter(void)
{
        if(wiringPiSPISetup(SPI_CHANNEL, SPI_SPEED) == -1) {
           fprintf(stdout, "wiringPiSPISetup Failed: %s₩n", strerror(errno));
           return 1;
        }
        printf("Photo Interrupter Initialization₩n");
        pinMode(CS_MCP3208, OUTPUT);
}

int getPhotoInterrupter(void)
```

```
{
        int nPhotoChannel = 1;
        int nPhotoValue = 0;

        nPhotoValue = ReadMcp3208ADC(nPhotoChannel);          //sensorRead
        printf("Photo Interrupter Sensor Value = %u₩n", nPhotoValue);

        if(nPhotoValue>PHOTO_LEVEL) {
           printf("===Photo Detected=== ₩n");
           return 1;
        }
        return 0;
}
```

◆ 3-AxisDigitalCompass.h

```
#ifndef __3AXISDIGITALCOMPASS_H__
#define __3AXISDIGITALCOMPASS_H__

#include <stdio.h>
#include <string.h>
#include <errno.h>
#include <stdint.h>
#include <wiringPi.h>
#include <wiringPiI2C.h>

#define ADDRESS 0x1E

#define CONFIGURATION_REGISTER_A          0x00
#define CONFIGURATION_REGISTER_B          0x01
#define MODE_REGISTER                     0x02

#define X_MSB_REGISTER   0x03
#define X_LSB_REGISTER   0x04
#define Z_MSB_REGISTER   0x05
#define Z_LSB_REGISTER   0x06
#define Y_MSB_REGISTER   0x07
#define Y_LSB_REGISTER   0x08

enum { OUTPUT_X, OUTPUT_Z, OUTPUT_Y };
```

```
int initDigitalCompass(void);
int getDigitalCompass(int16_t outputReg);

#endif  /* __3AXISDIGITALCOMPASS_H__ */
```

◆ 3-AxisDigitalCompass.c

```
#include "3-AxisDigitalCompass.h"

int g_nCompass;

int initDigitalCompass(void)
{
        if((g_nCompass = wiringPiI2CSetup(ADDRESS)) == -1) {
          printf("Unable to initialise I2C");
          return 1;
        }

        // 8-average, 15 Hz default, normal measurement
        wiringPiI2CWriteReg8 (g_nCompass, CONFIGURATION_REGISTER_A, 0x70);
        // Gain=5, or any other desired gain
        wiringPiI2CWriteReg8 (g_nCompass, CONFIGURATION_REGISTER_B, 0xA0);
        // Continuous-measurement mode
        wiringPiI2CWriteReg8 (g_nCompass, MODE_REGISTER, 0x00);
        delay(6);    // Wait 6 ms

        printf("Digital Compass Initialization₩n");
        return 0;
}

int getDigitalCompass(int16_t outputReg)
{
        int i;
        uint8_t high[3], low[3];
        int16_t result[3];

        // Read all 6 bytes. If gain is changed then this data set is using previous gain
        high[0]=wiringPiI2CReadReg8(g_nCompass, X_MSB_REGISTER);
        low[0]=wiringPiI2CReadReg8(g_nCompass, X_LSB_REGISTER);
```

```
        high[1]=wiringPiI2CReadReg8(g_nCompass, Z_MSB_REGISTER);
        low[1]=wiringPiI2CReadReg8(g_nCompass, Z_LSB_REGISTER);

        high[2]=wiringPiI2CReadReg8(g_nCompass, Y_MSB_REGISTER);
        low[2]=wiringPiI2CReadReg8(g_nCompass, Y_LSB_REGISTER);

        for(i = 0; i<3; i++) {
          result[i] = (high[i] <<8) | low[i];
        }
        wiringPiI2CWrite (g_nCompass, 0x03);
        delay(67);                // Wait about 67ms (if 15Hz rate)
        delay(200);

        if (outputReg == OUTPUT_X) {
          printf("x = %i, " ,result[0]);
          return result[0];
        }
        else if (outputReg == OUTPUT_Z) {
          printf("z = %i, " ,result[1]);
          return result[1];
        }
        else if (outputReg == OUTPUT_Y) {
          printf("y=%i₩n" ,result[2]);
          return result[2];
        }
        return 0;
}
```

6.3.3 안드로이드 앱

Android Studio를 실행하여 'Start a new Android Studio project' 메뉴 버튼을 누르고, 'Application name'은 RaspNetworkClient_Bridge으로 입력한다. 'Company domain'과 'Project location'을 입력하고 'Next' 버튼을 누른다. 디바이스 형태 (form factors) 및 SDK 창에서는 'phone and tablet'을 선택하고, 안드로이드 OS 버전은 'API 14: Android 4.0 (IceCream Sandwich)'를 선택한다. 단, 안드로이드 OS 버전은 설치할 안드로이드 기기의 OS 버전에 맞추어 선택할 수 있다. 앱의 activity 화면 창에서는 'Basic Activity'를 선택한다. activity 설정 창에서는 activity 클래스의 명칭을 NetworkClientActivity로 변경하고, 'Finish' 버튼을 눌러서 Project 생성을 완료한다.

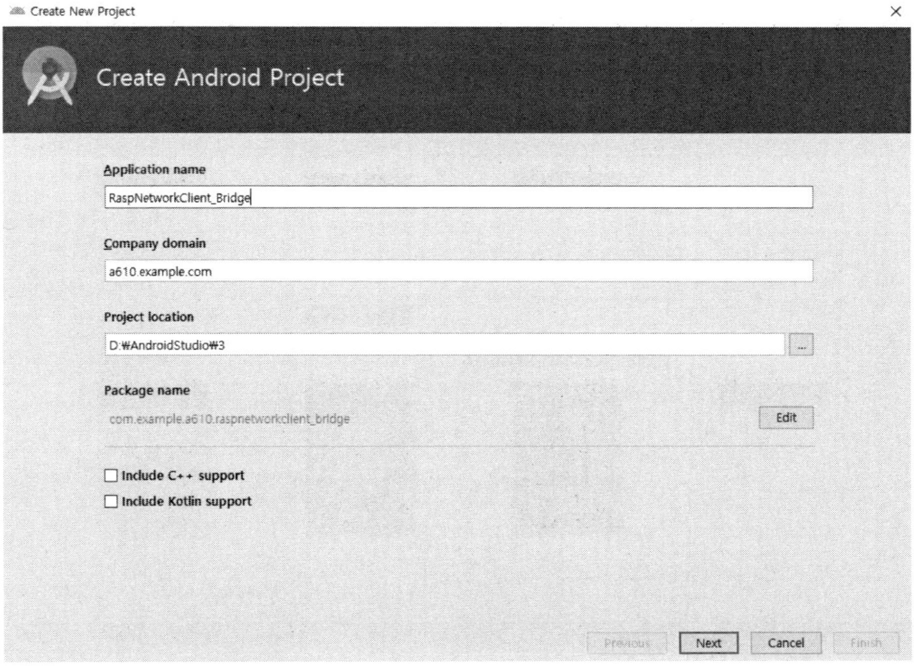

그림 6-34 'RaspNetworkClient_Bridge' project 생성 화면1

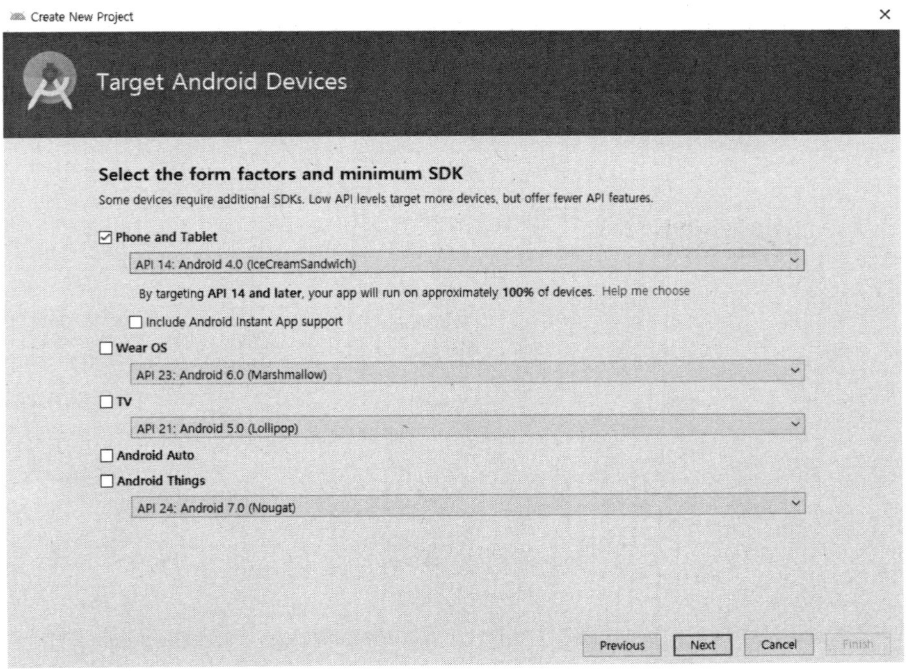

그림 6-35 'RaspNetworkClient_Bridge' project 생성 화면2

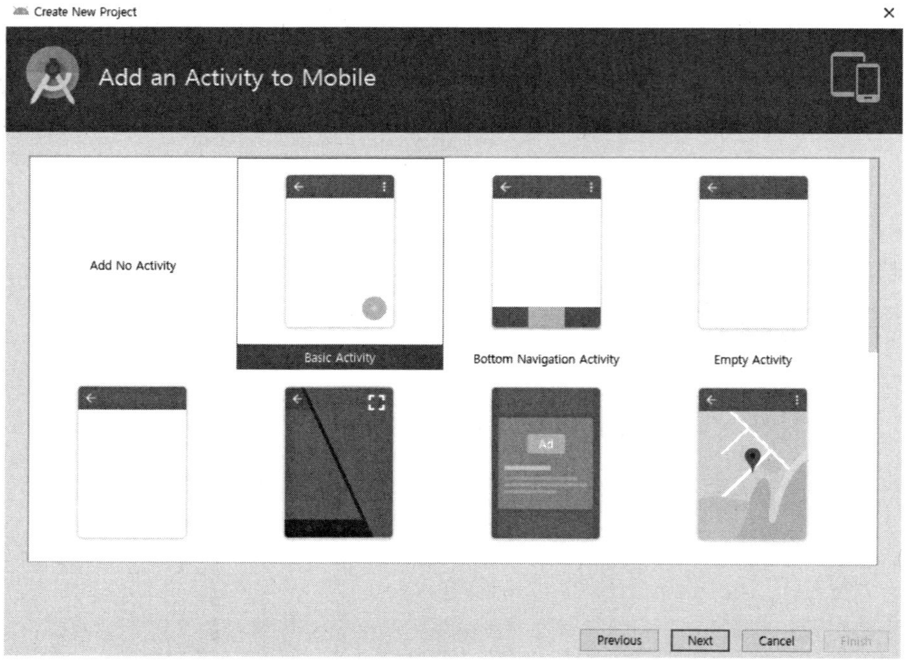

그림 6-36 'RaspNetworkClient_Bridge' project 생성 화면3

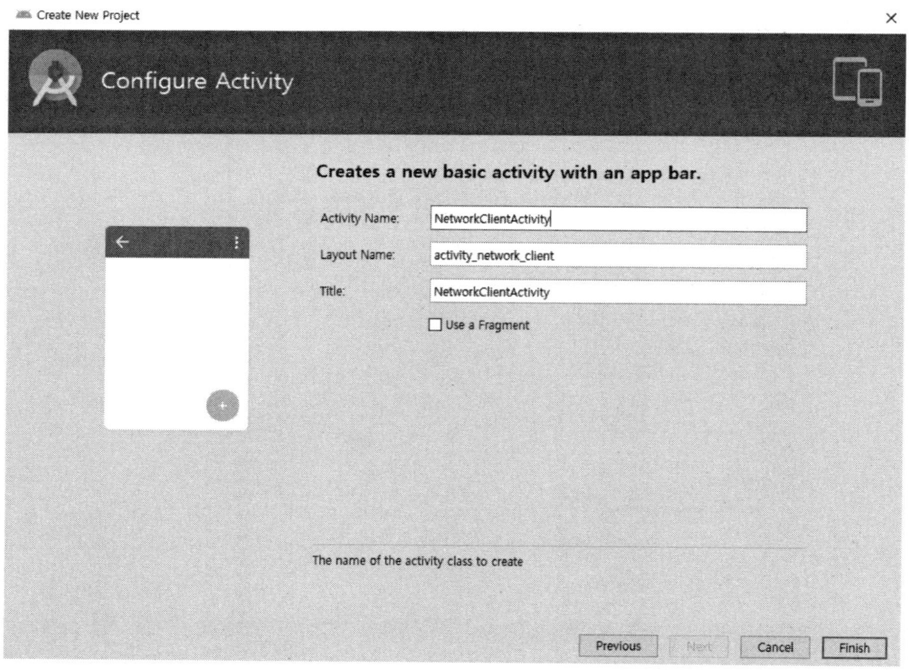

그림 6-37 'RaspNetworkClient_Bridge' project 생성 화면4

본 IoT 시스템에서 안드로이드 스마트기기는 라즈베리파이와 Wi-Fi를 이용한 TCP/IP 통신을 통해서 데이터를 송수신한다. 라즈베리파이가 서버 역할을 하며, 안드로이드 스마트기기는 클라이언트 역할을 하게 된다. 따라서 안드로이드 앱은 TCP/IP Socket 객체를 생성하여 서버와 연결하도록 프로그램을 작성해야 한다. 이를 위해 안드로이드 앱의 Activity는 서버 IP를 설정하는 것과 수신된 값을 모니터링 하는 것으로 구성한다. 세부적인 절차는 다음과 같다.

(1) 서버 IP 설정

app/res/layout 폴더에서 마우스 오른쪽 클릭하여 New 〉 Layout resource file을 선택하여 layout을 생성한다. 'File name'은 activity_server_set으로 입력하고 'OK' 버튼을 누른다. activity_server_set.xml 파일이 생성되면, Text 탭으로 이동하여 서버 설정을 위한 TextView와 EditText, 그리고 Button을 생성하기 위해 본 교재에서 제공하는 소스 코드로 변경한다.

(2) 클라이언트 동작 설정

클라이언트 동작을 위한 TextView 7개, Button 2개, ImageView 1개를 생성하기 위해서 activity_network_client.xml 파일을 선택하고 Text 탭으로 이동하여 본 교재에서 제공하는 소스 코드로 변경한다.

(3) 디자인 파일 추가

Layout 소스코드 입력을 완료하면 Layout 배경화면과 버튼 스타일, 삽입되는 그림 등 디자인 파일들이 필요하다. 추가하는 그림 파일들은 생성한 project 폴더 내의 app/src/main/res/drawable 폴더에 복사한다. 복사하는 파일들은 Layout 소스코드 내에서 파일 이름을 참조하므로 다음 파일명과 동일해야 한다. 파일 복사를 완료하면 그림 6-38과 같이 Android Studio 프로젝트 뷰의 app/res/drawable 폴더에 파일이 추가된 것을 확인할 수 있다.

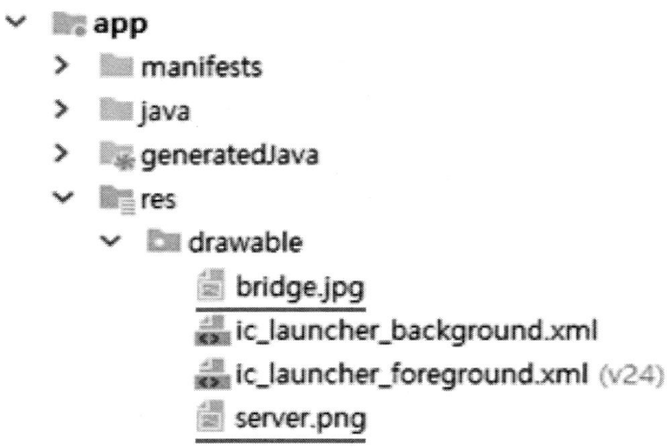

그림 6-38 교량 안전관리 시스템 디자인 파일 추가한 프로젝트 뷰

button1.xml 파일은 pp/src/main/res/drawable 폴더를 마우스 오른쪽 클릭하여 New 〉 Drawable resource file을 선택하여 생성한다. 'File name'은 button1으로 입력하고 'OK' 버튼을 누른다. button1.xml 파일이 생성되면, Text 탭으로 이동하여 소스코드를 입력한다. 버튼 스타일은 app/res/values 폴더의 styles.xml 파일을 본 교재에서 제공하는 소스코드로 변경하여 수정한다. 폭과 높이 치수는 app/res/values 폴더의 dimens.xml 파일을 본 교재에서 제공하는 소스코드로 변경하여 수정한다. 또한, string은 app/res/values 폴더의 strings.xml 파일을 본 교재에서 제공하는 소스코드로 변경하여 수정한다.

Layout 설정과 디자인 파일 추가를 완료하면 layout 디자인을 확인한다. 프로젝트 뷰의 app/res/layout 폴더의 layout 파일을 선택하고 디자인 탭을 클릭하면 layout이 나타난다.

그림 6-39 교량 안전관리 시스템의 'activity_server_set' layout 디자인

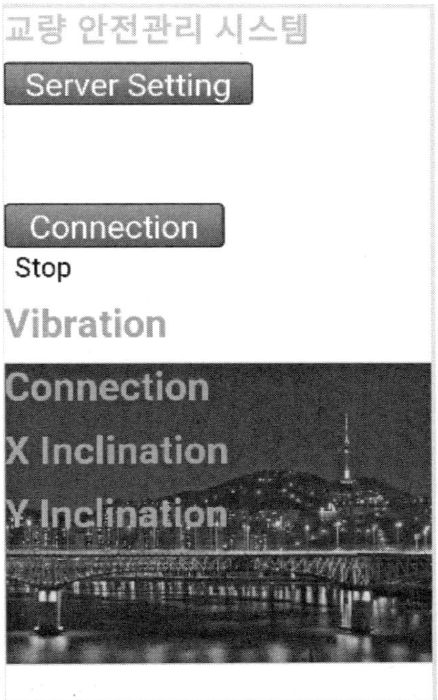

그림 6-40 교량 안전관리 시스템의 'activity_network_client' layout 디자인

(4) Activity 생성 및 제어

app/java 폴더 아래에서 package 명칭의 폴더를 선택하고 java 파일을 열어서 Activity의 Button이나 TextView, ImageView 등 위젯들(Widgets)과 각 Activity의 동작을 제어하기 위한 프로그램을 작성한다. 본 project에서는 2개의 Activity와 1개의 제어를 위한 java 파일이 생성되어야 한다. 네트워크 클라이언트 Activity를 위한 "NetworkClientActivity"파일이 생성되어 있으므로, java 파일 2개를 신규로 생성해야 한다. java 파일은 package 명칭 폴더를 마우스 오른쪽 버튼 클릭하고, New 〉 Java Class를 선택하여 신규 생성할 수 있다. 신규 생성하는 java 파일의 명칭은 "ServerSetActivity", "NetManager"로 한다. java 파일이 생성되면, 파일을 선택하고 Text 탭으로 이동하여 본 교재에서 제공하는 소스 코드로 변경한다. 단. package 명칭은 생성한 project의 package 명칭으로 수정해야 한다.

(5) Menu 설정

Activity를 생성하는 Java 파일은 안드로이드 기기의 메뉴키를 눌렀을 때, 메뉴키의 동작을 제어하는 파일을 참조한다. 메뉴키 동작을 제어하는 파일은 app/res/menu 폴더에 위치하게 된다. 네트워크 클라이언트의 메뉴키를 위한 "menu_network_client.xml"파일이 생성되어 있으며, 본 교재에서 제공하는 소스코드로 변경하여 수정한다. 서버 설정을 위한 메뉴키 파일은 app/res/menu 폴더를 마우스 오른쪽 버튼 클릭하고, New 〉 Menu resource file를 선택하여 신규 생성할 수 있다. 신규 생성하는 메뉴키 파일의 명칭은 "menu_server_set"으로 하고, 본 교재에서 제공하는 소스 코드로 변경한다.

(6) Manifest 파일 수정

Manifest 파일은 앱에 관한 전체적인 권한 및 설정 등을 포함하고 있다. 앱의 아이콘, 이름, 테마 등을 설정할 수 있으며, 블루투스, 인터넷, 데이터 권한 등의 설정도 가능하다. 또한, Activity의 이름과 라벨도 설정 가능하다. Manifest 파일은 app/manifests 폴더에 위치하며, 본 교재에서 제공하는 소스 코드로 변경한다. 단. package 명칭은 생성한 project의 package 명칭으로 수정해야 한다.

6.3.4 네트워크 구성 및 동작 확인

시스템 동작 확인을 위한 네트워크를 구성하고, 라즈베리파이가 할당받은 IP 주소를 확인한다. 라즈베리파이는 유무선 공유기와 유선 또는 무선으로 연결할 수 있으며, 터미널 창을 열어서 ipconfig 명령어를 사용하여 IP 주소를 확인할 수 있다. 안드로이드 클라이언트의 앱에서 서버 IP 주소를 변경하여 연결한다.

그림 6-41에서와 같이 터미널 창에서 6.3.2에서 소개한 응용 프로그램 예제를 실행하면, 안드로이드 클라이언트의 연결을 기다리며 대기하게 된다. 안드로이드 클라이언트의 앱에서 서버 IP 주소를 입력하고 'CONNECTION' 버튼을 누르면 라즈베리파이 터미널 창에서 연결된 안드로이드 클라이언트의 IP주소가 표시되면서 라즈베리파이와 안드로이드 클라이언트가 연결된다. 라즈베리파이 서버는 클라이언트가 연결되면 그림 6-42처럼 진동 수치, 연결 여부의 확인 값 그리고 X축과 Y축의 기울기 값을 받아서 화면 출력하고, 안드로이드 클라이언트로 전송한다.

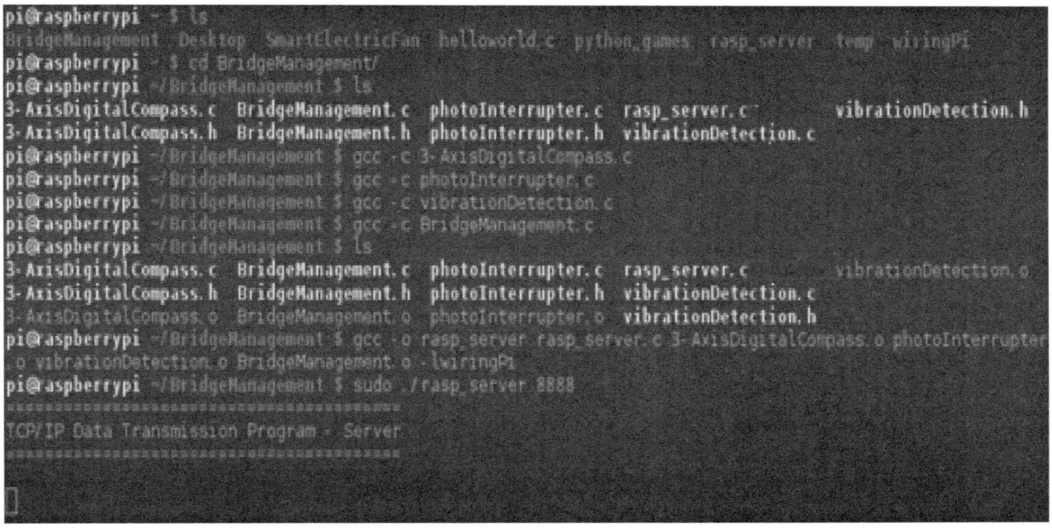

그림 6-41 교량 안전관리 시스템 프로그램 컴파일/빌드 및 실행 방법

그림 6-42 교량 안전관리 시스템 실행 - 터미널 창 화면

안드로이드 클라이언트 앱을 실행하는 과정은 다음과 같다. 6.3.3에서 생성한 project의 빌드가 에러 없이 완료되면 안드로이드 project를 생성할 때 지정한 경로에서 app₩build₩outputs₩apk 폴더 안에 안드로이드 클라이언트에 앱을 설치하기 위한 apk 파일이 생성된다. apk 파일은 사용하는 안드로이드 클라이언트 기기에 따라서 다르므로, 본 교재에서는 에뮬레이터를 이용하여 동작을 확인한다. 응용 프로그램을 실행하기 위해 상단 툴바에서 삼각형 모양의 Run 'app' 버튼을 누르거나, Run 메뉴에서 Run 'app'을 선택한다. 응용 프로그램을 어떤 에뮬레이터에서 구동할지 선택하는 창이 생성되면. 안드로이드 OS 버전이 Android 5.0 (Lollipop)인 가상 장치를 선택하여 실행한다. 그림 6-43은 RaspNetworkClient_Bridge 안드로이드 앱의 초기 화면이다. 'SERVER SETTING' 버튼을 누르고 서버의 IP 주소를 입력한 다음, 'CONNECTION' 버튼을 누른다. 서버와 연결이 되면 'CONNECTION' 버튼이 비활성화 되면서 "Connected" 문구가 표시된다. 그리고 'Vibration', 'Connection', 'X Inclination', 'Y Inclination'에 라즈베리파이 서버에서 받은 값을 주기적으로 표시한다. 정상적으로 서버와 연결되지 않는 경우, 네트워크 상태나 프로그램의 정상 작동 여부를 확인한다. 입력한 서버 IP 주소를 확인하고, ping 테스트를 통해 라즈베리파이와 안드로이드 클라이언트 사이의 네트워크가 정상적으로 연결되어 있는지 확인한다.

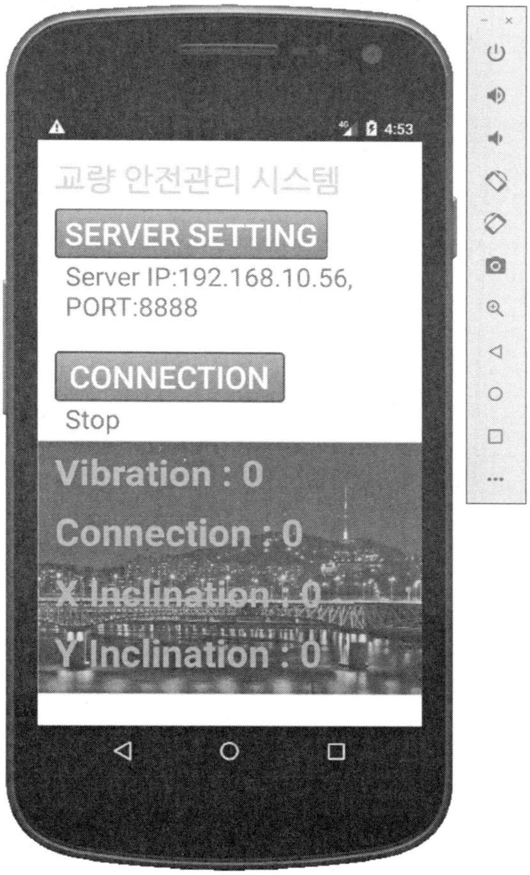

그림 6-43 RaspNetworkClient_Bridge 안드로이드 앱 초기 화면

그림 6-44 RaspNetworkClient_Bridge 안드로이드 앱의 서버 연결 화면

6.4 디지털 도어락

학습목표	• 디지털 도어락을 설계 및 구축할 수 있다.

6.4.1 시스템 구성

디지털 도어락은 건물의 출입구에 설치되며, 번호 키를 입력하여 문을 열 수 있는 기기이다. 안드로이드 클라이언트 앱과 연동하여 교량의 기울기, 진동 여부, 그리고 연결 부위 접합 여부를 센싱하여 교량의 상태를 점검하고, 실시간으로 대응하는 시스템이다. 시스템 구성을 위해 필요한 장비 및 공구는 다음과 같다. 본 교재에서는 라즈베리파이 기반의 실습 키트인

mCube-IoT를 사용하여 시스템 구성 방법을 설명한다.

- 라즈베리파이 기반의 보드 또는 실습 키트 (예) mCube-IoT)
- Buzzer 모듈
- Keypad 모듈
- Motor 모듈
- 컴퓨터, 모니터, 키보드, 마우스
- Micro USB 케이블, HDMI 케이블,
- Jumper 케이블
- DC 5V/3A Adaptor

그림 6-45는 라즈베리파이와 Buzzer 모듈, Keypad 모듈 그리고 Motor 모듈을 연결한 시스템 구성을 보여주고 있으며, 결선 방법은 표 6-6와 같다.

- Buzzer 모듈은 3.3V 전원으로 동작하며, 2핀 전원 케이블을 이용하여 Keypad 모듈의 J3, J4 커넥터 중 연결되지 않은 것을 선택하여 연결한다.
- Keypad 모듈은 3.3V 전원으로 동작하며, 2핀 전원 케이블을 이용하여 라즈베리파이 어댑터의 +3.3V(J9)와 Keypad 모듈의 J3, J4 커넥터 중 하나를 선택하여 연결한다. 붉은색 케이블을 3.3V 와 연결하고 검정색 케이블은 GND와 연결한다. Keypad 모듈의 전원 커넥터는 화살표 모양이 있는 핀이 3.3V 이고, 옆의 핀이 GND 이므로 주의하여 연결한다.
- Motor 모듈은 3.3V 전원으로 동작하며, 2핀 전원 케이블을 이용하여 Buzzer 모듈의 J3, J4 커넥터 중 연결되지 않은 것을 선택하여 연결한다.

표 6-6 디지털 도어락 연결 핀 맵

Raspberry Pi	Buzzer 모듈	Keypad 모듈	Motor 모듈
GPIO18	Buzzer		
GPIO6		BT1 PB1	
GPIO12		BT1 PB2	
GPIO13		BT1 PB3	
GPIO16		BT1 PB5	
GPIO19		BT1 PB6	
GPIO20		BT1 PB7	

GPIO26		BT2 PB9	
GPIO21		BT2 PB10	
GPIO11		BT2 PB11	
GPIO9		BT2 PB14	
GPIO4			MOTOR MT_P
GPIO17			MOTOR MT_N

그림 6-45 디지털 도어락 구성

6.4.2 라즈베리파이 프로그래밍

라즈베리파이 응용 프로그램은 nano 에디터를 사용하여 작성하며, 폴더를 생성하여 파일 관리를 한다. 디지털 도어락의 동작 과정은 다음과 같다. TCP/IP 소켓통신에서 라즈베리파이는 서버 역할을 하게 되며, 프로그램을 실행하고 대기하다가 안드로이드폰 등의 안드로이드 클라이언트가 연결을 시도하면 클라이언트의 IP를 표시하고 연결한다. 안드로이드 클라이언트로부터 도어락의 잠금 상태를 요청하는 메시지를 수신하면 현재 도어락의 상태 값을 전달하고, 안드로이드 클라이언트는 앱을 통해 도어락의 잠금 상태를 표시한다.

디지털 도어락을 구현하기 위한 라즈베리파이 응용 프로그램 예제는 다음과 같다.

● Keypad 버튼을 이용하여 비밀번호를 입력한다. 입력된 번호가 설정한 번호와 일치하는 경우, 부저를 사용하여 특정 소리를 발생시키고 모터를 돌려 잠금 쇠가 열리도록 한다. 입력된 번호가 불일치할 경우, 부저를 사용하여 다른 소리를 발생시킨다. (단, 예제 프로그램의 비밀번호 초기값은 1278이다.)

● Keypad의 맨 윗줄 왼쪽의 PB1 버튼부터 오른쪽으로 3개 버튼을 "123", 아랫줄 PB5 버튼부터 오른쪽으로 3개 버튼을 "456", 세 번째 줄 PB9 버튼부터 오른쪽으로 3개 버튼을 "789", 그리고 맨 아랫줄 PB14 버튼을 "0"으로 프로그램 한다.

● 잠금쇠를 열고 닫는 것은 모터를 통해 제어한다. 잠금 쇠를 잠그는 경우, 모터를 왼쪽으로 회전시킨다. 잠금 쇠를 여는 경우, 모터를 오른쪽으로 회전시킨다.

● 감지한 문의 잠금 상태를 Wi-Fi TCP/IP 소켓통신을 통해 안드로이드 클라이언트로 전송하고, 앱에서 잠금 상태를 표시한다. 안드로이드 클라이언트 앱에서는 슬라이드 스위치를 사용하여 문의 잠금 장치를 제어할 수 있도록 한다.

표 6-7 디지털 도어락 라즈베리파이 응용 프로그램 파일 예제

폴더명	파일명
Doorlock	rasp_server.c
	doorlock.c / doorlock.h
	keypad.c / keypad.h
	buzzer.c / buzzer.h
	motor.c / motor.h

◆ rasp_server.c

```
#include <stdio.h>
#include <stdlib.h>
#include <string.h>
#include <unistd.h>
#include <arpa/inet.h>
#include <sys/socket.h>

#include "doorlock.h"
#include "keypad.h"
#include "motor.h"

#define BUF_SIZE            5
```

```
#define INIT_VAL_OF_MEM  0
#define NUM_OF_ARGC           2
#define PROTOCOL_TYPE         0
#define NUM_OF_QUEUE          5
#define DATA_SIZE             1

#define PKT_STX  0x01
#define PKT_ETX  0x05

#define CMD_SENSOR_REQ 0x10
#define CMD_SENSOR_RES  0x90

int getData(void);
void error_handling(char *message);

int main(int argc, char *argv[])
{
        int serv_sock, clnt_sock;
        FILE * fp;
        char snd_buf[BUF_SIZE];
        char rcv_buf[BUF_SIZE];
        int read_cnt;
        int readBufSize;

        struct sockaddr_in serv_adr, clnt_adr;
        socklen_t clnt_adr_sz;

        int getData;

        char getData_msb = 0;
        char getData_lsb = 0;

        printf("==========================================₩n");
        printf("TCP/IP Data Transmission Program - Server₩n");
        printf("==========================================₩n₩n");

        // check port info
        if(argc != NUM_OF_ARGC) {
           printf("Usage: %s <port>₩n", argv[0]);
           exit(1);
```

```
    }

    serv_sock =  socket(PF_INET, SOCK_STREAM, PROTOCOL_TYPE);
    if (serv_sock == -1)
            error_handling("socket() error");

    memset(&serv_adr, INIT_VAL_OF_MEM, sizeof(serv_adr));

    serv_adr.sin_family = AF_INET;
    serv_adr.sin_addr.s_addr = htonl(INADDR_ANY);  // get ip address
    serv_adr.sin_port = htons(atoi(argv[1]));           // get port num

    if (bind(serv_sock, (struct sockaddr*)&serv_adr, sizeof(serv_adr)) == -1)
            error_handling("bind() error");

    if (listen(serv_sock, NUM_OF_QUEUE) == -1)
      error_handling("listen() error");

    clnt_adr_sz = sizeof(clnt_adr);

    clnt_sock = accept(serv_sock, (struct sockaddr*)&clnt_adr, &clnt_adr_sz);

    printf("Connected IP : %s₩n₩n", inet_ntoa(clnt_adr.sin_addr));

    setupwiringPiGpio();

    initMotor();
    initKeypad();
    initBuzzer();
    printf("ENTER PASSWD:");
    fflush(stdout);

    while(1)
    {
      if(readBufSize = read(clnt_sock, rcv_buf, BUF_SIZE) != -1) {
              if(rcv_buf[0] == PKT_STX) {
                      if(rcv_buf[1] == CMD_SENSOR_REQ) {
                              if(rcv_buf[4] == PKT_ETX) {

                                      controlDoorlock(rcv_buf[2]);
```

```
                                        getData = getSensorData();

                                        getData_lsb = (getData & 0xff);
                                        getData_msb = ((getData>>8) & 0xff);

                                        snd_buf[0] = PKT_STX;
                                        snd_buf[1] = CMD_SENSOR_RES;
                                        snd_buf[2] = getData_lsb;
                                        snd_buf[3] = getData_msb;
                                        snd_buf[4] = PKT_ETX;

                                        write(clnt_sock, snd_buf, BUF_SIZE);
                                }
                        }
                }
            }
            else {
                write(clnt_sock, snd_buf, BUF_SIZE);
                break;
            }
        }
        close(clnt_sock);
        close(serv_sock);
        printf("Transmission terminated.₩n");
        printf("Disconnected(IP : %s)₩n₩n", inet_ntoa(clnt_adr.sin_addr));
        return 0;
}

void error_handling(char *message)
{
        fputs(message, stderr);
        fputc('₩n', stderr);
        exit(1);
}
```

◆ doorlock.h

```
#ifndef __DOORLOCK_H__
#define __DOORLOCK_H__
```

```
#include <stdio.h>
#include <wiringPi.h>

int PasswardVerify(void);
void ErrorPassward(void);
void ButtonDetect(void);
void PasswardVerifySuccess(void);

void OpenDoorBeep(void);
void ErrorBeep(void);

int openDoor(void);
int closeDoor(void);

int controlDoorlock(int doorStatus);

int getSensorData(void);
int setupwiringPiGpio(void);

#endif  /* __DOORLOCK_H__ */
```

◆ doorlock.c

```
#include "doorlock.h"
#include "keypad.h"
#include "motor.h"
#include "buzzer.h"

#define PASSWARD_NUM     4

int nCounter = 0;
char g_cInputPasswardbuf[4];
char g_cPassward[]="1278";
int g_nVerify;
int g_nDoorState;
int g_nPreDoorState;

const int OpenDoorBeepTable[4]      ={ MI, DO_L, SOL, DO_H };
const int ErrorBeepTable[2]={ MI, MI };
```

```
int setupwiringPiGpio(void)
{
        if(wiringPiSetupGpio() == -1)
        return 1;
}

void ErrorBeep(void)
{
        int i;
        for(i=0; i < 2; i++) {
           Change_FREQ (ErrorBeepTable[i]);
           delay(500);
           STOP_FREQ();
        }
}

void OpenDoorBeep(void)
{
        int i;
        for(i=0; i < 4; i++) {
           Change_FREQ (OpenDoorBeepTable[i]);
           delay(500);
           STOP_FREQ();
        }
}

int PasswardVerify(void)
{
    int i,nError;
    for(i=0; i<4; i++) {
          if(g_cInputPasswardbuf[i] != g_cPassward [i]) {
               nError += 1;
          }
          else {
             nError += 0;
          }
    }
    return nError;
}
```

```
void ErrorPassward(void)
{
        printf("ERROR PASSWD₩n");
        ErrorBeep();
}

void PasswardVerifySuccess(void)
{
        g_nDoorState = 1;
}

int openDoor(void)
{
        g_nDoorState = 1;
        printf("₩nOPEN DOOR₩n");
        OpenDoorBeep();

        MotorControl(30, RIGHT_ROTATE);
        delay(1000);
        MotorStop();

        return g_nDoorState;
}

int closeDoor(void)
{
        g_nDoorState = 0;

        printf("CLOSE DOOR₩n");

        MotorControl(30, LEFT_ROTATE);
        delay(1000);
        MotorStop();

        return g_nDoorState;
}

void ButtonDetect(void)
{
        int nkeyValue,temp;
```

```
    temp = readKeypad();

    int i;
for(i = 0; i<MAX_KEY_BT_NUM; i++) {
    if(temp & (1<<i)) {
        nkeyValue = i+1;
    }
}
if(nCounter>=PASSWARD_NUM) {
      printf("\n");
     nCounter = 0;
     if(PasswardVerify()) {          //passwoard error
                ErrorPassward();
     }
     else {
                PasswardVerifySuccess();
     }
      printf("ENTER PASSWD:");
      fflush(stdout);
}


switch(nkeyValue)
{
     case 1:
                printf("1");
                fflush(stdout);
                g_cInputPasswardbuf[nCounter] = '1';
                nCounter++;
                break;
     case 2:
                printf("2");
                fflush(stdout);
                g_cInputPasswardbuf[nCounter] = '2';
                nCounter++;
                break;
     case 3:
                printf("3");
                fflush(stdout);
```

```
                g_cInputPasswardbuf[nCounter] = '3';
                nCounter++;
                break;
        case 4:
                printf("4");
                fflush(stdout);
                g_cInputPasswardbuf[nCounter] = '4';
                nCounter++;
                break;
        case 5:
                printf("5");
                fflush(stdout);
                g_cInputPasswardbuf[nCounter] = '5';
                nCounter++;
                break;
        case 6:
                printf("6");
                fflush(stdout);
                g_cInputPasswardbuf[nCounter] = '6';
                nCounter++;
                break;
        case 7:
                printf("7");
                fflush(stdout);
                fflush(stdout);
                g_cInputPasswardbuf[nCounter] = '7';
                nCounter++;
                break;
        case 8:
                printf("8");
                fflush(stdout);
                g_cInputPasswardbuf[nCounter] = '8';
                nCounter++;
                break;
        case 9:
                printf("9");
                fflush(stdout);
                g_cInputPasswardbuf[nCounter] = '9';
                nCounter++;
                break;
```

```
        case 10:
                printf("0");
                fflush(stdout);
                g_cInputPasswardbuf[nCounter] = '0';
                nCounter++;
                break;
        default:
                break;
    }
}

int controlDoorlock(int doorStatus)
{
        if(doorStatus && (!g_nPreDoorState)) {
          openDoor();
          g_nPreDoorState = doorStatus;
        }
        else if(!doorStatus && (g_nPreDoorState && !doorStatus)) {
          closeDoor();
          g_nPreDoorState = doorStatus;
        }
        else {
          g_nPreDoorState = doorStatus;
        }

        ButtonDetect();

        return 0;
}

int getSensorData(void)
{
        return g_nDoorState;
}
```

◆ buzzer.h

```
#ifndef __BUZZER_H__
#define __BUZZER_H__
```

```
#include <stdio.h>
#include <wiringPi.h>

#define BUZZER_PIN         18

#define DO_L      523
#define RE                 587
#define MI                 659
#define FA                 698
#define SOL                784
#define RA                 880
#define SI                 987
#define DO_H      1046

#define ON        1
#define OFF       0

int initBuzzer(void);
void playBuzzer(unsigned char status);
void Change_FREQ(unsigned int freq);
void STOP_FREQ (void);

unsigned int SevenScale (unsigned char scale);

#endif  /* __BUZZER_H__ */
```

◆ buzzer.c

```
#include <softTone.h>
#include "buzzer.h"

int initBuzzer(void)
{
        // BUZZER Init
        pinMode(BUZZER_PIN, OUTPUT);                // BUZZER PIN OUTPUT SET
        digitalWrite(BUZZER_PIN, LOW);              // BUZZER OFF

        printf("Buzzer Initialize₩n");

        softToneCreate (BUZZER_PIN) ;
```

```
        STOP_FREQ();
        return 0;
}

void Change_FREQ(unsigned int freq)
{
        pwmWrite(BUZZER_PIN, freq);
        softToneWrite (BUZZER_PIN, freq);
}
void STOP_FREQ (void)
{
        softToneWrite (BUZZER_PIN, 0);
}

void playBuzzer(unsigned char status)
{
        int i;
        if (status == 1) {
           digitalWrite(BUZZER_PIN, HIGH);
           delay(10);
           digitalWrite(BUZZER_PIN, LOW);
           delay(10);
        }
}
```

◆ motor.h

```
#ifndef __MOTOR_H__
#define  __MOTOR_H__

#include <wiringPi.h>
#include <softPwm.h>
#include <stdio.h>

#define MOTOR_LEFT_ROTATE_PIN   4
#define MOTOR_RIGHT_ROTATE_PIN  17

#define LEFT_ROTATE             1
#define RIGHT_ROTATE            2
```

```
int initMotor(void);
void MotorStop();
void MotorControl(unsigned char speed, unsigned char rotate);

#endif /* __MOTOR_H__ */
```

◆ motor.c

```
#include "motor.h"

int initMotor(void)
{
        printf("Motor Initialize.₩n");
        pinMode(MOTOR_LEFT_ROTATE_PIN, OUTPUT);
        pinMode(MOTOR_RIGHT_ROTATE_PIN, OUTPUT);

        softPwmCreate(MOTOR_LEFT_ROTATE_PIN, 0, 100);
        softPwmCreate(MOTOR_RIGHT_ROTATE_PIN, 0, 100);

        return 0;
}

void MotorStop()
{
        softPwmWrite(MOTOR_LEFT_ROTATE_PIN, 0);
        softPwmWrite(MOTOR_RIGHT_ROTATE_PIN, 0);
}


void MotorControl(unsigned char speed, unsigned char rotate)
{
        if(rotate == LEFT_ROTATE) {
           digitalWrite(MOTOR_RIGHT_ROTATE_PIN, LOW);
           softPwmWrite(MOTOR_LEFT_ROTATE_PIN, speed);
        }
        else if(rotate == RIGHT_ROTATE) {
           digitalWrite(MOTOR_LEFT_ROTATE_PIN, LOW);
           softPwmWrite(MOTOR_RIGHT_ROTATE_PIN, speed);
        }
}
```

◆ keypad.h

```
#ifndef __KEYPAD_H__
#define   __KEYPAD_H__

#include <wiringPi.h>
#include <stdio.h>

#define KEYPAD_PB1                  6
#define KEYPAD_PB2                  12
#define KEYPAD_PB3                  13
#define KEYPAD_PB5                  16
#define KEYPAD_PB6                  19
#define KEYPAD_PB7                  20
#define KEYPAD_PB9                  26
#define KEYPAD_PB10                 21
#define KEYPAD_PB11                 11
#define KEYPAD_PB14                 9

#define MAX_KEY_BT_NUM  10

int initKeypad(void);
int readKeypad(void);
#endif /* __KEYPAD_H__ */
```

◆ keypad.c

```
#include "keypad.h"

const int KeypadTable[10]= {
        KEYPAD_PB1, KEYPAD_PB2, KEYPAD_PB3,
        KEYPAD_PB5, KEYPAD_PB6, KEYPAD_PB7,

        KEYPAD_PB9, KEYPAD_PB10, KEYPAD_PB11,
        KEYPAD_PB14
};
int readKeypad(void)
{
        int i,nKeypadstate;
         nKeypadstate = 0;
        for(i =0; i<MAX_KEY_BT_NUM; i++) {
```

```
            if(!digitalRead(KeypadTable[i])) {
                    nKeypadstate |= (1<<(i);
            }
        }
    return nKeypadstate;
}
int initKeypad(void)
{
        int i;
        for(i =0; i<MAX_KEY_BT_NUM; i++) {
            pinMode(KeypadTable[i],INPUT);
        }
        printf("Keypad Initialize₩n");
        return 0;
}
```

6.4.3 안드로이드 앱

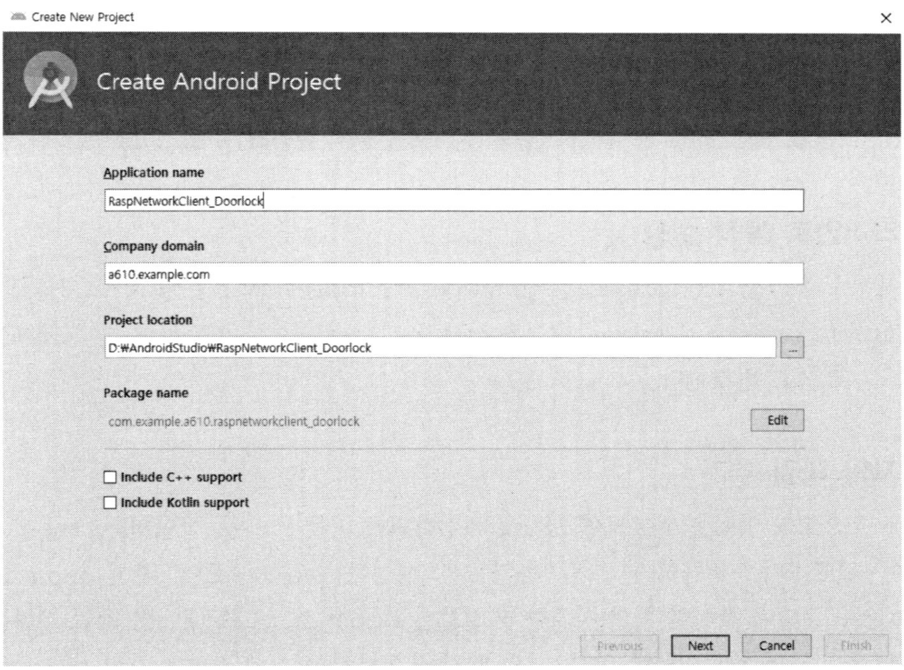

그림 6-46 'RaspNetworkClient_Doorlock' project 생성 화면

Android Studio를 실행하여 'Start a new Android Studio project' 메뉴 버튼을 누르고, 'Application name'은 RaspNetworkClient_Doorlock으로 입력한다. 'Company domain'과 'Project location'을 입력하고 'Next' 버튼을 누른다. 디바이스 형태(form factors) 및 SDK 창에서는 'phone and tablet'을 선택하고, 안드로이드 OS 버전은 'API 14: Android 4.0 (IceCreamSandwich)'를 선택한다. 단, 안드로이드 OS 버전은 설치할 안드로이드 기기의 OS 버전에 맞추어 선택할 수 있다. 앱의 activity 화면 창에서는 'Basic Activity'를 선택한다. activity 설정 창에서는 activity 클래스의 명칭을 NetworkClientActivity로 변경하고, 'Finish' 버튼을 눌러서 Project 생성을 완료한다.

본 IoT 시스템에서 안드로이드 스마트기기는 라즈베리파이와 Wi-Fi를 이용한 TCP/IP 통신을 통해서 데이터를 송수신한다. 라즈베리파이가 서버 역할을 하며, 안드로이드 스마트기기는 클라이언트 역할을 하게 된다. 따라서 안드로이드 앱은 TCP/IP Socket 객체를 생성하여 서버와 연결하도록 프로그램을 작성해야 한다. 이를 위해 안드로이드 앱의 Activity는 서버 IP를 설정하는 것과 수신된 값을 모니터링 하는 것으로 구성한다. 세부적인 절차는 다음과 같다.

(1) 서버 IP 설정

app/res/layout 폴더에서 마우스 오른쪽 클릭하여 New 〉 Layout resource file을 선택하여 layout을 생성한다. 'File name'은 activity_server_set으로 입력하고 'OK' 버튼을 누른다. activity_server_set.xml 파일이 생성되면, Text 탭으로 이동하여 서버 설정을 위한 TextView와 EditText, 그리고 Button을 생성하기 위해 본 교재에서 제공하는 소스 코드로 변경한다.

(2) 클라이언트 동작 설정

클라이언트 동작을 위한 TextView 5개, Button 2개, ImageView 1개, Switch 1개를 생성하기 위해서 activity_network_client.xml 파일을 선택하고 Text 탭으로 이동하여 본 교재에서 제공하는 소스 코드로 변경한다.

(3) 디자인 파일 추가

Layout 소스코드 입력을 완료하면 Layout 배경화면과 버튼 스타일, 삽입되는 그림 등 디자인 파일들이 필요하다. 추가하는 그림 파일들은 생성한 project 폴더 내의 app/src/main/res/drawable 폴더에 복사한다. 복사하는 파일들은 Layout 소스코드 내에서 파일 이름을 참조하므로 다음 파일명과 동일해야 한다. 파일 복사를 완료하면 그림 6-47과 같이 Android Studio 프로젝트 뷰의 app/res/drawable 폴더에 파일이 추가된 것을 확인할 수 있다.

그림 6-47 디지털 도어락 디자인 파일 추가한 프로젝트 뷰

버튼 모양을 나타내는 drawable 파일은 app/src/main/res/drawable 폴더를 마우스 오른쪽 클릭하여 New 〉 Drawable resource file을 선택하여 생성한다. 'File name'은 button1으로 입력하고 'OK' 버튼을 누른다. button1.xml 파일이 생성되면, Text 탭으로 이동하여 소스코드를 입력한다. 버튼 스타일은 app/res/values 폴더의 styles.xml 파일을 본 교재에서 제공하는 소스코드로 변경하여 수정한다.

Switch 동작을 나타내는 drawable 파일은 app/src/main/res/drawable 폴더를 마우스 오른쪽 클릭하여 New 〉 Drawable resource file을 선택하여 생성한다. 파일의 개수는 5개이며, 명칭은 switch_thumb, switch_thumb_selector, switch_track_off, switch_track_on, switch_track_selector 이다. 파일이 생성되면, Text 탭으로 이동하여 소스코드를 입력한다.

폭과 높이 치수는 app/res/values 폴더의 dimens.xml 파일을 본 교재에서 제공하는 소스코드로 변경하여 수정한다. 또한, string은 app/res/values 폴더의 strings.xml 파일을 본 교재에서 제공하는 소스코드로 변경하여 수정한다.

Layout 설정과 디자인 파일 추가를 완료하면 layout 디자인을 확인한다. 프로젝트 뷰의 app/res/layout 폴더의 layout 파일을 선택하고 디자인 탭을 클릭하면 layout이 나타난다.

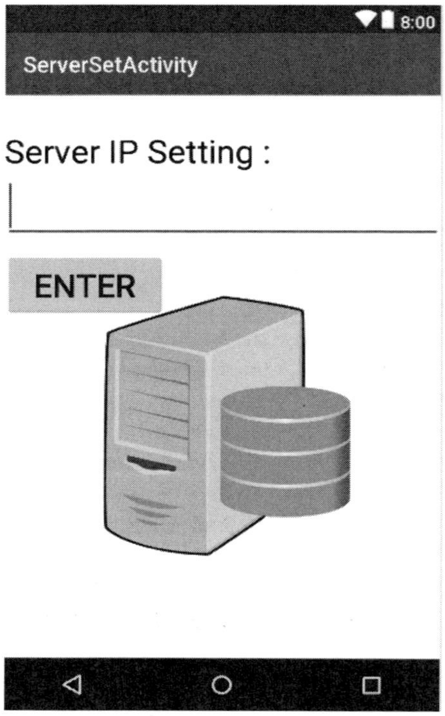

그림 6-48 디지털 도어락 'activity_server_set' layout 디자인

그림 6-49 디지털 도어락 'activity_network_client' layout 디자인

(4) Activity 생성 및 제어

app/java 폴더 아래에서 package 명칭의 폴더를 선택하고 java 파일을 열어서 Activity의 Button이나 TextView, ImageView 등 위젯들(Widgets)과 각 Activity의 동작을 제어하기 위한 프로그램을 작성한다. 본 project에서는 2개의 Activity와 1개의 제어를 위한 java 파일이 생성되어야 한다. 네트워크 클라이언트 Activity를 위한 "NetworkClientActivity" 파일이 생성되어 있으므로, java 파일 2개를 신규로 생성해야 한다. java 파일은 package 명칭 폴더를 마우스 오른쪽 버튼 클릭하고, New 〉 Java Class를 선택하여 신규 생성할 수 있다. 신규 생성하는 java 파일의 명칭은 "ServerSetActivity", "NetManager"로 한다. java 파일이 생성되면, 파일을 선택하고 Text 탭으로 이동하여 본 교재에서 제공하는 소스 코드로 변경한다. 단. package 명칭은 생성한 project의 package 명칭으로 수정해야 한다.

ServerSetActivity.java

NetManager.java

NetworkClientActivity.java

(5) Menu 설정

Activity를 생성하는 Java 파일은 안드로이드 기기의 메뉴키를 눌렀을 때, 메뉴키의 동작을 제어하는 파일을 참조한다. 메뉴키 동작을 제어하는 파일은 app/res/menu 폴더에 위치하게 된다. 네트워크 클라이언트의 메뉴키를 위한 "menu_network_client.xml"파일이 생성되어 있으며, 본 교재에서 제공하는 소스코드로 변경하여 수정한다. 서버 설정을 위한 메뉴키 파일은 app/res/menu 폴더를 마우스 오른쪽 버튼 클릭하고, New 〉 Menu resource file를 선택하여 신규 생성할 수 있다. 신규 생성하는 메뉴키 파일의 명칭은 "menu_server_set"으로 하고, 본 교재에서 제공하는 소스 코드로 변경한다.

(6) Manifest 파일 수정

Manifest 파일은 앱에 관한 전체적인 권한 및 설정 등을 포함하고 있다. 앱의 아이콘, 이름, 테마 등을 설정할 수 있으며, 블루투스, 인터넷, 데이터 권한 등의 설정도 가능하다. 또한, Activity의 이름과 라벨도 설정 가능하다. Manifest 파일은 app/manifests 폴더에 위치하며, 본 교재에서 제공하는 소스 코드로 변경한다. 단. package 명칭은 생성한 project의 package 명칭으로 수정해야 한다.

6.4.4 네트워크 구성 및 동작 확인

시스템 동작 확인을 위한 네트워크를 구성하고, 라즈베리파이가 할당받은 IP 주소를 확인한다. 라즈베리파이는 유무선 공유기와 유선 또는 무선으로 연결할 수 있으며, 터미널 창을 열어서 ipconfig 명령어를 사용하여 IP 주소를 확인할 수 있다. 안드로이드 클라이언트의 앱에서 서버 IP 주소를 변경하여 연결한다.

그림 6-50에서와 같이 터미널 창에서 6.4.2에서 소개한 응용 프로그램 예제를 실행하면, 안드로이드 클라이언트의 연결을 기다리며 대기하게 된다. 안드로이드 클라이언트의 앱에서 서버 IP 주소를 입력하고 'CONNECTION' 버튼을 누르면 라즈베리파이 터미널 창에서 연결된 안드로이드 클라이언트의 IP주소가 표시되면서 라즈베리파이와 안드로이드 클라이언트가 연결된다. 연결된 상태에서 keypad를 사용하여 패스워드를 입력하고, motor와 buzzer의 동작과 안드로이드 클라이언트 앱의 화면을 확인한다. 입력한 패스워드가 설정한 패스워드와 일치할 경우, buzzer에서 소리가 발생되고 motor가 오른쪽으로 회전하게 된다. 안드로이드 클라이언트 앱에 문의 잠금 상태는 열린 것으로 표시된다. 패스워드가 일치하지 않는 경우에는 에러 메시지가 표시된다.

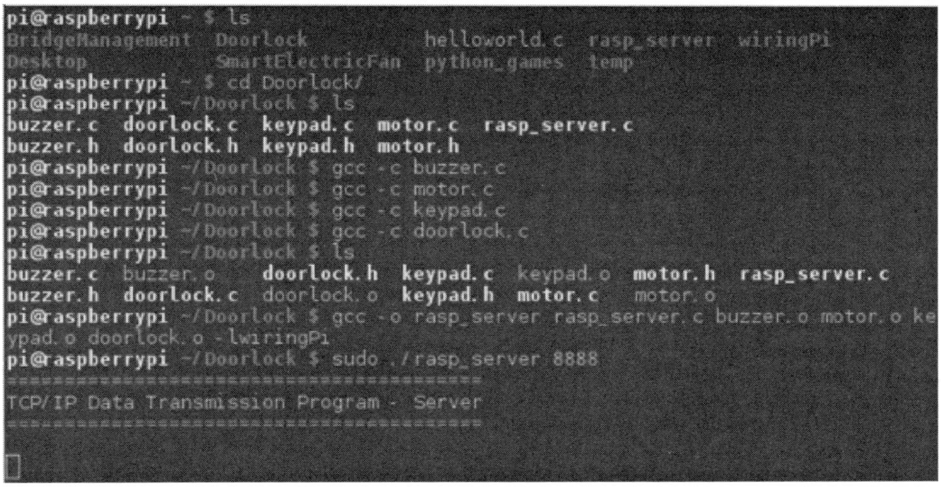

그림 6-50 디지털 도어락 프로그램 컴파일/빌드 및 실행 방법

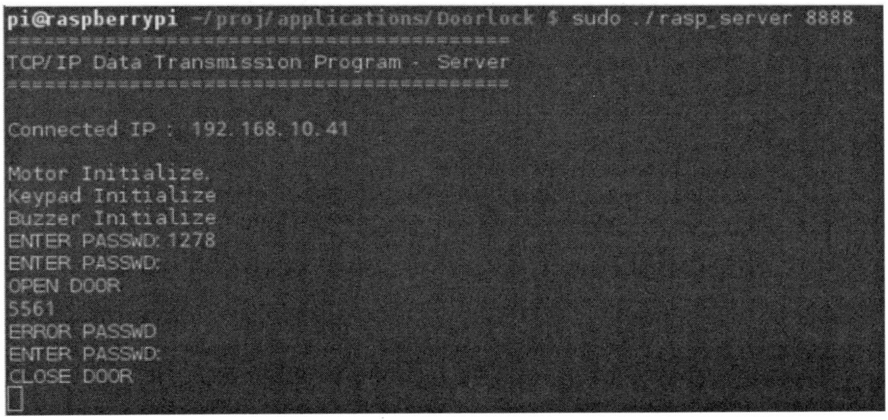

그림 6-51 디지털 도어락 실행 – 터미널 창 화면

안드로이드 클라이언트 앱을 실행하는 과정은 다음과 같다. 6.4.3에서 생성한 project의 빌드가 에러 없이 완료되면 안드로이드 project를 생성할 때 지정한 경로에서 app₩build₩outputs₩apk 폴더 안에 안드로이드 클라이언트에 앱을 설치하기 위한 apk 파일이 생성된다. apk 파일은 사용하는 안드로이드 클라이언트 기기에 따라서 다르므로, 본 교재에서는 에뮬레이터를 이용하여 동작을 확인한다. 응용 프로그램을 실행하기 위해 상단 툴바에서 삼각형 모양의 Run ‘app’ 버튼을 누르거나, Run 메뉴에서 Run ‘app’을 선택한다. 응용 프로그램을 어떤 에뮬레이터에서 구동할지 선택하는 창이 생성되면. 안드로이드 OS 버전이 Android 9.0 (Pie)인 가상 장치를 선택하여 실행한다. 그림 6-52는 RaspNetworkClient_Doorlock 안드로이

드 앱의 초기 화면이다. 'SERVER SETTING' 버튼을 누르고 서버의 IP 주소를 입력한 다음, 'CONNECTION' 버튼을 누른다. 서버와 연결이 되면 'CONNECTION' 버튼이 비활성화 되면서 "Connected" 문구가 표시된다. 그리고 라즈베리파이 서버에서 문의 잠금 상태에 대한 값을 받아서 주기적으로 표시한다. Keypad를 통해 설정한 비밀번호가 입력되면 문의 잠금 상태값이 1로 변경되면서 문의 상태가 열린 것으로 표시된다. 문을 다시 닫기 위해서 아래 표시된 스위치를 왼쪽으로 드래그 하면, 문의 잠금 상태값이 0으로 변경되면서 문의 상태가 닫힌 것으로 표시된다. 손님이 방문 시, 안드로이드 클라이언트 앱의 스위치를 이용하면 원격으로 문을 열어줄 수 있다. 정상적으로 서버와 연결되지 않는 경우, 네트워크 상태나 프로그램의 정상 작동 여부를 확인한다. 입력한 서버 IP 주소를 확인하고, ping 테스트를 통해 라즈베리파이와 안드로이드 클라이언트 사이의 네트워크가 정상적으로 연결되어 있는지 확인한다.

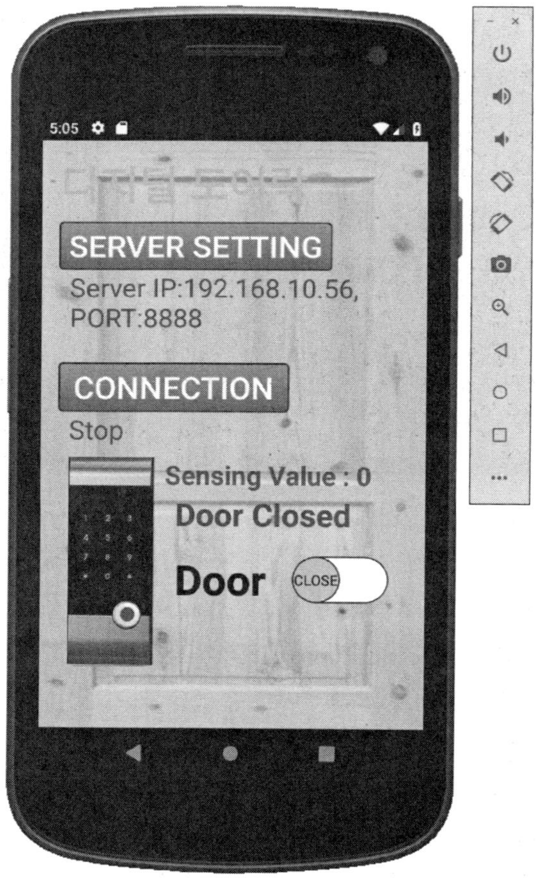

그림 6-52 RaspNetworkClient_Doorlock 안드로이드 앱 초기 화면

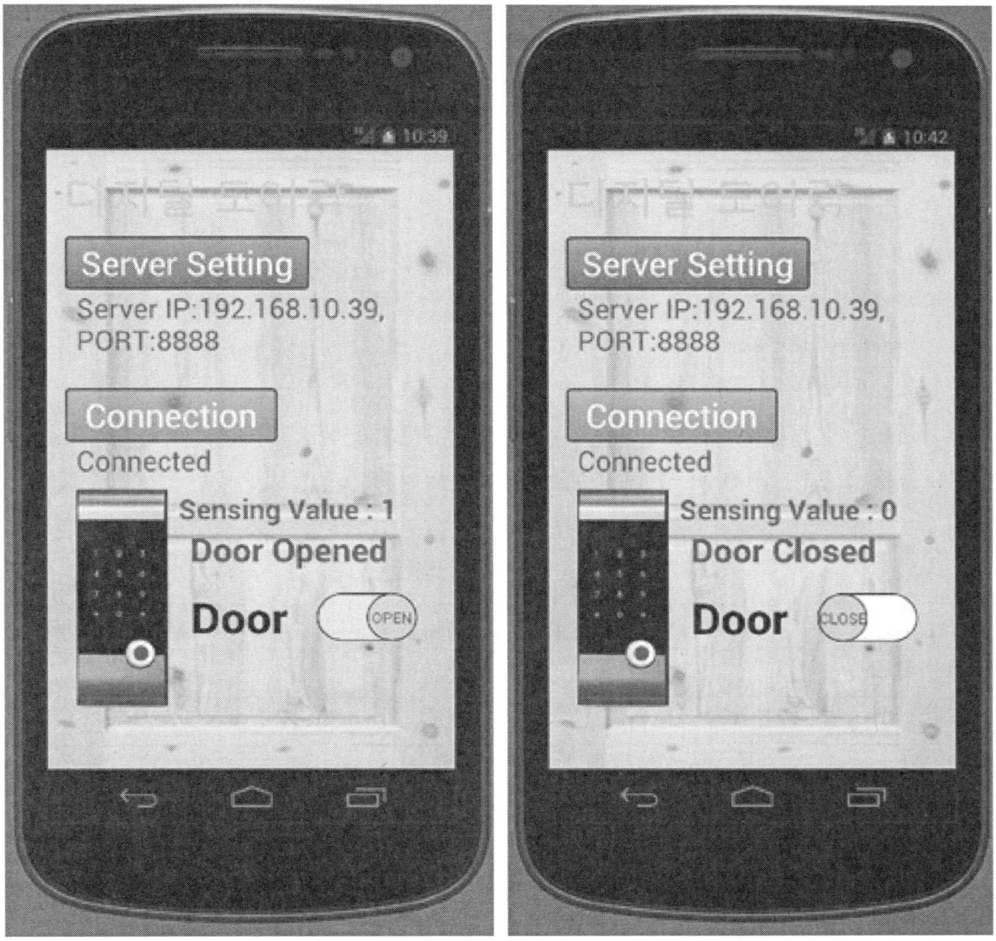

그림 6-53 RaspNetworkClient_Doorlock 안드로이드 앱 연결된 상태의 화면

6.5 침입 감지 시스템

학습목표	• 침입 감지 시스템을 설계 및 구축할 수 있다.

6.5.1 시스템 구성

침입 감지 시스템은 외부 침입을 감지하면 안드로이드 클라이언트 앱과 연동하여 상황에 대응하는 시스템이다. 시스템 구성을 위해 필요한 장비 및 공구는 다음과 같다. 본 교재에서는 라즈베리파이 기반의 실습 키트인 mCube-IoT를 사용하여 시스템 구성 방법을 설명한다.

- 라즈베리파이 기반의 보드 또는 실습 키트 (예) mCube-IoT)
- Voice record 모듈
- PIR 동작 감지 센서
- 5mm LED brick 모듈
- 컴퓨터, 모니터, 키보드, 마우스
- Micro USB 케이블, HDMI 케이블,
- Jumper 케이블
- DC 5V/3A Adaptor

그림 6-54는 라즈베리파이와 voice record 모듈, PIR 동작 감지 센서, 그리고 5mm LED brick 모듈을 연결한 시스템 구성을 보여주고 있으며, 결선 방법은 표 6-8과 같다.

표 6-8 침입 감지 시스템 연결 핀 맵

Raspberry Pi	Voice record 모듈	PIR 동작 감지 센서	5mm LED brick 모듈
3.3V	VCC		
GPIO11	REC		
GPIO9	PLAYE		
GPIO10	PLAYL		
GND	GND		
GND		GND	
5V		VCC	
GPIO22		OUT	
GND			G(GND)
5V			V(VCC)
GPIO6			S(Signal)

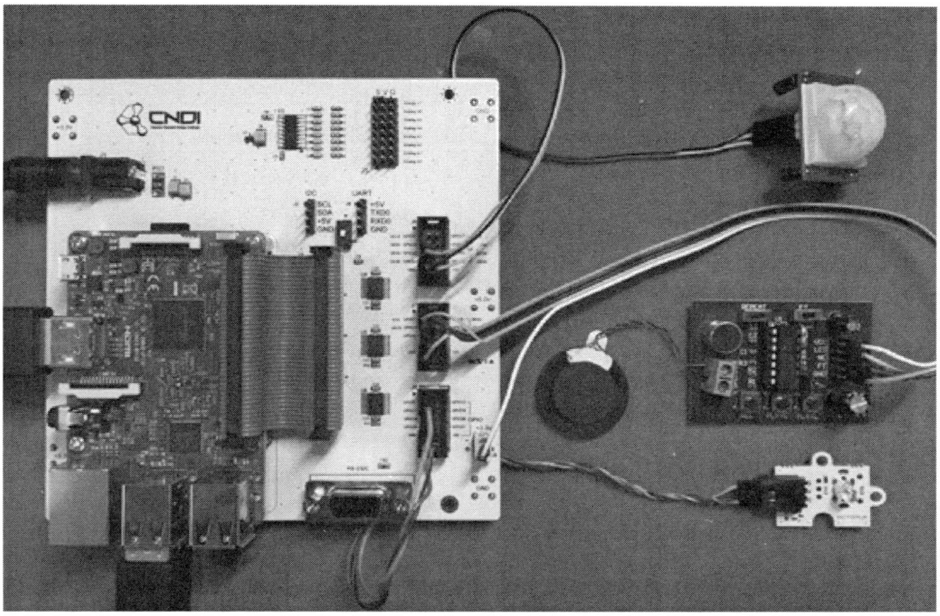

그림 6-54 침입 감지 시스템 구성

6.5.2 라즈베리파이 프로그래밍

라즈베리파이 응용 프로그램은 nano 에디터를 사용하여 작성하며, 폴더를 생성하여 파일 관리를 한다. 침입 감지 시스템의 동작 과정은 다음과 같다. TCP/IP 소켓통신에서 라즈베리파이는 서버 역할을 하게 되며, 프로그램을 실행하고 대기하다가 안드로이드폰 등의 안드로이드 클라이언트가 연결을 시도하면 클라이언트의 IP를 표시하고 연결한다. PIR 동작 감지 센서가 움직임을 감지하면 값을 받아서 안드로이드 클라이언트로 전달하여 앱을 통해 움직임의 여부를 표시한다.

침입 감지 시스템을 구현하기 위한 라즈베리파이 응용 프로그램 예제는 다음과 같다.

- PIR 동작 감지 센서를 이용해 움직임을 감지하면 voice record 모듈을 통해 경고 메시지를 전달하고 빨간색 LED를 점멸하여 침입을 경고한다. PIR 동작 감지 센서의 감지 거리는 일반적으로 3m이며, 최대 7m까지 감지할 수 있다.
- 침입 감지 여부를 Wi-Fi TCP/IP 소켓통신을 통해 안드로이드 클라이언트로 전송하고, 앱에서 확인한다.

표 6-9 침입 감지 시스템 라즈베리파이 응용 프로그램 파일 예제

폴더명	파일명
IntrusionDetection	rasp_server.c
	IntrusionDetection.c / IntrusionDetection.h
	motionc / motion.h
	audioRecord.c / audioRecord.h
	led.c / led.h

◆ rasp_server.c

```
#include <stdio.h>
#include <stdlib.h>
#include <string.h>
#include <unistd.h>
#include <arpa/inet.h>
#include <sys/socket.h>

#include "intrusionDetection.h"
#include "motion.h"
#include "led.h"
#include "audioRecord.h"

#define BUF_SIZE            5
#define INIT_VAL_OF_MEM     0
#define NUM_OF_ARGC                 2
#define PROTOCOL_TYPE       0
#define NUM_OF_QUEUE        5
#define DATA_SIZE                   1

#define PKT_STX   0x01
#define PKT_ETX   0x05

#define CMD_SENSOR_REQ 0x10
#define CMD_SENSOR_RES 0x90

int getData(void);
void error_handling(char *message);
```

```
int main(int argc, char *argv[])
{
        int serv_sock, clnt_sock;
        FILE * fp;
        char snd_buf[BUF_SIZE];
        char rcv_buf[BUF_SIZE];
        int read_cnt;
        int readBufSize;

        struct sockaddr_in serv_adr, clnt_adr;
        socklen_t clnt_adr_sz;

        int getData;
        char getData_msb = 0;
        char getData_lsb = 0;

        printf("==========================================₩n");
        printf("TCP/IP Data Transmission Program - Server₩n");
        printf("==========================================₩n₩n");

        // check port info
        if(argc != NUM_OF_ARGC) {
          printf("Usage: %s <port>₩n", argv[0]);
          exit(1);
        }

        serv_sock =  socket(PF_INET, SOCK_STREAM, PROTOCOL_TYPE);
        if (serv_sock == -1)
                error_handling("socket() error");

        memset(&serv_adr, INIT_VAL_OF_MEM, sizeof(serv_adr));

        serv_adr.sin_family = AF_INET;
        serv_adr.sin_addr.s_addr = htonl(INADDR_ANY);  // get ip address
        serv_adr.sin_port = htons(atoi(argv[1]));            // get port num

        if (bind(serv_sock, (struct sockaddr*)&serv_adr, sizeof(serv_adr)) == -1)
                error_handling("bind() error");
```

```
if (listen(serv_sock, NUM_OF_QUEUE) == -1)
  error_handling("listen() error");

clnt_adr_sz = sizeof(clnt_adr);

clnt_sock = accept(serv_sock, (struct sockaddr*)&clnt_adr, &clnt_adr_sz);

printf("Connected IP : %s₩n₩n", inet_ntoa(clnt_adr.sin_addr));

setupwiringPiGpio();

initLed();
initPIR();
initRecord();

while(1)
{
  if(readBufSize = read(clnt_sock, rcv_buf, BUF_SIZE) != -1)
  {
          if(rcv_buf[0] == PKT_STX)
          {
                  if(rcv_buf[1] == CMD_SENSOR_REQ)
                  {
                          if(rcv_buf[4] == PKT_ETX)
                          {
                                  getData = getSensorData();
                                  controlLed(getData);
                                  controlRecord(getData);

                                  getData_lsb = (getData & 0xff);
                                  getData_msb = ((getData>>8) & 0xff);

                                  snd_buf[0] = PKT_STX;
                                  snd_buf[1] = CMD_SENSOR_RES;
                                  snd_buf[2] = getData_lsb;
                                  snd_buf[3] = getData_msb;
                                  snd_buf[4] = PKT_ETX;

                                  write(clnt_sock, snd_buf, BUF_SIZE);
                          }
```

```
                        }
                }
        }
        else {
                write(clnt_sock, snd_buf, BUF_SIZE);
                break;
        }
    }
    close(clnt_sock);
    close(serv_sock);
    printf("Transmission terminated.₩n");
    printf("Disconnected(IP : %s)₩n₩n", inet_ntoa(clnt_adr.sin_addr));
    return 0;
}
void error_handling(char *message)
{
    fputs(message, stderr);
    fputc('₩n', stderr);
    exit(1);
}
```

◆ intrusionDetection.h

```
#ifndef __INTRUSIONDETECTION_H__
#define __INTRUSIONDETECTION_H__

int setupwiringPiGpio(void);
int getSensorData(void);
int controlLed(int motion);
int controlRecord(int motion);

#endif  /* __INTRUSIONDETECTION_H__ */
```

◆ intrusionDetection.c

```
#include "intrusionDetection.h"
#include "motion.h"
#include "led.h"
#include "audioRecord.h"

int setupwiringPiGpio(void)
```

```
{
        if(wiringPiSetupGpio() == -1)
        return 1;
}

int getSensorData(void)
{
        int detectionFlag;

        detectionFlag = controlPIR();

        return detectionFlag;
}


int controlLed(int motion)
{
        if(motion == HIGH) {
           LedOn(RED);
           delay(500);
           LedOff(RED);
           delay(500);
        }
        return 0;
}

int controlRecord(int motion)
{
        if(motion == HIGH) {
           playVoice();
        }
        return 0;
}
```

◆ motion.h

```
#ifndef __MOTION_H__
#define __MOTION_H__

#include <stdio.h>
```

```
#include <wiringPi.h>

#define PIR_OUT   22

int controlPIR(void);
int initPIR(void);

#endif  /* __MOTION_H__ */
```

◆ motion.c

```
#include "motion.h"

int initPIR(void)
{
        printf("PIR Initialization₩n");
        pinMode(PIR_OUT, INPUT);

        return 0;
}

int g_nPirState = LOW;
int g_nPirValue = 0;
int controlPIR(void)
{
        g_nPirValue = digitalRead(PIR_OUT);

        if(g_nPirValue == HIGH) {
           if(g_nPirState == LOW) {
                       printf("Motion detected!₩n");
                       g_nPirState = HIGH;
           }
        }
        else {
           if(g_nPirState == HIGH) {
                       printf("Motion ended.₩n");
                       g_nPirState = LOW;
           }
        }
        return g_nPirState;
}
```

◆ audioRecord.h

```
#ifndef __AUDIORECORD_H__
#define __AUDIORECORD_H__

#include <wiringPi.h>
#include <stdio.h>

#define REC             11
#define PLAYE    9
#define PLAYL    10

int initRecord(void);
void playVoice(void);

#endif  /* __AUDIORECORD_H__ */
```

◆ audioRecord.c

```
#include "audioRecord.h"

int initRecord(void)
{
        printf("Audio Record Initialization₩n");
        pinMode(REC, OUTPUT);
        pinMode(PLAYE, OUTPUT);
        pinMode(PLAYL, OUTPUT);
}

void playVoice(void)
{
        printf("play Voice₩n");
        digitalWrite(PLAYE, 1);
        delay(3000);
        digitalWrite(PLAYE, 0);
}
```

◆ led.h

```
#ifndef __LED_H__
#define __LED_H__
```

```
#include <wiringPi.h>
#include <stdio.h>

#define LED_RED_PIN                6
#define LED_GREEN_PIN              11

#define RED              1
#define GREEN            0

int initLed(void);
void LedOn(int color);
void LedOff(int color);

#endif  /* __LED_H__ */
```

◆ led.c

```
#include "led.h"

int initLed(void) {
        printf("LED Initialization₩n");

        pinMode(LED_RED_PIN, OUTPUT);
        pinMode(LED_GREEN_PIN, OUTPUT);

        digitalWrite(LED_RED_PIN, LOW);
        digitalWrite(LED_GREEN_PIN, LOW);
        return 0;
}

void LedOn(int color) {
        if(color == 1) {                  // RED
           digitalWrite(LED_RED_PIN, HIGH);
        }
        else{
           digitalWrite(LED_GREEN_PIN, HIGH);
        }
}

void LedOff(int color) {
```

```
        if(color == 1) {                    // RED
            digitalWrite(LED_RED_PIN, LOW);
        }
        else {
            digitalWrite(LED_GREEN_PIN, LOW);
        }
}
```

6.5.3 안드로이드 앱

Android Studio를 실행하여 'Start a new Android Studio project' 메뉴 버튼을 누르고, 'Application name'은 RaspNetworkClient_Intrusion으로 입력한다. 'Company domain'과 'Project location'을 입력하고 'Next' 버튼을 누른다. 디바이스 형태 (form factors) 및 SDK 창에서는 'phone and tablet'을 선택하고, 안드로이드 OS 버전은 'API 14: Android 4.0 (IceCreamSandwich)'를 선택한다. 단, 안드로이드 OS 버전은 설치할 안드로이드 기기의 OS 버전에 맞추어 선택할 수 있다. 앱의 activity 화면 창에서는 'Basic Activity'를 선택한다. activity 설정 창에서는 activity 클래스의 명칭을 NetworkClientActivity로 변경하고, 'Finish' 버튼을 눌러서 Project 생성을 완료한다.

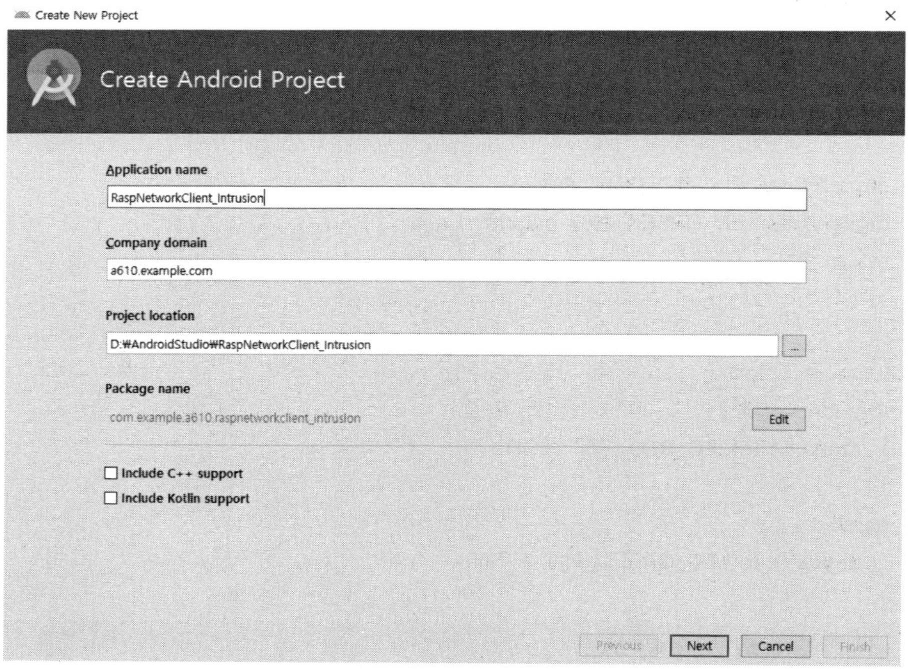

그림 6-55 'RaspNetworkClient_Intrusion' project 생성 화면

본 IoT 시스템에서 안드로이드 스마트기기는 라즈베리파이와 Wi-Fi를 이용한 TCP/IP 통신을 통해서 데이터를 송수신한다. 라즈베리파이가 서버 역할을 하며, 안드로이드 스마트기기는 클라이언트 역할을 하게 된다. 따라서 안드로이드 앱은 TCP/IP Socket 객체를 생성하여 서버와 연결하도록 프로그램을 작성해야 한다. 이를 위해 안드로이드 앱의 Activity는 서버 IP를 설정하는 것과 수신된 값을 모니터링 하는 것으로 구성한다. 세부적인 절차는 다음과 같다.

(1) 서버 IP 설정

app/res/layout 폴더에서 마우스 오른쪽 클릭하여 New 〉 Layout resource file을 선택하여 layout을 생성한다. 'File name'은 activity_server_set으로 입력하고 'OK' 버튼을 누른다. activity_server_set.xml 파일이 생성되면, Text 탭으로 이동하여 서버 설정을 위한 TextView와 EditText 그리고 Button을 생성하기 위해 본 교재에서 제공하는 소스 코드로 변경한다.

(2) 클라이언트 동작 설정

클라이언트 동작을 위한 TextView 4개, Button 2개, ImageView 1개를 생성하기 위해서 activity_network_client.xml 파일을 선택하고 Text 탭으로 이동하여 본 교재에서 제공하는 소스 코드로 변경한다.

(3) 디자인 파일 추가

Layout 소스코드 입력을 완료하면 Layout 배경화면과 버튼 스타일, 삽입되는 그림 등 디자인 파일들이 필요하다. 추가하는 그림 파일들은 생성한 project 폴더 내의 app/src/main/res/drawable 폴더에 복사한다. 복사하는 파일들은 Layout 소스코드 내에서 파일 이름을 참조하므로 다음 파일명과 동일해야 한다. 파일 복사를 완료하면 그림 6-56과 같이 Android Studio 프로젝트 뷰의 app/res/drawable 폴더에 파일이 추가된 것을 확인할 수 있다.

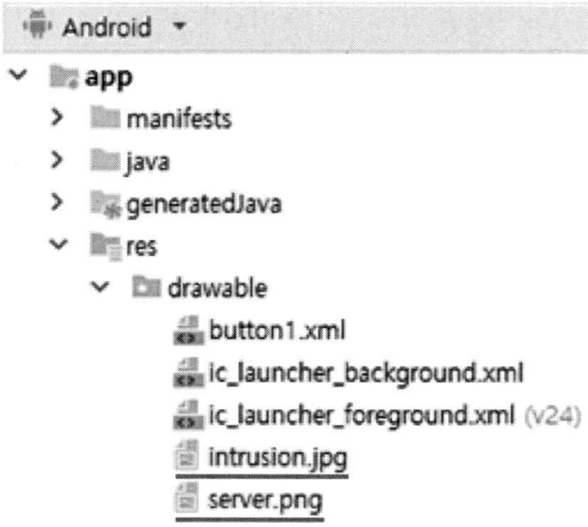

그림 6-56 침입 감지 시스템 디자인 파일 추가한 프로젝트 뷰

버튼 모양을 나타내는 drawable 파일은 app/src/main/res/drawable 폴더를 마우스 오른쪽 클릭하여 New 〉 Drawable resource file을 선택하여 생성한다. 'File name'은 button1으로 입력하고 'OK' 버튼을 누른다. button1.xml 파일이 생성되면, Text 탭으로 이동하여 소스코드를 입력한다. 버튼 스타일은 app/res/values 폴더의 styles.xml 파일을 본 교재에서 제공하는 소스코드로 변경하여 수정한다.

폭과 높이 치수는 app/res/values 폴더의 dimens.xml 파일을 본 교재에서 제공하는 소스코드로 변경하여 수정한다. 또한, string은 app/res/values 폴더의 strings.xml 파일을 본 교재에서 제공하는 소스코드로 변경하여 수정한다.

button1.xml

styles.xml

dimens.xml

strings.xml

Layout 설정과 디자인 파일 추가를 완료하면 layout 디자인을 확인한다. 프로젝트 뷰의 app/res/layout 폴더의 layout 파일을 선택하고 디자인 탭을 클릭하면 layout이 나타난다.

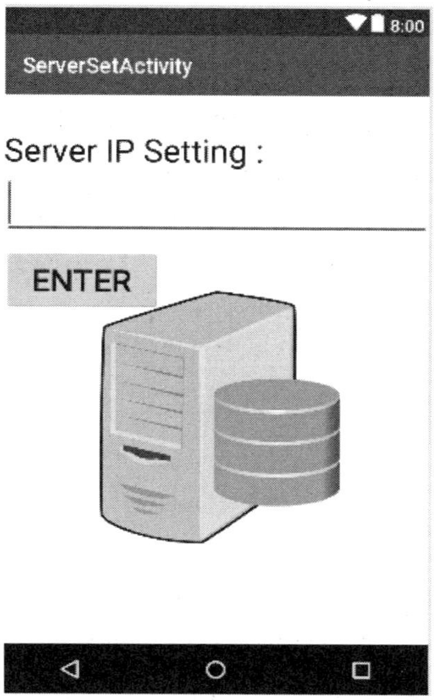

그림 6-57 침입 감지 시스템 'activity_server_set' layout 디자인

그림 6-58 침입 감지 시스템 'activity_network_client' layout 디자인

(4) Activity 생성 및 제어

app/java 폴더 아래에서 package 명칭의 폴더를 선택하고 java 파일을 열어서 Activity의 Button이나 TextView, ImageView 등 위젯들(Widgets)과 각 Activity의 동작을 제어하기 위한 프로그램을 작성한다. 본 project에서는 2개의 Activity와 1개의 제어를 위한 java 파일이 생성되어야 한다. 네트워크 클라이언트 Activity를 위한 "NetworkClientActivity"파일이 생성되어 있으므로, java 파일 2개를 신규로 생성해야 한다. java 파일은 package 명칭 폴더를 마우스 오른쪽 버튼 클릭하고, New 〉 Java Class를 선택하여 신규 생성할 수 있다. 신규 생성하는 java 파일의 명칭은 "ServerSetActivity", "NetManager"로 한다. java 파일이 생성되면, 파일을 선택하고 Text 탭으로 이동하여 본 교재에서 제공하는 소스 코드로 변경한다. 단. package 명칭은 생성한 project의 package 명칭으로 수정해야 한다.

(5) Menu 설정

Activity를 생성하는 Java 파일은 안드로이드 기기의 메뉴키를 눌렀을 때, 메뉴키의 동작을 제어하는 파일을 참조한다. 메뉴키 동작을 제어하는 파일은 app/res/menu 폴더에 위치하게 된다. 네트워크 클라이언트의 메뉴키를 위한 "menu_network_client.xml"파일이 생성되어 있으며, 본 교재에서 제공하는 소스코드로 변경하여 수정한다. 서버 설정을 위한 메뉴키 파일은 app/res/menu 폴더를 마우스 오른쪽 버튼 클릭하고, New 〉 Menu resource file를 선택하여 신규 생성할 수 있다. 신규 생성하는 메뉴키 파일의 명칭은 "menu_server_set"으로 하고, 본 교재에서 제공하는 소스 코드로 변경한다.

(6) Manifest 파일 수정

Manifest 파일은 앱에 관한 전체적인 권한 및 설정 등을 포함하고 있다. 앱의 아이콘, 이름, 테마 등을 설정할 수 있으며, 블루투스, 인터넷, 데이터 권한 등의 설정도 가능하다. 또한, Activity의 이름과 라벨도 설정 가능하다. Manifest 파일은 app/manifests 폴더에 위치하며, 본 교재에서 제공하는 소스 코드로 변경한다. 단. package 명칭은 생성한 project의 package 명칭으로 수정해야 한다.

6.5.4 네트워크 구성 및 동작 확인

시스템 동작 확인을 위한 네트워크를 구성하고, 라즈베리파이가 할당받은 IP 주소를 확인한다. 라즈베리파이는 유무선 공유기와 유선 또는 무선으로 연결할 수 있으며, 터미널 창을 열어서 ipconfig 명령어를 사용하여 IP 주소를 확인할 수 있다. 안드로이드 클라이언트의 앱에서 서버 IP 주소를 변경하여 연결한다.

그림 6-59에서와 같이 터미널 창에서 6.5.2에서 소개한 응용 프로그램 예제를 실행하면, 안드로이드 클라이언트의 연결을 기다리며 대기하게 된다. 안드로이드 클라이언트의 앱에서 서버 IP 주소를 입력하고 'CONNECTION' 버튼을 누르면 라즈베리파이 터미널 창에서 연결된 안드로이드 클라이언트의 IP주소가 표시되면서 라즈베리파이와 안드로이드 클라이언트가 연결된다. PIR 동작 감지 센서가 움직임을 감지하면 터미널 창에 "Motion detected!" 문장이 출력되고, 빨간색 LED가 점멸하고, voice record 모듈에서 침입 경고 메시지가 재생되면서 터미널 창에 "play Voice" 문장이 출력된다. 움직임이 감지되지 않으면 터미널 창에 "Motion ended" 문장이 출력된다. PIR 동작 감지 센서에 의한 움직임 감지 여부는 안드로이드 클라이언트로 전송되어, 앱에서 확인할 수 있다.

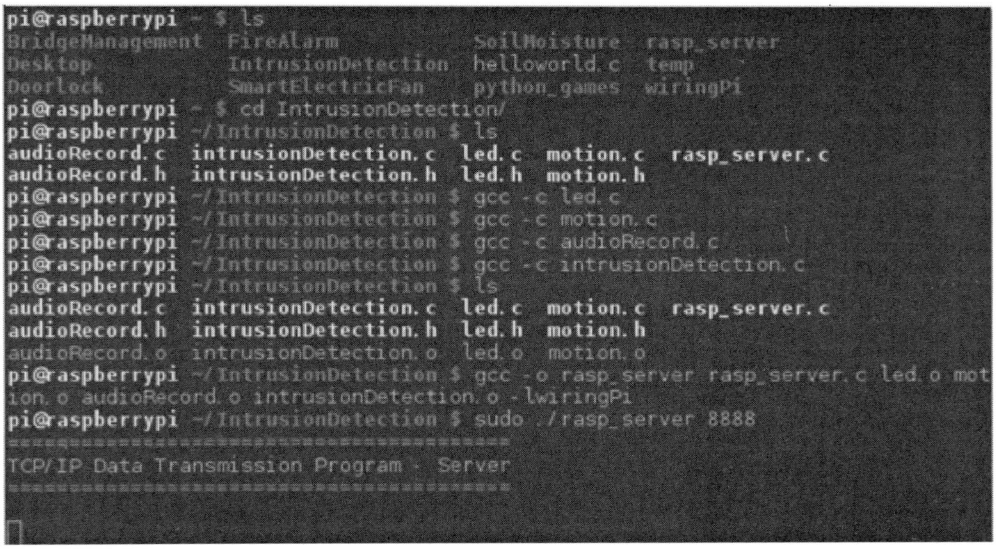

그림 6-59 침입 감지 시스템 프로그램 컴파일/빌드 및 실행 방법

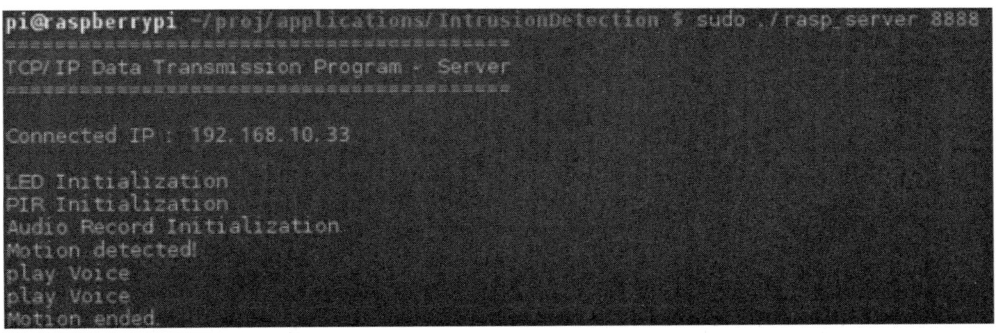

그림 6-60 침입 감지 시스템 실행 - 터미널 창 화면

안드로이드 클라이언트 앱을 실행하는 과정은 다음과 같다. 6.5.3에서 생성한 project의 빌드가 에러 없이 완료되면 안드로이드 project를 생성할 때 지정한 경로에서 app₩build₩outputs₩apk 폴더 안에 안드로이드 클라이언트에 앱을 설치하기 위한 apk 파일이 생성된다. apk 파일은 사용하는 안드로이드 클라이언트 기기에 따라서 다르므로, 본 교재에서는 에뮬레이터를 이용하여 동작을 확인한다. 응용 프로그램을 실행하기 위해 상단 툴바에서 삼각형 모양의 Run 'app' 버튼을 누르거나, Run 메뉴에서 Run 'app'을 선택한다. 응용 프로그램을 어떤 에뮬레이터에서 구동할지 선택하는 창이 생성되면, 안드로이드 OS 버전이 Android 9.0 (Pie)인 가상 장치를 선택하여 실행한다. 그림 6-61은 RaspNetworkClient_Intrusion 안드로이드 앱의 초기 화면이다. 'SERVER SETTING' 버튼을 누르고 서버의 IP 주소를 입력한 다음, 'CONNECTION' 버튼을 누른다. 서버와 연결이 되면 'CONNECTION' 버튼이 비활성화 되면서 "Connected" 문구가 표시된다. 그리고 라즈베리파이 서버에서 침입 감지 여부에 대한 값을 받아서 주기적으로 표시한다. "Sensing Value"의 값은 평상시에는 0 이며, 침입 감지 시에는 1로 바뀌게 된다. 정상적으로 서버와 연결되지 않는 경우, 네트워크 상태나 프로그램의 정상 작동 여부를 확인한다. 입력한 서버 IP 주소를 확인하고, ping 테스트를 통해 라즈베리파이와 안드로이드 클라이언트 사이의 네트워크가 정상적으로 연결되어 있는지 확인한다.

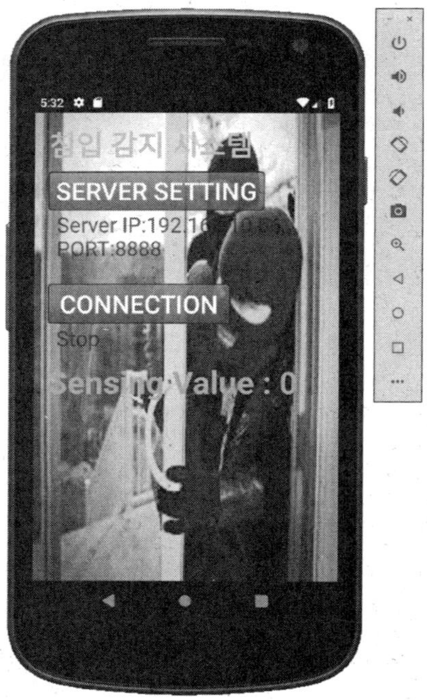

그림 6-61 RaspNetworkClient_Intrusion 안드로이드 앱 초기 화면

그림 6-62 RaspNetworkClient_Intrusion 안드로이드 앱 침입 감지 상태 화면

6.6 화분 수분관리 시스템

학습목표	• 화분 수분관리 시스템을 설계 및 구축할 수 있다.

6.6.1 시스템 구성

화분 수분관리 시스템은 화분 내 토양의 습도를 확인하여 LED와 buzzer를 통해 알리고, 안드로이드 클라이언트 앱과 연동하여 화분의 토양 습도를 모니터링 할 수 있는 시스템이다. 시스템 구성을 위해 필요한 장비 및 공구는 다음과 같다. 본 교재에서는 라즈베리파이 기반의 실습 키트인 mCube-IoT를 사용하여 시스템 구성 방법을 설명한다.

- 라즈베리파이 기반의 보드 또는 실습 키트 (예) mCube-IoT)
- 토양 수분 센서(Soil moisture sensor)
- Active buzzer brick
- 5mm LED brick
- 컴퓨터, 모니터, 키보드, 마우스

- Micro USB 케이블, HDMI 케이블
- Jumper 케이블
- DC 5V/3A Adaptor

그림 6-63은 라즈베리파이와 토양 수분 센서, active buzzer brick, 그리고 5mm LED brick을 연결한 시스템 구성을 보여주고 있으며, 결선 방법은 표 6-10과 같다.

표 6-10 화분 수분관리 시스템 연결 핀 맵

Raspberry Pi	토양 수분 센서	Active buzzer brick	5mm LED brick
Analog ln0 S	S		
Analog ln0 V	V		
Analog ln0 G	G		
GPIO17		S	
Analog ln5 V		V	
Analog ln5 G		G	
GPIO4			S
Analog ln4 V			V
Analog ln4 G			G

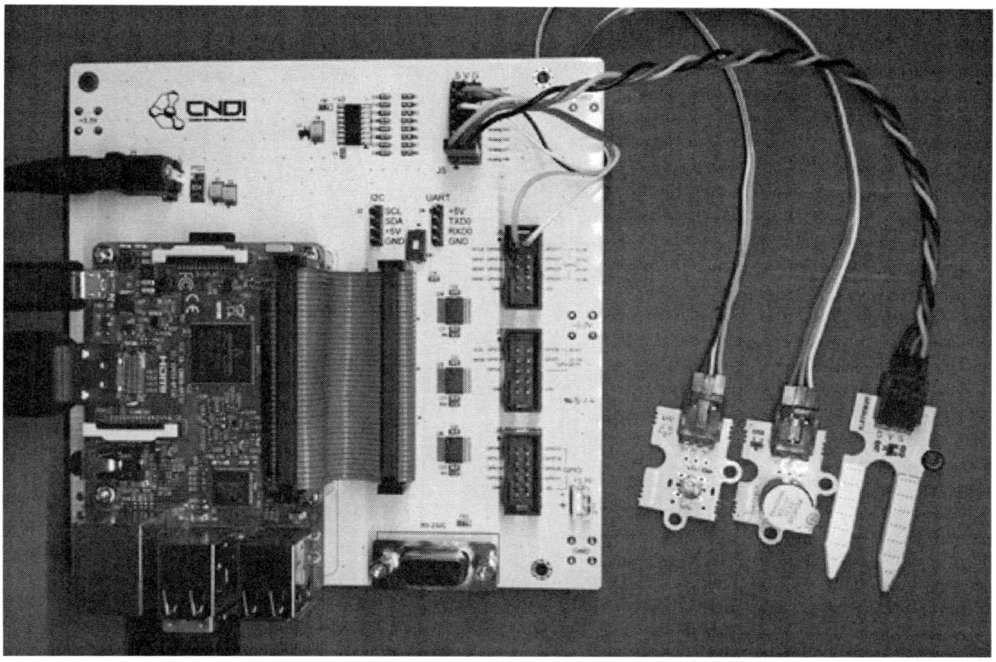

그림 6-63 화분 수분관리 시스템 구성

6.6.2 라즈베리파이 프로그래밍

라즈베리파이 응용 프로그램은 nano 에디터를 사용하여 작성하며, 폴더를 생성하여 파일 관리를 한다. 화분 수분관리 시스템의 동작 과정은 다음과 같다. TCP/IP 소켓통신에서 라즈베리파이는 서버 역할을 하게 되며, 프로그램을 실행하고 대기하다가 안드로이드폰 등의 안드로이드 클라이언트가 연결을 시도하면 클라이언트의 IP를 표시하고 연결한다. 토양 수분 센서로부터 화분 토양의 습도 데이터를 받아서 안드로이드 클라이언트로 전달한다.

화분 수분관리 시스템을 구현하기 위한 라즈베리파이 응용 프로그램 예제는 다음과 같다.

- 토양 수분 센서를 이용하여 화분 내 토양의 습도를 실시간으로 확인하고, serial 통신으로 값을 전송하여 터미털 창에 출력한다.
- 측정된 습도가 미리 정해놓은 기준치보다 작으면, buzzer를 울리고 LED를 점등한다.
- 측정된 화분 토양의 습도값은 Wi-Fi TCP/IP 소켓통신을 이용하여 안드로이드 클라이언트로 전송한다.

표 6-11 화분 수분관리 시스템 라즈베리파이 용용 프로그램 파일 예제

폴더명	파일명
SoilMoisture	rasp_server.c
	sensor.h
	SoilMoisture.c

◆ rasp_server.c

```
#include <stdio.h>
#include <stdlib.h>
#include <string.h>
#include <unistd.h>
#include <arpa/inet.h>
#include <sys/socket.h>
#include "sensor.h"

#define BUF_SIZE            5
#define INIT_VAL_OF_MEM  0
#define NUM_OF_ARGC                 2
#define PROTOCOL_TYPE               0
#define NUM_OF_QUEUE                5
#define DATA_SIZE                   1

#define PKT_STX             0x01
#define PKT_ETX             0x05

#define CMD_SENSOR_REQ 0x10
#define CMD_SENSOR_RES 0x90

int getSensorData(void);
void error_handling(char *message);

void main(int argc, char *argv[])
{
        int serv_sock, clnt_sock;
        FILE * fp;
        char snd_buf[BUF_SIZE];
        char rcv_buf[BUF_SIZE];
```

```
int read_cnt;
int readBufSize;

struct sockaddr_in serv_adr, clnt_adr;
socklen_t clnt_adr_sz;

int getData;
char getData_msb = 0;
char getData_lsb = 0;

printf("========================================₩n");
printf("TCP/IP Data Transmission Program - Server₩n");
printf("========================================₩n₩n");

// check port info
if(argc != NUM_OF_ARGC) {
  printf("Usage: %s 〈port〉₩n", argv[0]);
  exit(1);
}

serv_sock =  socket(PF_INET, SOCK_STREAM, PROTOCOL_TYPE);
if (serv_sock == -1)
        error_handling("socket() error");

memset(&serv_adr, INIT_VAL_OF_MEM, sizeof(serv_adr));

serv_adr.sin_family = AF_INET;
serv_adr.sin_addr.s_addr = htonl(INADDR_ANY);  // get ip address
serv_adr.sin_port = htons(atoi(argv[1]));          // get port num

if (bind(serv_sock, (struct sockaddr*)&serv_adr, sizeof(serv_adr)) == -1)
        error_handling("bind() error");

if (listen(serv_sock, NUM_OF_QUEUE) == -1)
  error_handling("listen() error");

clnt_adr_sz = sizeof(clnt_adr);

clnt_sock = accept(serv_sock, (struct sockaddr*)&clnt_adr, &clnt_adr_sz);
```

```
        printf("Connected IP : %s₩n₩n", inet_ntoa(clnt_adr.sin_addr));

        setupwiringPiGpio();

        while(1)
        {
          if(readBufSize = read(clnt_sock, rcv_buf, BUF_SIZE) != -1) {
                    if(rcv_buf[0] == PKT_STX)  {
                              if(rcv_buf[1] == CMD_SENSOR_REQ) {
                                        if(rcv_buf[4] == PKT_ETX)  {
                                                  getData = getSensorData();
                                                  getData_lsb = (getData & 0xff);
                                                  getData_msb = ((getData>>8) & 0xff);

                                                  snd_buf[0] = PKT_STX;
                                                  snd_buf[1] = CMD_SENSOR_RES;
                                                  snd_buf[2] = getData_lsb;
                                                  snd_buf[3] = getData_msb;
                                                  snd_buf[4] = PKT_ETX;

                                                  write(clnt_sock, snd_buf, BUF_SIZE);
                                        }
                              }
                    }
          }
          else {
                    write(clnt_sock, snd_buf, BUF_SIZE);
                    break;
          }
        }
        close(clnt_sock);
        close(serv_sock);
        printf("Transmission terminated.₩n");
        printf("Disconnected(IP : %s)₩n₩n", inet_ntoa(clnt_adr.sin_addr));
}

void error_handling(char *message)
{
        fputs(message, stderr);
        fputc('₩n', stderr);
```

```
        exit(1);
}
```

◆ sensor.h

```
#ifndef __SENSOR_H__
#define  __SENSOR_H__

int setupwiringPiGpio(void);
int getSensorData(void);

#endif
```

◆ SoilMoisture.c

```
#include <stdio.h>
#include <string.h>
#include <errno.h>

#include <wiringPi.h>
#include <wiringPiSPI.h>

#define CS_MCP3208        8              //GPIO 8 (SPI_CE0_N)
#define SPI_CHANNEL       0              //SPI Channel
#define SPI_SPEED         1000000        //spi speed
#define LED_PIN           4
#define BUZZER_PIN        17
#define MOISTURE_LEVEL    300
#define ON        1
#define OFF       0


int setupwiringPiGpio(void)
{
        if(wiringPiSetupGpio() == -1)
        return 1;
}

int ReadMcp3208ADC(unsigned char adcChannel)
{
        unsigned char buff[3];
```

```
        int nAdcValue = 0;

        buff[0] = 0x06 | ((adcChannel & 0x07) >> 2);
        buff[1] = ((adcChannel & 0x07)<<6);
        buff[2] = 0x00;

        digitalWrite(CS_MCP3208,0);              //low cs Active

        wiringPiSPIDataRW(SPI_CHANNEL, buff, 3);

        //8bit data
        buff[1] = 0x0F & buff[1];
        nAdcValue = (buff[1]<<8) | buff[2];

        //spi chip Select command
        digitalWrite(CS_MCP3208, 1);

        return nAdcValue;
}

void playBuzzer(unsigned char status)
{
        int i;
        if (status == 1) {
           digitalWrite(BUZZER_PIN, HIGH);
           delay(10);
           digitalWrite(BUZZER_PIN, LOW);
           delay(10);
        }
}

void turnOnLED(unsigned char status)
{
        int i;
        if (status == 1) {
           digitalWrite(LED_PIN, HIGH);
           delay(500);
           digitalWrite(LED_PIN, LOW);
           delay(500);
        }
```

```
}

int getSensorData(void)
{
        int nAdcChannel = 0;
        int nAdcValue = 0;

        if(wiringPiSPISetup(SPI_CHANNEL, SPI_SPEED) == -1) {
          fprintf(stdout, "wiringPiSPISetup Failed: %s₩n", strerror(errno));
          return 1;
        }

        // SPI Init
        pinMode(CS_MCP3208, OUTPUT);

        // LED Init
        pinMode(LED_PIN, OUTPUT);              // LED PIN OUTPUT SET
        digitalWrite(LED_PIN, LOW);            // LED OFF

        // BUZZER Init
        pinMode(BUZZER_PIN, OUTPUT);                     // BUZZER PIN OUTPUT SET
        digitalWrite(BUZZER_PIN, LOW);                   // BUZZER OFF

        nAdcValue = ReadMcp3208ADC(nAdcChannel);              //sensorRead
        printf("Soil Moisture Sensor Value = %u₩n", nAdcValue);

        if (nAdcValue < MOISTURE_LEVEL) {
                     playBuzzer(ON);             // BUZZER ON
                     turnOnLED(ON);              // LED ON
        }
        else {
                     playBuzzer(OFF);  // BUZZER OFF
                     turnOnLED(OFF);             // LED OFF
        }
        return nAdcValue;
}
```

6.6.3 안드로이드 앱

Android Studio를 실행하여 'Start a new Android Studio project' 메뉴 버튼을 누르고, 'Application name'은 RaspNetworkClient_SoilMoisture으로 입력한다. 'Company domain'과 'Project location'을 입력하고 'Next' 버튼을 누른다. 디바이스 형태 (form factors) 및 SDK 창에서는 'phone and tablet'을 선택하고, 안드로이드 OS 버전은 'API 14: Android 4.0 (Ice CreamSandwich)'를 선택한다. 단, 안드로이드 OS 버전은 설치할 안드로이드 기기의 OS 버전에 맞추어 선택할 수 있다. 앱의 activity 화면 창에서는 'Basic Activity'를 선택한다. activity 설정 창에서는 activity 클래스의 명칭을 NetworkClientActivity로 변경하고, 'Finish' 버튼을 눌러서 Project 생성을 완료한다.

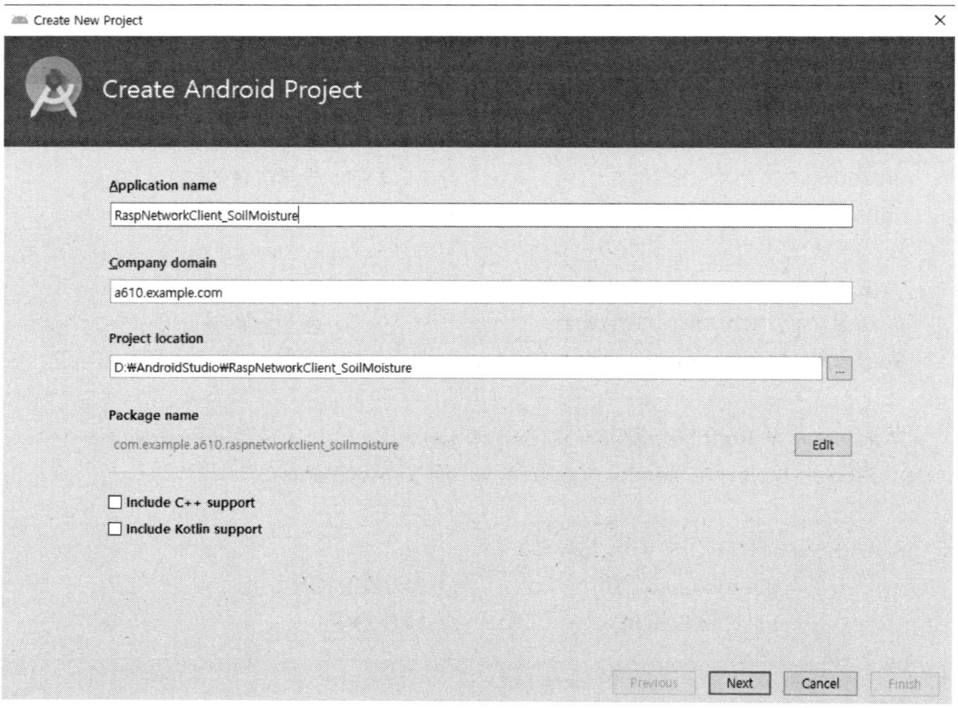

그림 6-64 'RaspNetworkClient_SoilMoisture' project 생성 화면

본 IoT 시스템에서 안드로이드 스마트기기는 라즈베리파이와 Wi-Fi를 이용한 TCP/IP 통신을 통해서 데이터를 송수신한다. 라즈베리파이가 서버 역할을 하며, 안드로이드 스마트기기는 클라이언트 역할을 하게 된다. 따라서 안드로이드 앱은 TCP/IP Socket 객체를 생성하여 서버와 연결하도록 프로그램을 작성해야 한다. 이를 위해 안드로이드 앱의 Activity는 서버 IP를 설정하는 것과 수신된 값을 모니터링 하는 것으로 구성한다. 세부적인 절차는 다음과 같다.

(1) 서버 IP 설정

app/res/layout 폴더에서 마우스 오른쪽 클릭하여 New 〉 Layout resource file을 선택하여 layout을 생성한다. 'File name'은 activity_server_set으로 입력하고 'OK' 버튼을 누른다. activity_server_set.xml 파일이 생성되면, Text 탭으로 이동하여 서버 설정을 위한 TextView와 EditText, 그리고 Button을 생성하기 위해 본 교재에서 제공하는 소스 코드로 변경한다.

(2) 클라이언트 동작 설정

클라이언트 동작을 위한 TextView 4개, Button 2개, ImageView 1개를 생성하기 위해서 activity_network_client.xml 파일을 선택하고 Text 탭으로 이동하여 본 교재에서 제공하는 소스 코드로 변경한다.

(3) 디자인 파일 추가

Layout 소스코드 입력을 완료하면 Layout 배경화면과 버튼 스타일, 삽입되는 그림 등 디자인 파일들이 필요하다. 추가하는 그림 파일들은 생성한 project 폴더 내의 app/src/main/res/drawable 폴더에 복사한다. 복사하는 파일들은 Layout 소스코드 내에서 파일 이름을 참조하므로 다음 파일명과 동일해야 한다. 파일 복사를 완료하면 그림 6-65와 같이 Android Studio 프로젝트 뷰의 app/res/drawable 폴더에 파일이 추가된 것을 확인할 수 있다.

버튼 모양을 나타내는 drawable 파일은 app/src/main/res/drawable 폴더를 마우스 오른쪽 클릭하여 New 〉 Drawable resource file을 선택하여 생성한다. 'File name'은 button1으로 입력하고 'OK' 버튼을 누른다. button1.xml 파일이 생성되면, Text 탭으로 이동하여 소스코드를 입력한다. 버튼 스타일은 app/res/values 폴더의 styles.xml 파일을 본 교재에서 제공하는 소스코드로 변경하여 수정한다.

폭과 높이 치수는 app/res/values 폴더의 dimens.xml 파일을 본 교재에서 제공하는 소스코드로 변경하여 수정한다. 또한, string은 app/res/values 폴더의 strings.xml 파일을 본 교재에서 제공하는 소스코드로 변경하여 수정한다.

Layout 설정과 디자인 파일 추가를 완료하면 layout 디자인을 확인한다. 프로젝트 뷰의 app/res/layout 폴더의 layout 파일을 선택하고 디자인 탭을 클릭하면 layout이 나타난다.

그림 6-65 화분 수분관리 시스템 디자인 파일 추가한 프로젝트 뷰

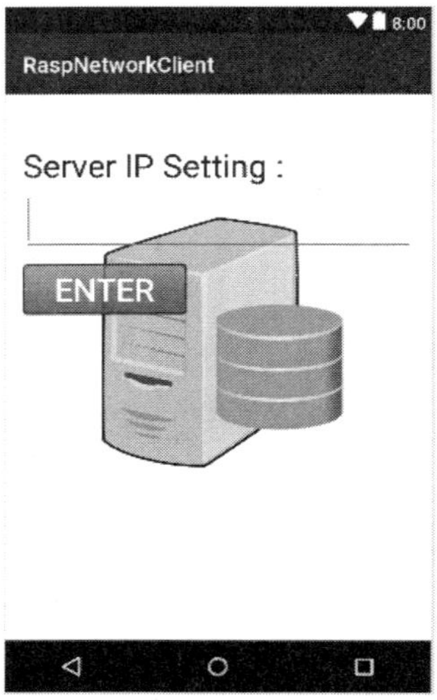

그림 6-66 화분 수분관리 시스템 'activity_server_set' layout 디자인

그림 6-67 화분 수분관리 시스템 'activity_network_client' layout 디자인

(4) Activity 생성 및 제어

app/java 폴더 아래에서 package 명칭의 폴더를 선택하고 java 파일을 열어서 Activity의 Button이나 TextView, ImageView 등 위젯들(Widgets)과 각 Activity의 동작을 제어하기 위한 프로그램을 작성한다. 본 project에서는 2개의 Activity와 1개의 제어를 위한 java 파일이 생성되어야 한다. 네트워크 클라이언트 Activity를 위한 "NetworkClientActivity"파일이 생성되어 있으므로, java 파일 2개를 신규로 생성해야 한다. java 파일은 package 명칭 폴더를 마우스 오른쪽 버튼 클릭하고, New 〉 Java Class를 선택하여 신규 생성할 수 있다. 신규 생성하는 java 파일의 명칭은 "ServerSetActivity", "NetManager"로 한다. java 파일이 생성되면, 파일을 선택하고 Text 탭으로 이동하여 본 교재에서 제공하는 소스 코드로 변경한다. 단. package 명칭은 생성한 project의 package 명칭으로 수정해야 한다.

(5) Menu 설정

Activity를 생성하는 Java 파일은 안드로이드 기기의 메뉴키를 눌렀을 때, 메뉴키의 동작을 제어하는 파일을 참조한다. 메뉴키 동작을 제어하는 파일은 app/res/menu 폴더에 위치하게 된다. 네트워크 클라이언트의 메뉴키를 위한 "menu_network_client.xml"파일이 생성되어 있으며, 본 교재에서 제공하는 소스코드로 변경하여 수정한다. 서버 설정을 위한 메뉴키 파일은 app/res/menu 폴더를 마우스 오른쪽 버튼 클릭하고, New 〉 Menu resource file를 선택하여 신규 생성할 수 있다. 신규 생성하는 메뉴키 파일의 명칭은 "menu_server_set"으로 하고, 본 교재에서 제공하는 소스 코드로 변경한다.

(6) Manifest 파일 수정

Manifest 파일은 앱에 관한 전체적인 권한 및 설정 등을 포함하고 있다. 앱의 아이콘, 이름, 테마 등을 설정할 수 있으며, 블루투스, 인터넷, 데이터 권한 등의 설정도 가능하다. 또한, Activity의 이름과 라벨도 설정 가능하다. Manifest 파일은 app/manifests 폴더에 위치하며, 본 교재에서 제공하는 소스 코드로 변경한다. 단. package 명칭은 생성한 project의 package 명칭으로 수정해야 한다.

6.6.4 네트워크 구성 및 동작 확인

시스템 동작 확인을 위한 네트워크를 구성하고, 라즈베리파이가 할당받은 IP 주소를 확인한다. 라즈베리파이는 유무선 공유기와 유선 또는 무선으로 연결할 수 있으며, 터미널 창을 열어서 ipconfig 명령어를 사용하여 IP 주소를 확인할 수 있다. 안드로이드 클라이언트의 앱에서 서버 IP 주소를 변경하여 연결한다.

그림 6-68에서와 같이 터미널 창에서 6.6.2에서 소개한 응용 프로그램 예제를 실행하면, 안드로이드 클라이언트의 연결을 기다리며 대기하게 된다. 안드로이드 클라이언트의 앱에서 서버 IP 주소를 입력하고 'CONNECTION' 버튼을 누르면 라즈베리파이 터미널 창에서 연결된 안드로이드 클라이언트의 IP주소가 표시되면서 라즈베리파이와 안드로이드 클라이언트가 연결된다. 토양 수분 센서에서 센싱한 화분 토양의 습도 값이 터미널 창에 출력되고, 안드로이드 클라이언트로 전송된다.

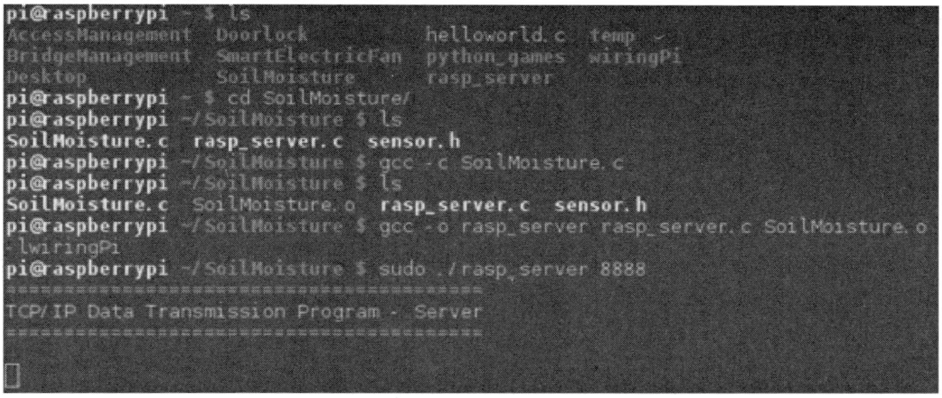

```
pi@raspberrypi ~ $ ls
AccessManagement  Doorlock          helloworld.c  temp
BridgeManagement  SmartElectricFan  python_games  wiringPi
Desktop           SoilMoisture      rasp_server
pi@raspberrypi ~ $ cd SoilMoisture/
pi@raspberrypi ~/SoilMoisture $ ls
SoilMoisture.c  rasp_server.c  sensor.h
pi@raspberrypi ~/SoilMoisture $ gcc -c SoilMoisture.c
pi@raspberrypi ~/SoilMoisture $ ls
SoilMoisture.c  SoilMoisture.o  rasp_server.c  sensor.h
pi@raspberrypi ~/SoilMoisture $ gcc -o rasp_server rasp_server.c SoilMoisture.o
-lwiringPi
pi@raspberrypi ~/SoilMoisture $ sudo ./rasp_server 8888
========================================
TCP/IP Data Transmission Program - Server
========================================
```

그림 6-68 화분 수분관리 시스템 프로그램 컴파일/빌드 및 실행 방법

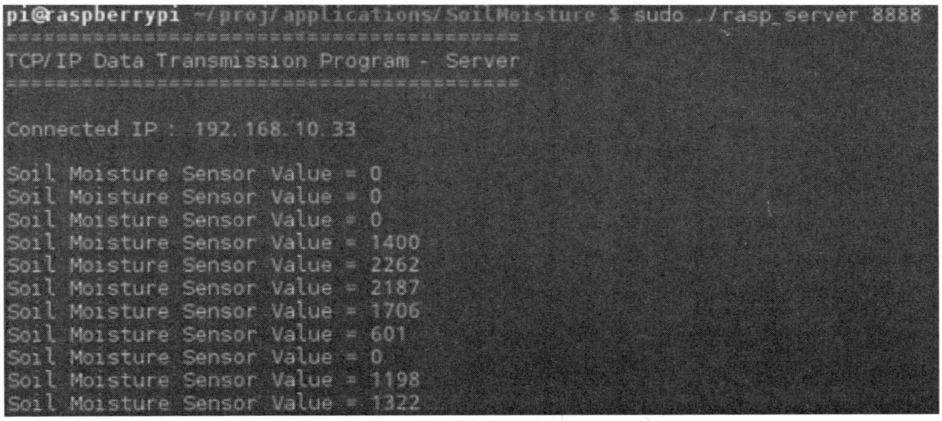

```
pi@raspberrypi ~/proj/applications/SoilMoisture $ sudo ./rasp_server 8888
========================================
TCP/IP Data Transmission Program - Server
========================================

Connected IP : 192.168.10.33

Soil Moisture Sensor Value = 0
Soil Moisture Sensor Value = 0
Soil Moisture Sensor Value = 0
Soil Moisture Sensor Value = 1400
Soil Moisture Sensor Value = 2262
Soil Moisture Sensor Value = 2187
Soil Moisture Sensor Value = 1706
Soil Moisture Sensor Value = 601
Soil Moisture Sensor Value = 0
Soil Moisture Sensor Value = 1198
Soil Moisture Sensor Value = 1322
```

그림 6-69 화분 수분관리 시스템 동작 – 터미널 창 화면

안드로이드 클라이언트 앱을 실행하는 과정은 다음과 같다. 6.6.3에서 생성한 project의 빌드가 에러 없이 완료되면 안드로이드 project를 생성할 때 지정한 경로에서 app₩build₩outputs₩apk 폴더 안에 안드로이드 클라이언트에 앱을 설치하기 위한 apk 파일이 생성된다. apk 파일은 사용하는 안드로이드 클라이언트 기기에 따라서 다르므로, 본 교재에서는 에뮬레이터를 이용하여 동작을 확인한다. 응용 프로그램을 실행하기 위해 상단 툴바에서 삼각형 모양의 Run 'app' 버튼을 누르거나, Run 메뉴에서 Run 'app'을 선택한다. 응용 프로그램을 어떤 에뮬레이터에서 구동할지 선택하는 창이 생성되면. 안드로이드 OS 버전이 Android 9.0 (Pie)인 가상 장치를 선택하여 실행한다. 그림 6-70은 RaspNetworkClient_SoilMoisture 안드로이드 앱의 초기 화면이다. 'SERVER SETTING' 버튼을 누르고 서버의 IP 주소를 입력한 다음, 'CONNECTION' 버튼을 누른다. 서버와 연결이 되면 'CONNECTION' 버튼이 비활성화 되면서 "Connected" 문구가 표시된다. 그리고 라즈베리파이 서버에서 화분 토양의 습도 값을 주기적으

로 표시한다. "Sensing Value"의 값은 평상시에는 0 이며, 토양 수분 센서를 화분의 토양에 닿게 하면 습도 값이 표시된다. 정상적으로 서버와 연결되지 않는 경우, 네트워크 상태나 프로그램의 정상 작동 여부를 확인한다. 입력한 서버 IP 주소를 확인하고, ping 테스트를 통해 라즈베리파이와 안드로이드 클라이언트 사이의 네트워크가 정상적으로 연결되어 있는지 확인한다.

그림 6-70 RaspNetworkClient_SoilMoisture 안드로이드 앱 초기 화면

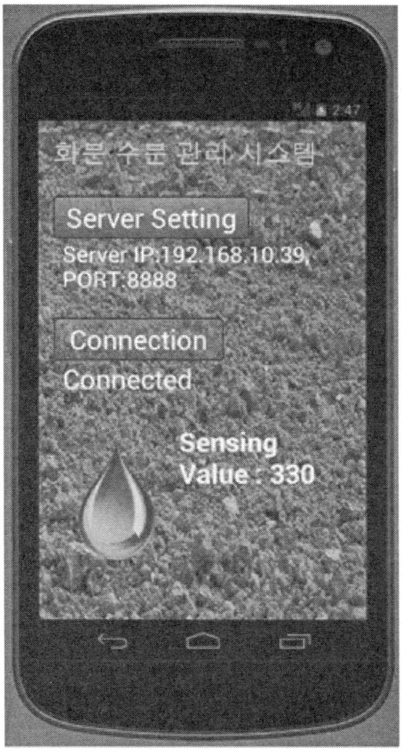

그림 6-71 RaspNetworkClient_SoilMoisture 안드로이드 앱 화면 - 화분 토양의 습도 표시

6.7 심박수 센서를 이용한 헬스케어

학습목표	• 심박수 센서를 이용한 헬스케어 시스템을 설계 및 구축할 수 있다.

6.7.1 시스템 구성

심박수 센서를 이용한 헬스케어 시스템은 사람의 심박수를 체크하여 기준값 이상이 되면 사용자에게 알려주는 시스템이다. 시스템 구성을 위해 필요한 장비 및 공구는 다음과 같다. 본 교재에서는 라즈베리파이 기반의 실습 키트인 mCube-IoT를 사용하여 시스템 구성 방법을 설명한다.

- 라즈베리파이 기반의 보드 또는 실습 키트 (예) mCube-IoT)
- 아두이노 (Arduino)) MEGA ADK

- 심박수 센서(pulse sensor)
- Active buzzer brick
- 컴퓨터, 모니터, 키보드, 마우스
- Micro USB 케이블, HDMI 케이블
- Jumper 케이블
- DC 5V/3A Adaptor

그림 6-72는 라즈베리파이와 아두이노 MEGA ADK, 심박수 센서, active buzzer brick을 연결한 시스템 구성을 보여주고 있으며, 결선 방법은 표 6-12와 같다. 라즈베리파이와 아두이노 MEGA ADK는 A-B Type USB 케이블을 이용하여 연결한다.

표 6-12 심박수 센서를 이용한 헬스케어 시스템 연결 핀 맵

아두이노 MEGA ADK	심박수 센서	Active buzzer brick
A0	S	
5V	+	
GND	-	
GPIO 12		S
5V		V
GND		G

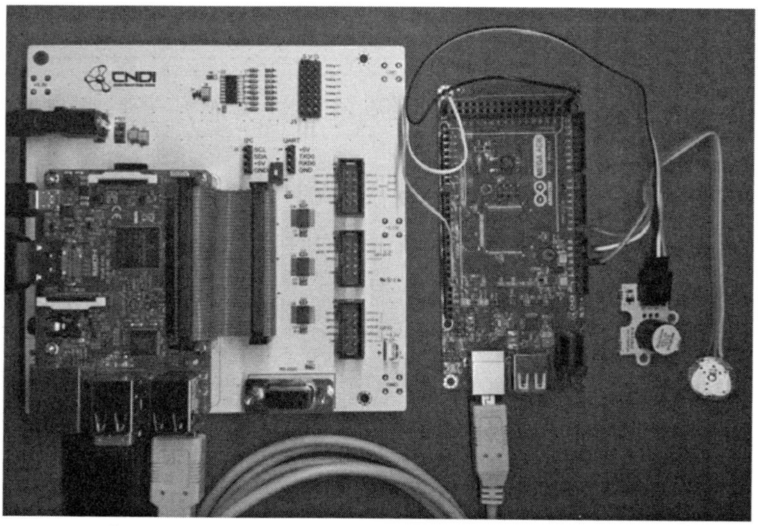

그림 6-72 심박수 센서를 이용한 헬스케어 시스템 구성

6.7.2 아두이노 프로그래밍

아두이노 응용 프로그램은 아두이노 소프트웨어 (Sketch)를 사용하여 작성하며, 폴더를 생성하여 파일 관리를 한다. 심박수 센서를 이용한 헬스케어 시스템의 동작 과정은 다음과 같다.

● 심박수 센서를 이용하여 사람의 심박수를 확인하여 serial 통신으로 터미널 창에 출력하고, 기준치 보다 높으면 부저를 울린다. 본 교재에서 제공하는 소스코드에는 심박수 기준치 기본값이 120으로 설정되어 있다.

심박수 센서를 이용한 헬스케어를 구현하기 위한 아두이노 응용 프로그램 예제는 다음과 같다.

표 6-13 심박수 센서를 이용한 헬스케어 시스템 아두이노 응용 프로그램 파일 예제

폴더명	파일명
PulseSensor	PulseSensor.ino
	Interrupt.ino
	AllSerialHandling.ino

◆ PulseSensor.ino

```
//  Variables
int pulsePin = 0;                 // Pulse Sensor purple wire connected to analog pin 0
int blinkPin = 13;               // pin to blink led at each beat
int fadePin = 5;                  // pin to do fancy classy fading blink at each beat
int fadeRate = 0;                 // used to fade LED on with PWM on fadePin

// Volatile Variables, used in the interrupt service routine!
volatile int BPM;            // int that holds raw Analog in 0. updated every 2mS
volatile int Signal;         // holds the incoming raw data
volatile int IBI = 600;      // int that holds the time interval between beats!
                               // Must be seeded!
volatile boolean Pulse = false;      // "True" when User's live heartbeat is detected.
                                        // "False" when not a "live beat".
volatile boolean QS = false;         // becomes true when Arduoino finds a beat.

// Regards Serial OutPut  -- Set This Up to your needs
```

```
static boolean serialVisual = true;   // Set to 'false' by Default.
        // Re-set to 'true' to see Arduino Serial Monitor ASCII Visual Pulse

void setup(){
  pinMode(blinkPin,OUTPUT);          // pin that will blink to your heartbeat!
  pinMode(fadePin,OUTPUT);           // pin that will fade to your heartbeat!
  Serial.begin(9600);              // we agree to talk fast!
  interruptSetup();                // sets up to read Pulse Sensor signal every 2mS
}

//  Where the Magic Happens
void loop(){
    serialOutput();

  if (QS == true){        // A Heartbeat Was Found
                       // BPM and IBI have been Determined
                       // Quantified Self "QS" true when arduino finds a heartbeat
        digitalWrite(blinkPin,HIGH);      // Blink LED, we got a beat.
        fadeRate = 255;        // Makes the LED Fade Effect Happen
                            // Set 'fadeRate' Variable to 255 to fade LED with pulse
        serialOutputWhenBeatHappens();     // A Beat Happened, Output that to serial.

        QS = false;                      // reset the Quantified Self flag for next time
  }

  ledFadeToBeat();                        // Makes the LED Fade Effect Happen
  delay(20);                             // take a break
}

void ledFadeToBeat(){
    fadeRate -= 15;                          // set LED fade value
      // keep LED fade value from going into negative numbers!
    fadeRate = constrain(fadeRate,0,255);
    analogWrite(fadePin,fadeRate);            //  fade LED
  }
```

◆ AllSerialHandling.ino

```
#define BUZZER_PIN 12
#define ALRAM_LEVEL 120
```

```
//////////
/////////  All Serial Handling Code,
/////////  It's Changeable with the 'serialVisual' variable
/////////  Set it to 'true' or 'false' when it's declared at start of code.
/////////

void serialOutput(){   // Decide How To Output Serial.
 if (serialVisual == true){
     arduinoSerialMonitorVisual('-', Signal);   // goes to function that makes Serial Monitor
Visualizer
 } else{
      sendDataToSerial('S', Signal);      // goes to sendDataToSerial function
 }
}

//  Decides How To OutPut BPM and IBI Data
void serialOutputWhenBeatHappens(){
 if (serialVisual == true){        //  Code to Make the Serial Monitor Visualizer Work
    Serial.print(BPM);
 } else{
        sendDataToSerial('B',BPM);  // send heart rate with a 'B' prefix
        sendDataToSerial('Q',IBI);    // send time between beats with a 'Q' prefix
 }
 if(BPM>ALRAM_LEVEL)
 {
    digitalWrite(BUZZER_PIN,HIGH);
    delay(1000);
    digitalWrite(BUZZER_PIN,LOW);
 }
 else
 {
  digitalWrite(BUZZER_PIN,LOW);
 }
}

// Sends Data to Pulse Sensor Processing App
void sendDataToSerial(char symbol, int data ){
    Serial.print(symbol);

    Serial.println(data);
```

```
  }

//  Code to Make the Serial Monitor Visualizer Work
void arduinoSerialMonitorVisual(char symbol, int data ){
  const int sensorMin = 0;       // sensor minimum, discovered through experiment
const int sensorMax = 1024;  // sensor maximum, discovered through experiment

  int sensorReading = data;
  // map the sensor range to a range of 12 options:
  int range = map(sensorReading, sensorMin, sensorMax, 0, 11);
}
```

◆ Interrupt.ino

```
volatile int rate[10];                              // array to hold last ten IBI values
volatile unsigned long sampleCounter = 0;       // used to determine pulse timing
volatile unsigned long lastBeatTime = 0;          // used to find IBI
volatile int P =512;                  // used to find peak in pulse wave, seeded
volatile int T = 512;                 // used to find trough in pulse wave, seeded
volatile int thresh = 525;            // used to find instant moment of heart beat, seeded
volatile int amp = 100;               // used to hold amplitude of pulse waveform, seeded
// used to seed rate array so we startup with reasonable BPM
volatile boolean firstBeat = true;
// used to seed rate array so we startup with reasonable BPM
volatile boolean secondBeat = false;

void interruptSetup(){
// Initializes Timer2 to throw an interrupt every 2mS.
// DISABLE PWM ON DIGITAL PINS 3 AND 11, AND GO INTO CTC MODE
  TCCR2A = 0x02;
  TCCR2B = 0x06;  // DON'T FORCE COMPARE, 256 PRESCALER
  OCR2A = 0X7C;  // SET THE TOP OF THE COUNT TO 124 FOR 500Hz SAMPLE RATE
  TIMSK2 = 0x02;  // ENABLE INTERRUPT ON MATCH BETWEEN TIMER2 AND OCR2A
  sei();               // MAKE SURE GLOBAL INTERRUPTS ARE ENABLED
}

// THIS IS THE TIMER 2 INTERRUPT SERVICE ROUTINE.
// Timer 2 makes sure that we take a reading every 2 miliseconds
ISR(TIMER2_COMPA_vect){              // triggered when Timer2 counts to 124
  cli();                              // disable interrupts while we do this
```

```
  Signal = analogRead(pulsePin);    // read the Pulse Sensor
  sampleCounter += 2;               // keep track of the time in mS with this variable
  int N = sampleCounter - lastBeatTime;    // monitor the time since the last beat to avoid
noise

    //  find the peak and trough of the pulse wave
  if(Signal < thresh && N > (IBI/5)*3){        // avoid dichrotic noise by waiting 3/5 of last
IBI
    if (Signal < T){                         // T is the trough
      T = Signal;                            // keep track of lowest point in pulse wave
    }
  }

  if(Signal > thresh && Signal > P){           // thresh condition helps avoid noise
    P = Signal;                                // P is the peak
  }                                            // keep track of highest point in pulse wave

  //  NOW IT'S TIME TO LOOK FOR THE HEART BEAT
  // signal surges up in value every time there is a pulse
  if (N > 250){                              // avoid high frequency noise
    if ( (Signal > thresh) && (Pulse == false) && (N > (IBI/5)*3) ){
      Pulse = true;                 // set the Pulse flag when we think there is a pulse

      IBI = sampleCounter - lastBeatTime;      // measure time between beats in mS
      lastBeatTime = sampleCounter;            // keep track of time for next pulse

      if(secondBeat){               // if this is the second beat, if secondBeat == TRUE
        secondBeat = false;         // clear secondBeat flag
       // seed the running total to get a realisitic BPM at startup
        for(int i=0; i<=9; i++){
          rate[i] = IBI;
        }
      }

      if(firstBeat){           // if it's the first time we found a beat, if firstBeat == TRUE
        firstBeat = false;                     // clear firstBeat flag
        secondBeat = true;                     // set the second beat flag
        sei();                                 // enable interrupts again
        return;                                // IBI value is unreliable so discard it
      }
```

```
    // keep a running total of the last 10 IBI values
    word runningTotal = 0;                    // clear the runningTotal variable

    for(int i=0; i<=8; i++){                 // shift data in the rate array
      rate[i] = rate[i+1];                   // and drop the oldest IBI value
      runningTotal += rate[i];               // add up the 9 oldest IBI values
    }

    rate[9] = IBI;                  // add the latest IBI to the rate array
    runningTotal += rate[9];        // add the latest IBI to runningTotal
    runningTotal /= 10;             // average the last 10 IBI values
     // how many beats can fit into a minute? that's BPM!
    BPM = 60000/runningTotal;
    QS = true;                      // set Quantified Self flag
    // QS FLAG IS NOT CLEARED INSIDE THIS ISR
  }
}

     // when the values are going down, the beat is over
if (Signal < thresh && Pulse == true){
  Pulse = false;                    // reset the Pulse flag so we can do it again
  amp = P - T;                      // get amplitude of the pulse wave
  thresh = amp/2 + T;               // set thresh at 50% of the amplitude
  P = thresh;                       // reset these for next time
  T = thresh;
}

if (N > 2500){                          // if 2.5 seconds go by without a beat
  thresh = 512;                         // set thresh default
  P = 512;                              // set P default
  T = 512;                              // set T default
  lastBeatTime = sampleCounter;           // bring the lastBeatTime up to date
  firstBeat = true;                     // set these to avoid noise
  secondBeat = false;                     // when we get the heartbeat back
}

sei();                                  // enable interrupts when youre done!
}// end isr
```

6.7.3 라즈베리파이 프로그래밍

라즈베리파이 응용 프로그램은 nano 에디터를 사용하여 작성하며, 폴더를 생성하여 파일 관리를 한다. 심박수 센서를 이용한 헬스케어 시스템의 동작 과정은 다음과 같다. TCP/IP 소켓통신에서 라즈베리파이는 서버 역할을 하게 되며, 프로그램을 실행하고 대기하다가 안드로이드폰 등의 안드로이드 클라이언트가 연결을 시도하면 클라이언트의 IP를 표시하고 연결한다. 심박수 센서를 이용하여 사람의 심박수를 실시간으로 확인하고, 심박수 데이터를 안드로이드 클라이언트로 전송한다.

심박수 센서를 이용한 헬스케어 시스템을 구현하기 위한 라즈베리파이 응용 프로그램 예제는 다음과 같다.

● 심박수 센서로 측정한 사람의 심박수를 Wi-Fi TCP/IP 소켓통신을 통해 안드로이드 클라이언트로 전송한다.

표 6-14 심박수 센서를 이용한 헬스케어 시스템 라즈베리파이 응용 프로그램 파일 예제

폴더명	파일명
HealthCare	rasp_server.c

◆ rasp_server.c

```
#include <stdio.h>
#include <stdlib.h>
#include <string.h>
#include <errno.h>
#include <unistd.h>
#include <arpa/inet.h>
#include <sys/socket.h>

#define BUF_SIZE 4
#define INIT_VAL_OF_MEM   0
#define NUM_OF_ARGC       2
#define PROTOCOL_TYPE     0
#define NUM_OF_QUEUE      4
#define DATA_SIZE         1

#define PKT_STX  0x01
```

```
#define PKT_ETX  0x04

#define CMD_SENSOR_REQ 0x10
#define CMD_SENSOR_RES 0x90

// Arduino related
char device[]= "/dev/ttyACM0";
char cData[3];
int nSendData = 0;
int fd;
unsigned long baud = 9600;
unsigned long time=0;

int getSensorData(void);
void error_handling(char *message);

void dataMake(int DataLen)
{
        if(DataLen == 2)
        {
          nSendData = (cData[0]*10)+cData[1];
        }
        else if(DataLen == 3)
        {
          nSendData = (cData[0]*100)+(cData[1]*10) + cData[2];
        }
}

void getSerialData(void)
{
          int i = 0;
          while(1)
          {
                    if(serialDataAvail (fd))
                    {
                              cData[i] = serialGetchar(fd);
                              i++;
                              fflush(stdout);
                    }
                    else
```

```
                {
                        dataMake(i);
                        i=0;
                        break;
                }
        }
}

void main(int argc, char *argv[])
{
    int serv_sock, clnt_sock;
    FILE * fp;
    char snd_buf[BUF_SIZE];
    char rcv_buf[BUF_SIZE];
    int read_cnt;
    int readBufSize;

    struct sockaddr_in serv_adr, clnt_adr;
    socklen_t clnt_adr_sz;

    int getData;

    printf("==========================================₩n");
    printf("TCP/IP Data Transmission Program - Server₩n");
    printf("==========================================₩n₩n");

    // check port info
    if(argc != NUM_OF_ARGC) {
      printf("Usage: %s <port>₩n", argv[0]);
      exit(1);
    }

    serv_sock =  socket(PF_INET, SOCK_STREAM, PROTOCOL_TYPE);
    if (serv_sock == -1)
            error_handling("socket() error");

    memset(&serv_adr, INIT_VAL_OF_MEM, sizeof(serv_adr));

    serv_adr.sin_family = AF_INET;
    serv_adr.sin_addr.s_addr = htonl(INADDR_ANY);  // get ip address
```

```
	serv_adr.sin_port = htons(atoi(argv[1]));		// get port num

	if (bind(serv_sock, (struct sockaddr*)&serv_adr, sizeof(serv_adr)) == -1)
		error_handling("bind() error");

	if (listen(serv_sock, NUM_OF_QUEUE) == -1)
	  error_handling("listen() error");

	clnt_adr_sz = sizeof(clnt_adr);

	clnt_sock = accept(serv_sock, (struct sockaddr*)&clnt_adr, &clnt_adr_sz);

	printf("Connected IP : %s\n\n", inet_ntoa(clnt_adr.sin_addr));

	//get filedescriptor
	if ((fd = serialOpen (device, baud)) < 0){
	  fprintf (stderr, "Unable to open serial device: %s\n", strerror (errno)) ;
	  exit(1); //error
	}

	//setup GPIO in wiringPi mode
	if (wiringPiSetup () == -1){
	  fprintf (stdout, "Unable to start wiringPi: %s\n", strerror (errno)) ;
	  exit(1); //error
	}

	while(1)
	{
	  getSerialData();

	  if(readBufSize = read(clnt_sock, rcv_buf, BUF_SIZE) != -1)
	  {
			if(rcv_buf[0] == PKT_STX)  {
				if(rcv_buf[1] == CMD_SENSOR_REQ)  {
					if(rcv_buf[3] == PKT_ETX)  {
						snd_buf[0] = PKT_STX;
						snd_buf[1] = CMD_SENSOR_RES;
						snd_buf[2] = nSendData;
						snd_buf[3] = PKT_ETX;
```

```
                                                write(clnt_sock, snd_buf, BUF_SIZE);
                                        }
                                }
                        }
                }
                else
                {
                        write(clnt_sock, snd_buf, BUF_SIZE);
                        break;
                }
        }
        close(clnt_sock);
        close(serv_sock);
        printf("Transmission terminated.₩n");
        printf("Disconnected(IP : %s)₩n₩n", inet_ntoa(clnt_adr.sin_addr));
}

void error_handling(char *message)
{
        fputs(message, stderr);
        fputc('₩n', stderr);
        exit(1);
}
```

6.7.4 안드로이드 앱

Android Studio를 실행하여 'Start a new Android Studio project' 메뉴 버튼을 누르고, 'Application name'은 RaspNetworkClient_Pulse으로 입력한다. 'Company domain'과 'Project location'을 입력하고 'Next' 버튼을 누른다. 디바이스 형태 (form factors) 및 SDK 창에서는 'phone and tablet'을 선택하고, 안드로이드 OS 버전은 'API 14: Android 4.0 (IceCream Sandwich)'를 선택한다. 단, 안드로이드 OS 버전은 설치할 안드로이드 기기의 OS 버전에 맞추어 선택할 수 있다. 앱의 activity 화면 창에서는 'Basic Activity'를 선택한다. activity 설정 창에서는 activity 클래스의 명칭을 NetworkClientActivity로 변경하고, 'Finish' 버튼을 눌러서 Project 생성을 완료한다.

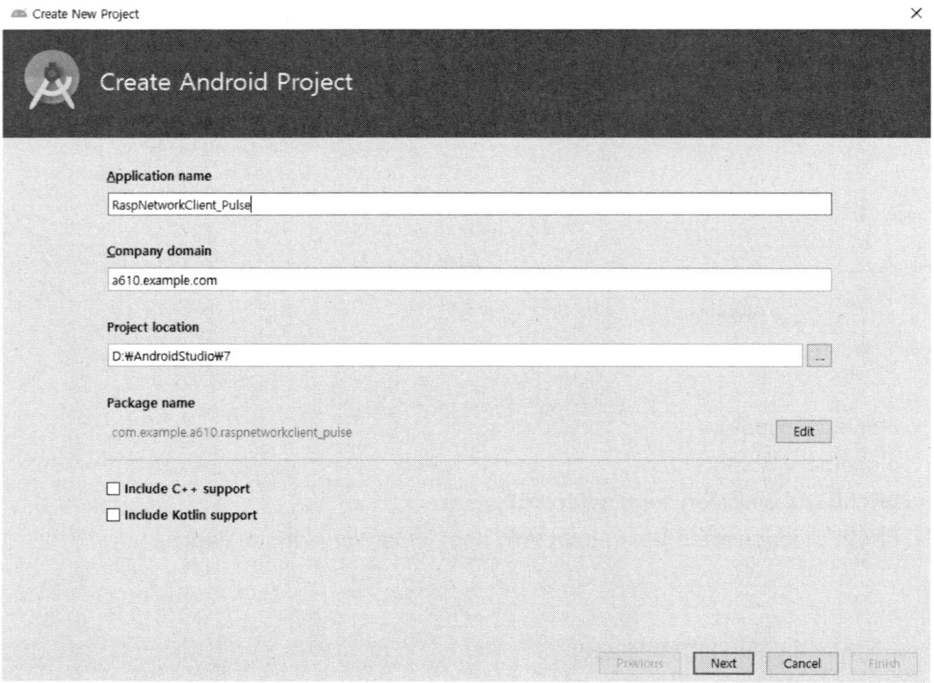

그림 6-73 'RaspNetworkClient_Pulse' project 생성 화면

본 IoT 시스템에서 안드로이드 스마트기기는 라즈베리파이와 Wi-Fi를 이용한 TCP/IP 통신을 통해서 데이터를 송수신한다. 라즈베리파이가 서버 역할을 하며, 안드로이드 스마트기기는 클라이언트 역할을 하게 된다. 따라서 안드로이드 앱은 TCP/IP Socket 객체를 생성하여 서버와 연결하도록 프로그램을 작성해야 한다. 이를 위해 안드로이드 앱의 Activity는 서버 IP를 설정하는 것과 수신된 값을 모니터링 하는 것으로 구성한다. 세부적인 절차는 다음과 같다.

(1) 서버 IP 설정

app/res/layout 폴더에서 마우스 오른쪽 클릭하여 New 〉 Layout resource file을 선택하여 layout을 생성한다. 'File name'은 activity_server_set으로 입력하고 'OK' 버튼을 누른다. activity_server_set.xml 파일이 생성되면, Text 탭으로 이동하여 서버 설정을 위한 TextView와 EditText, 그리고 Button을 생성하기 위해 본 교재에서 제공하는 소스 코드로 변경한다.

(2) 클라이언트 동작 설정

클라이언트 동작을 위한 TextView 3개, Button 2개를 생성하기 위해서 activity_network_client.xml 파일을 선택하고 Text 탭으로 이동하여 본 교재에서 제공하는 소스 코드로 변경한다.

(3) 디자인 파일 추가

Layout 소스코드 입력을 완료하면 Layout 배경화면과 버튼 스타일, 삽입되는 그림 등 디자인 파일들이 필요하다. 추가하는 그림 파일들은 생성한 project 폴더 내의 app/src/main/res/drawable 폴더에 복사한다. 복사하는 파일들은 Layout 소스코드 내에서 파일 이름을 참조하므로 다음 파일명과 동일해야 한다. 파일 복사를 완료하면 그림 6-74와 같이 Android Studio 프로젝트 뷰의 app/res/drawable 폴더에 파일이 추가된 것을 확인할 수 있다.

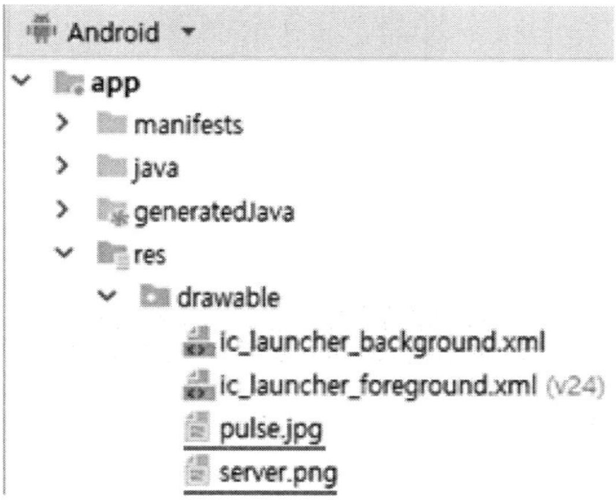

그림 6-74 심박수 센서를 이용한 헬스케어 시스템 디자인 파일 추가한 프로젝트 뷰

버튼 모양을 나타내는 drawable 파일은 app/src/main/res/drawable 폴더를 마우스 오른쪽 클릭하여 New 〉 Drawable resource file을 선택하여 생성한다. 'File name'은 button1으로 입력하고 'OK' 버튼을 누른다. button1.xml 파일이 생성되면, Text 탭으로 이동하여 소스코드를 입력한다. 버튼 스타일은 app/res/values 폴더의 styles.xml 파일을 본 교재에서 제공하는 소스코드로 변경하여 수정한다.

폭과 높이 치수는 app/res/values 폴더의 dimens.xml 파일을 본 교재에서 제공하는 소스코드로 변경하여 수정한다. 또한, string은 app/res/values 폴더의 strings.xml 파일을 본 교재에서 제공하는 소스코드로 변경하여 수정한다.

Layout 설정과 디자인 파일 추가를 완료하면 layout 디자인을 확인한다. 프로젝트 뷰의 app/res/layout 폴더의 layout 파일을 선택하고 디자인 탭을 클릭하면 layout이 나타난다.

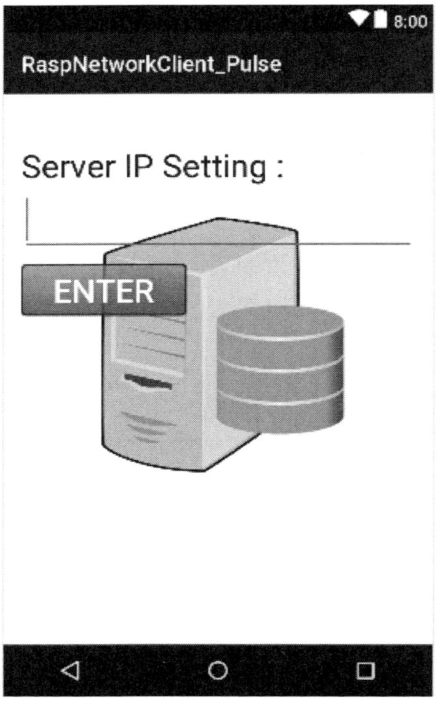

그림 6-75 심박수 센서를 이용한 헬스케어 시스템 'activity_server_set' layout 디자인

그림 6-76 심박수 센서를 이용한 헬스케어 시스템 'activity_network_client' layout 디자인

(4) Activity 생성 및 제어

app/java 폴더 아래에서 package 명칭의 폴더를 선택하고 java 파일을 열어서 Activity의 Button이나 TextView, ImageView 등 위젯들(Widgets)과 각 Activity의 동작을 제어하기 위한 프로그램을 작성한다. 본 project에서는 2개의 Activity와 1개의 제어를 위한 java 파일이 생성되어야 한다. 네트워크 클라이언트 Activity를 위한 "NetworkClientActivity"파일이 생성되어 있으므로, java 파일 2개를 신규로 생성해야 한다. java 파일은 package 명칭 폴더를 마우스 오른쪽 버튼 클릭하고, New 〉 Java Class를 선택하여 신규 생성할 수 있다. 신규 생성하는 java 파일의 명칭은 "ServerSetActivity", "NetManager"로 한다. java 파일이 생성되면, 파일을 선택하고 Text 탭으로 이동하여 본 교재에서 제공하는 소스 코드로 변경한다. 단, 제공하는 소스 코드 내의 package 명칭은 생성한 project의 package 명칭으로 수정해야 한다.

(5) Menu 설정

Activity를 생성하는 Java 파일은 안드로이드 기기의 메뉴키를 눌렀을 때, 메뉴키의 동작을 제어하는 파일을 참조한다. 메뉴키 동작을 제어하는 파일은 app/res/menu 폴더에 위치하게 된다. 네트워크 클라이언트의 메뉴키를 위한 "menu_network_client.xml"파일이 생성되어 있으며, 본 교재에서 제공하는 소스코드로 변경하여 수정한다. 서버 설정을 위한 메뉴키 파일은 app/res/menu 폴더를 마우스 오른쪽 버튼 클릭하고, New 〉 Menu resource file를 선택하여 신규 생성할 수 있다. 신규 생성하는 메뉴키 파일의 명칭은 "menu_server_set"으로 하고, 본 교재에서 제공하는 소스 코드로 변경한다.

(6) Manifest 파일 수정

Manifest 파일은 앱에 관한 전체적인 권한 및 설정 등을 포함하고 있다. 앱의 아이콘, 이름, 테마 등을 설정할 수 있으며, 블루투스, 인터넷, 데이터 권한 등의 설정도 가능하다. 또한, Activity의 이름과 라벨도 설정 가능하다. Manifest 파일은 app/manifests 폴더에 위치하며, 본 교재에서 제공하는 소스 코드로 변경한다. 단. package 명칭은 생성한 project의 package 명칭으로 수정해야 한다.

6.7.5 네트워크 구성 및 동작 확인

시스템 동작 확인을 위한 네트워크를 구성하고, 라즈베리파이가 할당받은 IP 주소를 확인한다. 라즈베리파이는 유무선 공유기와 유선 또는 무선으로 연결할 수 있으며, 터미널 창을 열어서 ipconfig 명령어를 사용하여 IP 주소를 확인할 수 있다. 안드로이드 클라이언트의 앱에서 서버 IP 주소를 변경하여 연결한다.

아두이노 응용 프로그램 예제를 컴파일하고, 아두이노 MEGA ADK 보드에 A-B Type USB 케이블을 연결하여 업로드한다. 시리얼 모니터로 동작을 확인한다.

다음으로 그림 6-77에서와 같이 터미널 창에서 6.7.3에서 소개한 응용 프로그램 예제를 실행하면, 안드로이드 클라이언트의 연결을 기다리며 대기하게 된다. 안드로이드 클라이언트의 앱에서 서버 IP 주소를 입력하고 'CONNECTION' 버튼을 누르면 라즈베리파이 터미널 창에서 연결된 안드로이드 클라이언트의 IP주소가 표시되면서 라즈베리파이와 안드로이드 클라이언트가 연결된다.

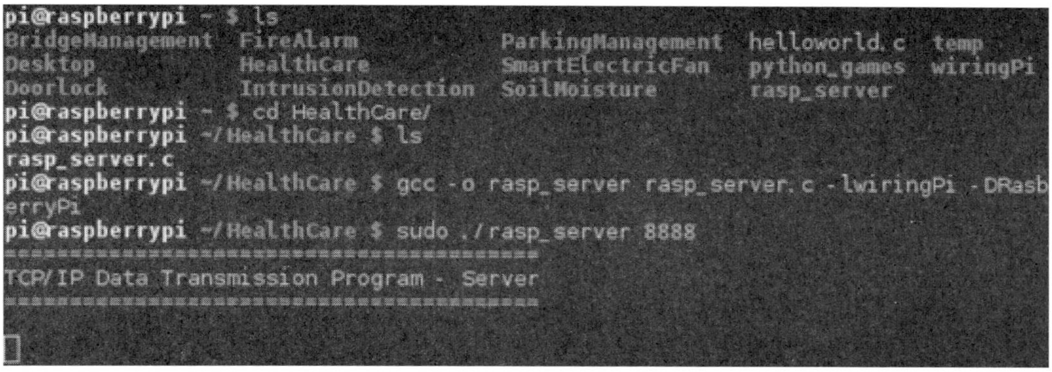

그림 6-77 심박수 센서를 이용한 헬스케어 프로그램 컴파일/빌드 및 실행 방법

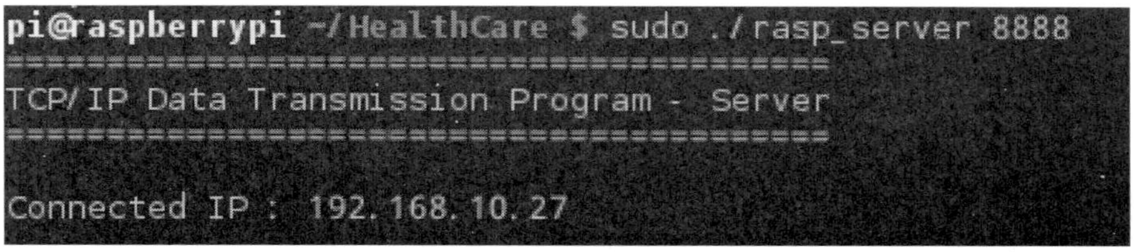

그림 6-78 심박수 센서를 이용한 헬스케어 시스템 동작 – 터미널 창 화면

안드로이드 클라이언트 앱을 실행하는 과정은 다음과 같다. 6.7.4에서 생성한 project의 빌드가 에러 없이 완료되면 안드로이드 project를 생성할 때 지정한 경로에서 app₩build₩outputs₩apk 폴더 안에 안드로이드 클라이언트에 앱을 설치하기 위한 apk 파일이 생성된다. apk 파일은 사용하는 안드로이드 클라이언트 기기에 따라서 다르므로, 본 교재에서는 에뮬레이터를 이용하여 동작을 확인한다. 응용 프로그램을 실행하기 위해 상단 툴바에서 삼각형 모양의 Run 'app' 버튼을 누르거나, Run 메뉴에서 Run 'app'을 선택한다. 응용 프로그램을 어떤 에뮬레이터에서 구동할지 선택하는 창이 생성되면. 안드로이드 OS 버전이 Android 9.0 (Pie)인 가상 장치를 선택하여 실행한다. 그림 6-79는 RaspNetworkClient_Pulse 안드로이드 앱의 초기 화면이다. 'SERVERSET' 버튼을 누르고 서버의 IP 주소를 입력한 다음, 'CONNECTION' 버튼을 누른다. 서버와 연결이 되면 'CONNECTION' 버튼이 비활성화 되면서 "Connected" 문구가 표시된다. 그리고 'BPM'에 라즈베리파이 서버에서 받은 심박수 값을 주기적으로 표시한다. 정상적으로 서버와 연결되지 않는 경우, 네트워크 상태나 프로그램의 정상 작동 여부를 확인한다. 입력한 서버 IP 주소를 확인하고, ping 테스트를 통해 라즈베리파이와 안드로이드 클라이언트 사이의 네트워크가 정상적으로 연결되어 있는지 확인한다.

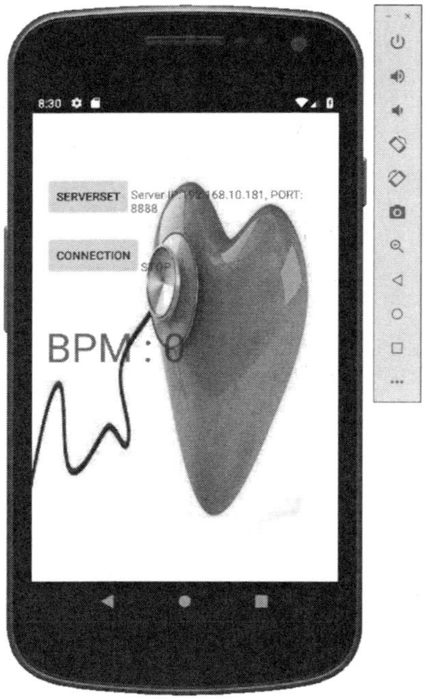

그림 6-79 RaspNetworkClient_Pulse 안드로이드 앱 초기 화면

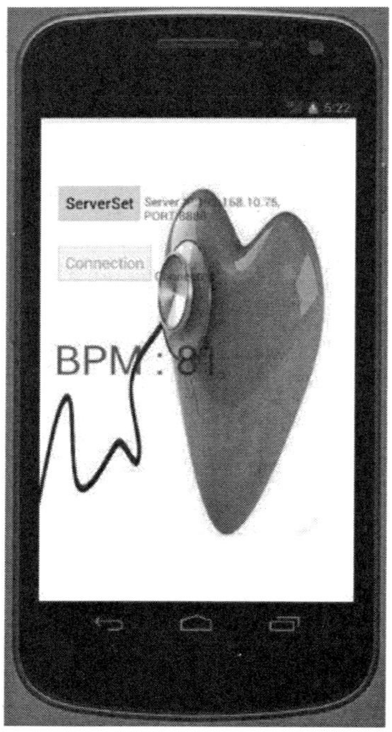

그림 6-80 RaspNetworkClient_Pulse 안드로이드 앱의 서버 연결 화면

6.8 주차 안내 시스템

학습목표	• 주차 안내 시스템을 설계 및 구축할 수 있다.

6.8.1 시스템 구성

주차 안내 시스템은 초음파 센서를 이용하여 주차 구역의 자동차 유무를 감지하여 스마트폰에 표시하고, 빨간색 또는 초록색 LED를 점등시키는 시스템이다. 시스템 구성을 위해 필요한 장비 및 공구는 다음과 같다. 본 교재에서는 라즈베리파이 기반의 실습 키트인 mCube-IoT를 사용하여 시스템 구성 방법을 설명한다.

- 라즈베리파이 기반의 보드 또는 실습 키트 (예) mCube-IoT)
- 초음파 센서(Ultrasonic sensor)
- 빨간색/초록색 5mm LED brick
- 컴퓨터, 모니터, 키보드, 마우스
- Micro USB 케이블, HDMI 케이블
- Jumper 케이블
- DC 5V/3A Adaptor

그림 6-81은 라즈베리파이와 초음파 센서, 빨간색/초록색 5mm LED brick 모듈을 연결한 시스템 구성을 보여주고 있으며, 결선 방법은 표 6-15와 같다.

표 6-15 주차 안내 시스템 연결 핀 맵

Raspberry Pi	초음파 센서	빨간색 LED	초록색 LED
+5V	VCC		
GPIO4	Trig		
GPIO17	Echo		
GND	GND		
GND		G(GND)	
+5V		V(VCC)	
GPIO6		S(Signal)	
GND			G(GND)
+5V			V(VCC)
GPIO11			S(Signal)

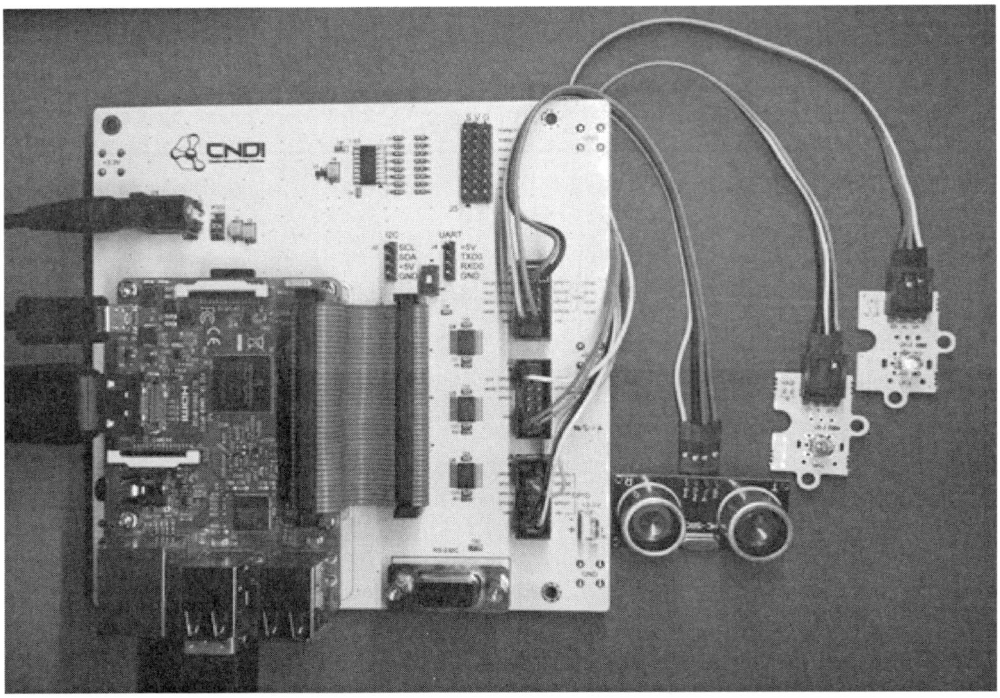

그림 6-81 주차 안내 시스템 구성

6.8.2 라즈베리파이 프로그래밍

라즈베리파이 응용 프로그램은 nano 에디터를 사용하여 작성하며, 폴더를 생성하여 파일 관리를 한다. 주차 안내 시스템의 동작 과정은 다음과 같다. TCP/IP 소켓통신에서 라즈베리파이는 서버 역할을 하게 되며, 프로그램을 실행하고 대기하다가 안드로이드폰 등의 안드로이드 클라이언트가 연결을 시도하면 클라이언트의 IP를 표시하고 연결한다. 초음파 센서의 물체 감지 상태 값을 받아서 안드로이드 클라이언트로 전달하고, 앱을 통해 물체 감지 여부를 표시한다.

주차 안내 시스템을 구현하기 위한 라즈베리파이 응용 프로그램 예제는 다음과 같다.

- 초음파 센서를 이용해 물체까지의 거리를 실시간으로 확인하고, 빨간색/초록색 LED로 물체(차량) 감지 여부를 나타낸다. 초음파 센서의 물체 감지 기준 거리는 100cm 이다. 기준 거리 내에서 물체가 감지되는 경우, 빨간색 LED를 점등시킨다. 기준 거리 밖에서 물체가 감지되는 경우, 초록색 LED를 점등시킨다.
- 물체까지의 거리는 Wi-Fi TCP/IP 소켓통신을 통해 안드로이드 클라이언트로 전송한다.

표 6-16 주차 안내 시스템 라즈베리파이 응용 프로그램 파일 예제

폴더명	파일명
BridgeManagement	rasp_server.c
	parking.c / parking.h
	led.c / led.h
	hc-sr04.c / hc-sr04.h

◆ rasp_server.c

```
#include <stdio.h>
#include <stdlib.h>
#include <string.h>
#include <unistd.h>
#include <arpa/inet.h>
#include <sys/socket.h>

#include "parking.h"
#include "led.h"

#define BUF_SIZE             5
#define INIT_VAL_OF_MEM  0
#define NUM_OF_ARGC                  2
#define PROTOCOL_TYPE                0
#define NUM_OF_QUEUE                 5
#define DATA_SIZE                    1

#define PKT_STX  0x01
#define PKT_ETX  0x05

#define CMD_SENSOR_REQ 0x10
#define CMD_SENSOR_RES 0x90

int getData(void);
void error_handling(char *message);


int main(int argc, char *argv[])
{
```

```
    int serv_sock, clnt_sock;
    FILE * fp;
    char snd_buf[BUF_SIZE];
    char rcv_buf[BUF_SIZE];
    int read_cnt;
    int readBufSize;

    struct sockaddr_in serv_adr, clnt_adr;
    socklen_t clnt_adr_sz;

    int getData;
    char getData_msb = 0;
    char getData_lsb = 0;

    printf("==========================================₩n");
    printf("TCP/IP Data Transmission Program - Server₩n");
    printf("==========================================₩n₩n");

    // check port info
    if(argc != NUM_OF_ARGC) {
      printf("Usage: %s <port>₩n", argv[0]);
      exit(1);
    }

    serv_sock =  socket(PF_INET, SOCK_STREAM, PROTOCOL_TYPE);
    if (serv_sock == -1)
            error_handling("socket() error");

    memset(&serv_adr, INIT_VAL_OF_MEM, sizeof(serv_adr));
    serv_adr.sin_family = AF_INET;
    serv_adr.sin_addr.s_addr = htonl(INADDR_ANY);  // get ip address
    serv_adr.sin_port = htons(atoi(argv[1]));            // get port num

    if (bind(serv_sock, (struct sockaddr*)&serv_adr, sizeof(serv_adr)) == -1)
            error_handling("bind() error");

    if (listen(serv_sock, NUM_OF_QUEUE) == -1)
      error_handling("listen() error");

    clnt_adr_sz = sizeof(clnt_adr);
```

```
    clnt_sock = accept(serv_sock, (struct sockaddr*)&clnt_adr, &clnt_adr_sz);
    printf("Connected IP : %s\n\n", inet_ntoa(clnt_adr.sin_addr));

    setupwiringPiGpio();

    initLed();
    initSR04();

    while(1)
    {
      if(readBufSize = read(clnt_sock, rcv_buf, BUF_SIZE) != -1) {
                if(rcv_buf[0] == PKT_STX)  {
                        if(rcv_buf[1] == CMD_SENSOR_REQ) {
                                if(rcv_buf[4] == PKT_ETX) {
                                        getData = getSensorData();
                                        controlLed(getData);

                                        getData_lsb = (getData & 0xff);
                                        getData_msb = ((getData)>>8) & 0xff);

                                        snd_buf[0] = PKT_STX;
                                        snd_buf[1] = CMD_SENSOR_RES;
                                        snd_buf[2] = getData_lsb;
                                        snd_buf[3] = getData_msb;
                                        snd_buf[4] = PKT_ETX;

                                        write(clnt_sock, snd_buf, BUF_SIZE);
                                }
                        }
                }
      }
      else {
                write(clnt_sock, snd_buf, BUF_SIZE);
                break;
      }
    }
    close(clnt_sock);
    close(serv_sock);
    printf("Transmission terminated.\n");
    printf("Disconnected(IP : %s)\n\n", inet_ntoa(clnt_adr.sin_addr));
```

```
        return 0;
}

void error_handling(char *message)
{
        fputs(message, stderr);
        fputc('₩n', stderr);
        exit(1);
}
```

◆ parking.h

```
#ifndef __PARKING_H__
#define __PARKING_H__

int setupwiringPiGpio(void);
int getSensorData(void);
int controlLed(int distance);

#endif  /* __PARKING_H__ */
```

◆ parking.c

```
#include "parking.h"
#include "hc-sr04.h"
#include "led.h"

int setupwiringPiGpio(void)
{
        if(wiringPiSetupGpio() == -1)
        return 1;
}
int getSensorData(void)
{
        float fDistance;

        initSR04();

        fDistance = controlSR04();
        printf("Distance:%.2fcm₩n", fDistance);
```

```
        return fDistance;
}

int g_nLedOnValue = 100;
int controlLed(int distance)
{
        if(distance < g_nLedOnValue) {
          LedOn(RED);                          //Red On
          LedOff(GREEN);
        }
        else {
          LedOn(GREEN);     //Green On
          LedOff(RED);
        }
}
```

◆ hc-sr04.h

```
#ifndef __HCSR04_H__
#define __HCSR04_H__

#include <stdio.h>
#include <wiringPi.h>

#define TP        4
#define EP        17

float TpInit(void);
int initSR04(void);
float controlSR04(void);

#endif  /* __HCSR04_H__ */
```

◆ hc-sr04.c

```
#include "hc-sr04.h"

float TpInit(void)
{
        float fDistance;
        int nStartTime, nEndTime;
```

```
        digitalWrite(TP, LOW);
        delayMicroseconds(2);
        // pull the Trig pin to high level for more than 10us impulse
        digitalWrite(TP, HIGH);
        delayMicroseconds(10);
        digitalWrite(TP, LOW);

        while(digitalRead(EP) == LOW);
        nStartTime = micros();

        while(digitalRead(EP) == HIGH);
        nEndTime = micros();

        fDistance = (nEndTime - nStartTime) / 29. / 2.;

        return fDistance;
}

int initSR04(void)
{
        pinMode(TP,OUTPUT);
        pinMode(EP,INPUT);
        return 0;
}

float controlSR04(void)
{
        float fDistance = TpInit();

        delay(1000);
        return fDistance;
}
```

◆ led.h

```
#ifndef __LED_H__
#define __LED_H__

#include <wiringPi.h>
```

```
#include <stdio.h>

#define LED_RED_PIN             6
#define LED_GREEN_PIN           11

#define RED         1
#define GREEN       0

int initLed(void);
void LedOn(int color);
void LedOff(int color);

#endif  /* __LED_H__ */
```

◆ led.c

```
#include "led.h"

int initLed(void)
{
        pinMode(LED_RED_PIN, OUTPUT);
        pinMode(LED_GREEN_PIN, OUTPUT);

        digitalWrite(LED_RED_PIN, LOW);
        digitalWrite(LED_GREEN_PIN, LOW);

        return 0;
}

void LedOn(int color)
{
        if(color == 1) {                // RED
          digitalWrite(LED_RED_PIN, HIGH);
        }
        else{
          digitalWrite(LED_GREEN_PIN, HIGH);
        }
}
```

```
void LedOff(int color)
{
        if(color == 1) {                    // RED
          digitalWrite(LED_RED_PIN, LOW);
        }
        else {
          digitalWrite(LED_GREEN_PIN, LOW);
        }
}
```

6.8.3 안드로이드 앱

Android Studio를 실행하여 'Start a new Android Studio project' 메뉴 버튼을 누르고, 'Application name'은 RaspNetworkClient_Parking으로 입력한다. 'Company domain'과 'Project location'을 입력하고 'Next' 버튼을 누른다. 디바이스 형태 (form factors) 및 SDK 창에서는 'phone and tablet'을 선택하고, 안드로이드 OS 버전은 'API 14: Android 4.0 (IceCreamSandwich)'를 선택한다. 단, 안드로이드 OS 버전은 설치할 안드로이드 기기의 OS 버전에 맞추어 선택할 수 있다. 앱의 activity 화면 창에서는 'Basic Activity'를 선택한다. activity 설정 창에서는 activity 클래스의 명칭을 NetworkClientActivity로 변경하고, 'Finish' 버튼을 눌러서 Project 생성을 완료한다.

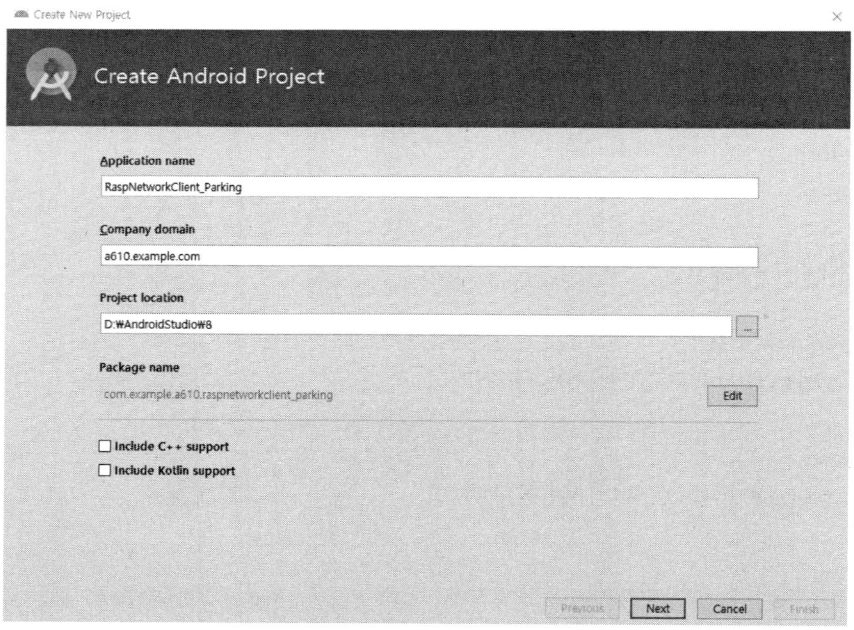

그림 6-82 'RaspNetworkClient_Parking' project 생성 화면

본 IoT 시스템에서 안드로이드 스마트기기는 라즈베리파이와 Wi-Fi를 이용한 TCP/IP 통신을 통해서 데이터를 송수신한다. 라즈베리파이가 서버 역할을 하며, 안드로이드 스마트기기는 클라이언트 역할을 하게 된다. 따라서 안드로이드 앱은 TCP/IP Socket 객체를 생성하여 서버와 연결하도록 프로그램을 작성해야 한다. 이를 위해 안드로이드 앱의 Activity는 서버 IP를 설정하는 것과 수신된 값을 모니터링 하는 것으로 구성한다. 세부적인 절차는 다음과 같다.

(1) 서버 IP 설정

app/res/layout 폴더에서 마우스 오른쪽 클릭하여 New 〉 Layout resource file을 선택하여 layout을 생성한다. 'File name'은 activity_server_set으로 입력하고 'OK' 버튼을 누른다. activity_server_set.xml 파일이 생성되면, Text 탭으로 이동하여 서버 설정을 위한 TextView와 EditText, 그리고 Button을 생성하기 위해 본 교재에서 제공하는 소스 코드로 변경한다.

activity_server_set.xml

(2) 클라이언트 동작 설정

클라이언트 동작을 위한 TextView 4개, Button 2개, ImageView 1개를 생성하기 위해서 activity_network_client.xml 파일을 선택하고 Text 탭으로 이동하여 본 교재에서 제공하는 소스 코드로 변경한다.

activity_network_client.xml

(3) 디자인 파일 추가

Layout 소스코드 입력을 완료하면 Layout 배경화면과 버튼 스타일, 삽입되는 그림 등 디자인 파일들이 필요하다. 추가하는 그림 파일들은 생성한 project 폴더 내의 app/src/main/res/drawable 폴더에 복사한다. 복사하는 파일들은 Layout 소스코드 내에서 파일 이름을 참조하므로 다음 파일명과 동일해야 한다. 파일 복사를 완료하면 그림 6-83과 같이 Android Studio 프로젝트 뷰의 app/res/drawable 폴더에 파일이 추가된 것을 확인할 수 있다.

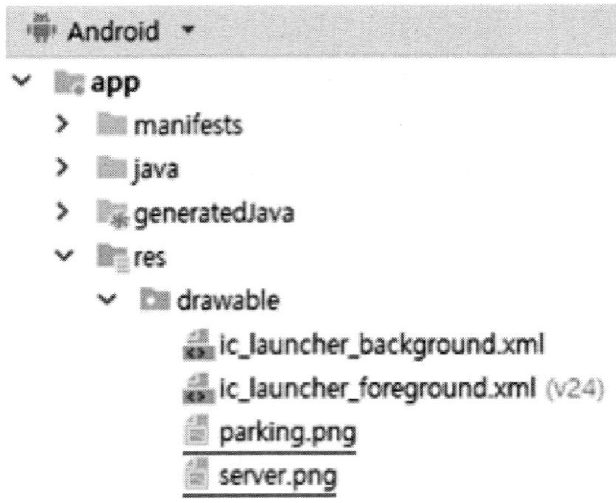

그림 6-83 주차 안내 시스템 디자인 파일 추가한 프로젝트 뷰

버튼 모양을 나타내는 drawable 파일은 app/src/main/res/drawable 폴더를 마우스 오른쪽 클릭하여 New 〉 Drawable resource file을 선택하여 생성한다. 'File name'은 button1으로 입력하고 'OK' 버튼을 누른다. button1.xml 파일이 생성되면, Text 탭으로 이동하여 소스코드를 입력한다. 버튼 스타일은 app/res/values 폴더의 styles.xml 파일을 본 교재에서 제공하는 소스코드로 변경하여 수정한다.

폭과 높이 치수는 app/res/values 폴더의 dimens.xml 파일을 본 교재에서 제공하는 소스코드로 변경하여 수정한다. 또한, string은 app/res/values 폴더의 strings.xml 파일을 본 교재에서 제공하는 소스코드로 변경하여 수정한다.

Layout 설정과 디자인 파일 추가를 완료하면 layout 디자인을 확인한다. 프로젝트 뷰의 app/res/layout 폴더의 layout 파일을 선택하고 디자인 탭을 클릭하면 layout이 나타난다.

그림 6-84 주차 안내 시스템 'activity_server_set' layout 디자인

그림 6-85 주차 안내 시스템 'activity_network_client' layout 디자인

(4) Activity 생성 및 제어

app/java 폴더 아래에서 package 명칭의 폴더를 선택하고 java 파일을 열어서 Activity의 Button이나 TextView, ImageView 등 위젯들(Widgets)과 각 Activity의 동작을 제어하기 위한

프로그램을 작성한다. 본 project에서는 2개의 Activity와 1개의 제어를 위한 java 파일이 생성되어야 한다. 네트워크 클라이언트 Activity를 위한 "NetworkClientActivity" 파일이 생성되어 있으므로, java 파일 2개를 신규로 생성해야 한다. java 파일은 package 명칭 폴더를 마우스 오른쪽 버튼 클릭하고, New 〉 Java Class를 선택하여 신규 생성할 수 있다. 신규 생성하는 java 파일의 명칭은 "ServerSetActivity", "NetManager"로 한다. java 파일이 생성되면, 파일을 선택하고 Text 탭으로 이동하여 본 교재에서 제공하는 소스 코드로 변경한다. 단, 제공하는 소스 코드 내의 package 명칭은 생성한 project의 package 명칭으로 수정해야 한다.

(5) Menu 설정

Activity를 생성하는 Java 파일은 안드로이드 기기의 메뉴키를 눌렀을 때, 메뉴키의 동작을 제어하는 파일을 참조한다. 메뉴키 동작을 제어하는 파일은 app/res/menu 폴더에 위치하게 된다. 네트워크 클라이언트의 메뉴키를 위한 "menu_network_client.xml"파일이 생성되어 있으며, 본 교재에서 제공하는 소스코드로 변경하여 수정한다. 서버 설정을 위한 메뉴키 파일은 app/res/menu 폴더를 마우스 오른쪽 버튼 클릭하고, New 〉 Menu resource file를 선택하여 신규 생성할 수 있다. 신규 생성하는 메뉴키 파일의 명칭은 "menu_server_set"으로 하고, 본 교재에서 제공하는 소스 코드로 변경한다.

(6) Manifest 파일 수정

Manifest 파일은 앱에 관한 전체적인 권한 및 설정 등을 포함하고 있다. 앱의 아이콘, 이름, 테마 등을 설정할 수 있으며, 블루투스, 인터넷, 데이터 권한 등의 설정도 가능하다. 또한, Activity의 이름과 라벨도 설정 가능하다. Manifest 파일은 app/manifests 폴더에 위치하며, 본 교재에서 제공하는 소스 코드로 변경한다. 단, 제공하는 소스 코드 내의 package 명칭은 생성한 project의 package 명칭으로 수정해야 한다.

6.8.4 네트워크 구성 및 동작 확인

시스템 동작 확인을 위한 네트워크를 구성하고, 라즈베리파이가 할당받은 IP 주소를 확인한다. 라즈베리파이는 유무선 공유기와 유선 또는 무선으로 연결할 수 있으며, 터미널 창을 열어서 ipconfig 명령어를 사용하여 IP 주소를 확인할 수 있다. 안드로이드 클라이언트의 앱에서 서버 IP 주소를 변경하여 연결한다.

그림 6-86에서와 같이 터미널 창에서 6.8.2에서 소개한 응용 프로그램 예제를 실행하면, 안드로이드 클라이언트의 연결을 기다리며 대기하게 된다. 안드로이드 클라이언트의 앱에서 서버 IP 주소를 입력하고 'CONNECTION' 버튼을 누르면 라즈베리파이 터미널 창에서 연결된

안드로이드 클라이언트의 IP주소가 표시되면서 라즈베리파이와 안드로이드 클라이언트가 연결된다. 초음파 센서로 측정한 물체 즉, 자동차까지의 거리 값이 터미널 창에 출력되고, 안드로이드 클라이언트로 전송된다.

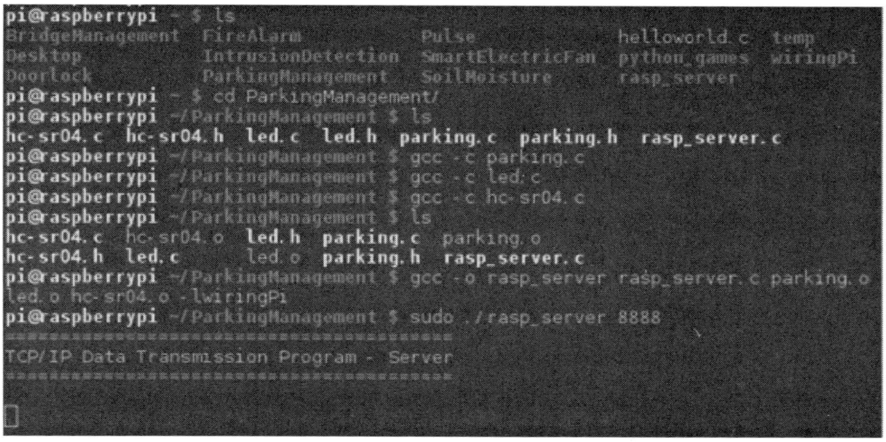

그림 6-86 주차 안내 시스템 프로그램 컴파일/빌드 및 실행 방법

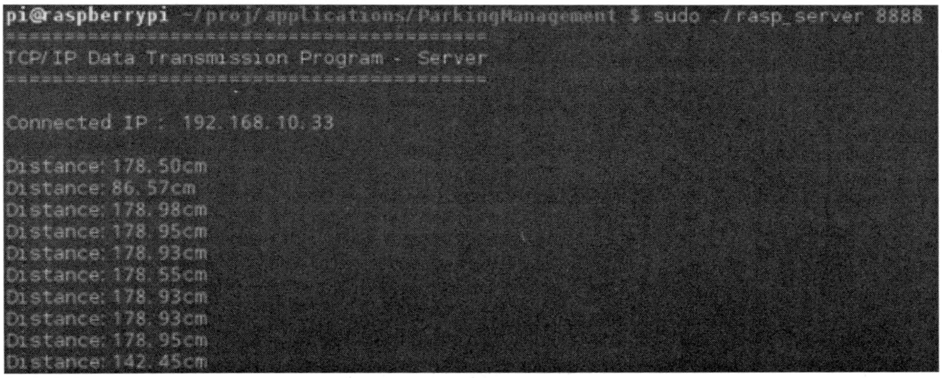

그림 6-87 주차 안내 시스템 실행 – 터미널 창 화면

안드로이드 클라이언트 앱을 실행하는 과정은 다음과 같다. 6.8.3에서 생성한 project의 빌드가 에러 없이 완료되면 안드로이드 project를 생성할 때 지정한 경로에서 app₩build₩outputs₩apk 폴더 안에 안드로이드 클라이언트에 앱을 설치하기 위한 apk 파일이 생성된다. apk 파일은 사용하는 안드로이드 클라이언트 기기에 따라서 다르므로, 본 교재에서는 에뮬레이터를 이용하여 동작을 확인한다. 응용 프로그램을 실행하기 위해 상단 툴바에서 삼각형 모양의 Run 'app' 버튼을 누르거나, Run 메뉴에서 Run 'app'을 선택한다. 응용 프로그램을

어떤 에뮬레이터에서 구동할지 선택하는 창이 생성되면, 안드로이드 OS 버전이 Android 9.0 (Pie)인 가상 장치를 선택하여 실행한다. 그림 6-88은 RaspNetworkClient_Parking 안드로이드 앱의 초기 화면이다. 'SERVER SETTING' 버튼을 누르고 서버의 IP 주소를 입력한 다음, 'CONNECTION' 버튼을 누른다. 서버와 연결이 되면 'CONNECTION' 버튼이 비활성화 되면서 "Connected" 문구가 표시된다. 그리고 'Sensing Value'에 라즈베리파이 서버에서 받은 자동차까지의 거리 값을 주기적으로 표시한다. 정상적으로 서버와 연결되지 않는 경우, 네트워크 상태나 프로그램의 정상 작동 여부를 확인한다. 입력한 서버 IP 주소를 확인하고, ping 테스트를 통해 라즈베리파이와 안드로이드 클라이언트 사이의 네트워크가 정상적으로 연결되어 있는지 확인한다.

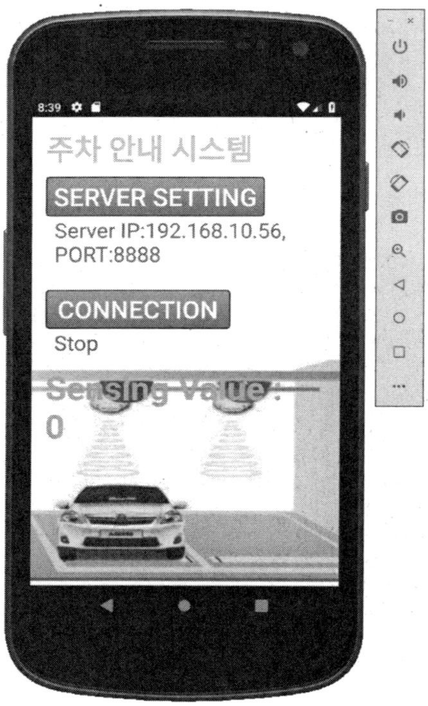

그림 6-88 RaspNetworkClient_Parking 안드로이드 앱 초기 화면

그림 6-89 RaspNetworkClient_Parking 안드로이드 앱의 서버 연결 화면

7장 / 웹을 이용한 센서 및 액추에이터 제어

(1) 파이썬과 플라스크 웹 프로그래밍

파이썬(python)은 프로그램을 설계하는 프로그래밍 언어 중 하나이다. 파이썬은 1991년, 네덜란드 수학자 귀도 반 로섬에 의해 개발되었으며 파이썬이라는 이름은 그리스 신화에 나오는 뱀을 뜻하지만, 귀도가 파이썬이라는 이름을 붙인 것은 신화 때문이 아니고, 자신이 좋아하는 코미디 프로그램 "Monty Python's Flying Circus"에서 따온 것이라고 한다. 파이썬은 다른 프로그래밍 언어에 비해 문법이 어렵지 않을 뿐 아니라 표현하는 구조도 사람이 대화하는 형식을 이용함으로서 초보자도 쉽게 배울 수 있다는 강점이 있다. 플라스크(Flask)는 파이썬으로 작성된 마이크로 웹 프레임워크의 하나로, Werkzeug 툴킷과 Jinja2 템플릿 엔진에 기반을 둔다. 플라스크 프레임워크를 사용하는 애플리케이션에는 핀터레스트, 링크드인, 플라스크 자체를 위한 공동체 웹 페이지를 포함한다. 플라스크는 특별한 도구나 라이브러리가 필요 없기 때문에 마이크로 프레임워크라 부른다.

① 플라스크 설치를 위한 PIP 설치

플라스크를 라즈베리파이에 설치하려면 먼저 PIP을 설치해야 한다. PIP는 Python Package Index (PyPI) 저장소로부터 파이썬 패키지를 받아 설치하는 패키지 관리 도구이며 설치하려면 그림 7-1과 같이 터미널에 명령어를 입력한다. 라즈비안 OS는 파이썬의 새 버전을 보유하고 있고 PIP의 새 버전 역시 OS설치 시 이미 설치되었기 때문에 그림 7-1과 같은 메시지가 나타난다.

```
pi@raspberrypi: ~
File Edit Tabs Help
pi@raspberrypi:~ $ sudo apt-get install python-pip
Reading package lists... Done
Building dependency tree
Reading state information... Done
python-pip is already the newest version (9.0.1-2+rpt2).
0 upgraded, 0 newly installed, 0 to remove and 4 not upgraded.
pi@raspberrypi:~ $
```

그림 7-1 python-pip 설치 명령어 실행

② 플라스크 설치

PIP을 이용하여 그림 7-2와 같이 터미널에 명령어를 입력하여 플라스크를 설치한다.

```
pi@raspberrypi: ~
File Edit Tabs Help
pi@raspberrypi:~ $ sudo pip install flask
Requirement already satisfied: flask in /usr/lib/python2.7/dist-packages
pi@raspberrypi:~ $
```

그림 7-2 플라스크 설치 명령어 실행

(2) C언어와 PHP 웹 프로그래밍

PHP(PHP: Hypertext Preprocessor, 하이퍼텍스트 프리프로세서)는 프로그래밍 언어의 일종이다. 원래는 동적 웹 페이지를 만들기 위해 설계되었으며 이를 구현하기 위해 PHP로 작성된 코드를 HTML 소스 문서 안에 넣으면 PHP 처리 기능이 있는 웹 서버에서 해당 코드를 인식하여 작성자가 원하는 웹 페이지를 생성한다. 근래에는 PHP 코드와 HTML을 별도 파일로 분리하여 작성하는 경우가 일반적이며, PHP 또한 웹 서버가 아닌 php-fpm(PHP FastCGI Process Manager)을 통해 실행하는 경우가 늘어나고 있다. 또한 PHP는 명령 줄 인터페이스 방식의 자체 인터프리터를 제공하여 이를 통해 범용 프로그래밍 언어로도 사용할 수 있으며 그래픽 애플리케이션을 제작할 수도 있다.

① Lighttpd 웹 서버 설치

Lighttpd는 오픈소스 웹 서버 애플리케이션이며 HTTP를 이용하여 데이터를 전송하는 서버 모델이다. 1990년 팀 버너스리가 월드 와이드 웹(World Wide Web) 브라우저를 개발하면서 최초의 웹 서버를 개발하여 개방하였으며 현재 아파치, IIX, NGINX등이 있으나 본 교재에서는 라즈베리파이의 프로세싱 능력을 고려하여 가급적 시스템 자원을 덜 사용하는 Lighttpd를 사용할 것이다. 그림 7-3과 같은 명령어를 입력하여 Lighttpd를 설치한다. 디스크 공간을 할당할 것이냐는 질문에 Y를 입력하여 설치를 진행한다.

```
pi@raspberrypi: ~
File Edit Tabs Help
pi@raspberrypi:~ $ sudo apt-get install lighttpd
Reading package lists... Done
Building dependency tree
Reading state information... Done
The following additional packages will be installed:
  libfam0 spawn-fcgi
Suggested packages:
  fam rrdtool php5-cgi apache2-utils lighttpd-doc
The following NEW packages will be installed:
  libfam0 lighttpd spawn-fcgi
0 upgraded, 3 newly installed, 0 to remove and 4 not upgraded.
Need to get 294 kB of archives.
```

그림 7-3 lighttpd설치

② 웹 서버 설치 확인

그림 7-4와 같이 cd /var/www/html을 입력한 후 ls -l을 입력하면 index.lighttpd.html 파일이 보인다. 이 파일이 있으면 설치가 완료된 것이다. 이제부터 여러분의 컴퓨터나 스마트폰에서 라즈베리파이 서버의 IP주소만을 입력해도 라즈베리파이 서버에 접속할 수 있을 것이다.

그림 7-4 lighttpd 웹 서버 애플리케이션 설치 확인

여러분의 컴퓨터에서 인터넷 URL창에 203.237.160.208을 입력해보자. 그림 7-5와 같은 창이 나타날 것이다. 이것은 /var/www/html폴더에 있는 index.lighttpd.html이 실행된 것임을 알 수 있을 것이다. 이 폴더는 Linux를 기준으로 웹 서버 설치 시 자동으로 지정되는 폴더 경로이며 웹브라우저에서 웹 서버에 접속할 때 해당 경로의 폴더에 있는 문서들을 접속할 수 있다.

그림 7-5 컴퓨터에서 IP를 입력하여 접속한 라즈베리파이 서버

③ PHP 설치

PHP 설치를 하기 전에 sudo apt-get update를 먼저 실행하고 시간이 다소 걸리더라도 sudo apt-get upgrade를 추가적으로 실행하자. 실행이 완료된 후 그림 7-6과 같이 PHP 설치 명령어를 실행한다.

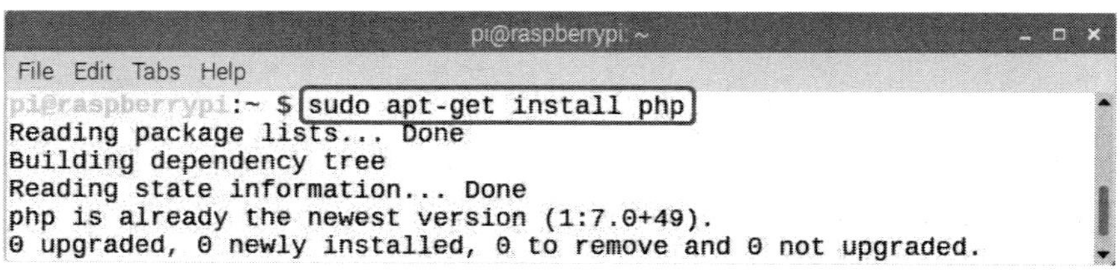

그림 7-6 PHP 설치 명령어 입력

④ PHP CGI(Common Gateway Interface) 패키지 설치

다음으로 그림 7-7과 같이 PHP CGI를 설치한다. CGI는 웹 서버와 외부 프로그램이 정보를 주고받는 규약이며 사용자의 요청에 대한 서버의 응답을 의미한다.

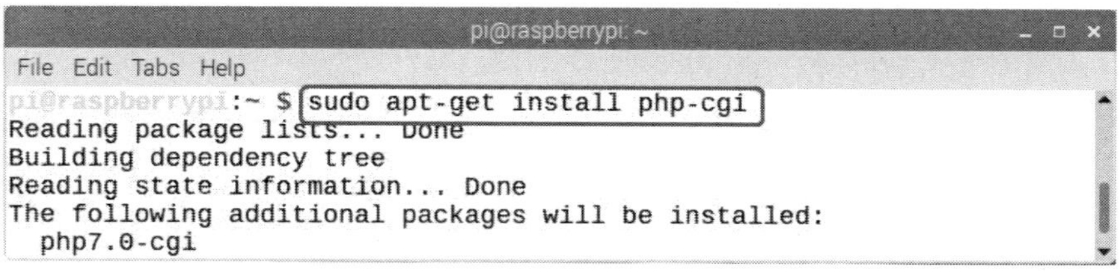

그림 7-7 PHP CGI 설치 명령어 입력

⑤ Lighttpd 서버 재시작

그림 7-8과 같은 명령어를 입력하여 lighttpd서버를 재시작한다.

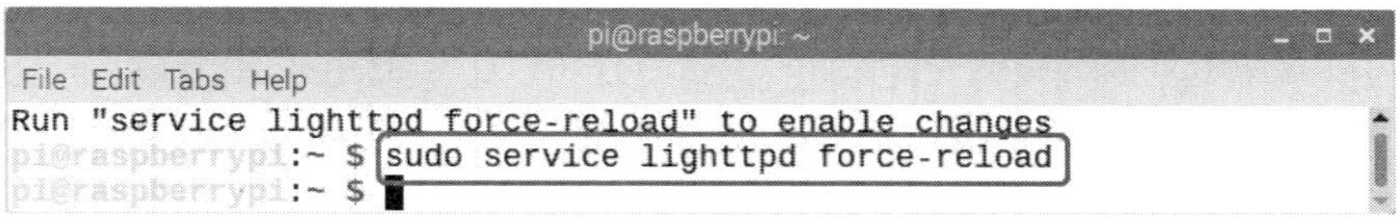

그림 7-8 Lighttpd 서버 재시작 명령어

⑥ PHP 설치 확인 프로그램 만들기

PHP가 정상적으로 설치가 되었는지를 확인하기 위해 테스트 프로그램을 만들어서 점검해보자. 그림 7-9와 같이 현재의 폴더를 변경하여 html폴더로 이동하자.

그림 7-9 폴더변경 명령어

그림 7-10과 같이 test.phd라는 파일을 생성하기 위한 편집기 nano 명령어를 입력해보자.

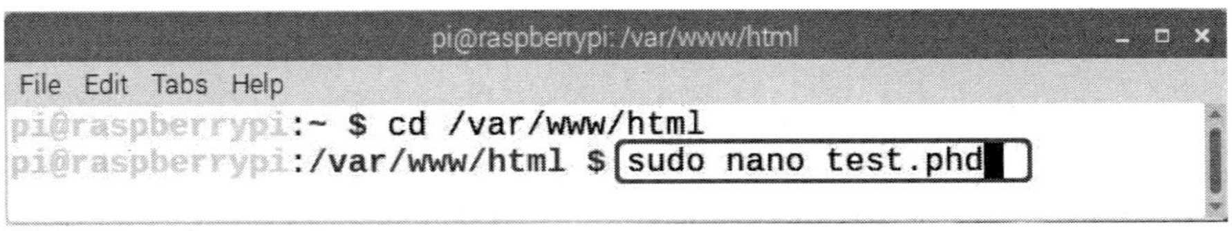

그림 7-10 test.phd파일 생성

그러면 그림 7-11과 같은 새로운 편집창이 나타난다. 그림 7-11과 같이 입력한 후 ctrl o, enter, ctrl x를 차례로 눌러 파일을 저장한다.

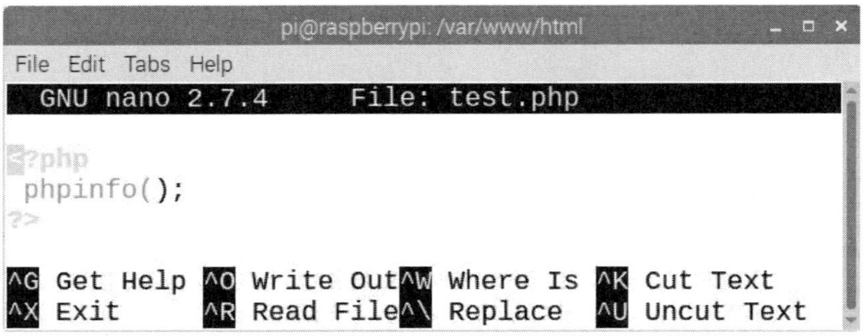

그림 7-11 PHP 테스트용 test.php파일 편집

다음으로 여러분의 컴퓨터나 스마트폰에서 그림 7-12와 같이 URL창에 입력하면 test.php 파일이 실행되고 phpinfo()함수에 의해 PHP 설치 정보가 화면에 나타날 것이다. PHP version 7.0.33-0+dev9u1라는 메시지가 나타나면 PHP설치 및 사용 준비가 완료된 것이다.

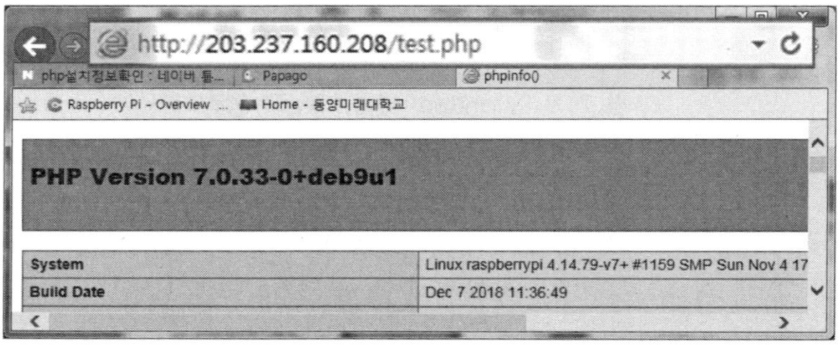

그림 7-12 컴퓨터의 URL창에 IP주소와 test.php파일명 입력하기

7.1 플라스크 웹 프로그래밍을 이용한 센서 및 액추에이터 제어

학습목표	• 파이썬으로 플라스크 웹 프로그램을 설계할 수 있다.. • 웹을 통해 센서 및 액추에이터를 제어할 수 있다.

독자들은 /home/pi폴더에 별도의 폴더를 하나 만들어두자. 필자는 /home/pi/cndi와 /home/pi/cndi/web_ctrl 그리고 /home/pi/cndi/web_ctrl/templates폴더를 만들었다. 확장자명이 py인 플라스크 웹 프로그램은 web_ctrl폴더에, 확장자명이 html인 파일은 templates폴더에 저장한다.

7.1.1 플라스크를 이용한 웹브라우저 접속 (hello_flask.py)

간단한 파이썬 프로그램을 통해 플라스크 웹 프로그래밍에 접근해보자. 파이썬 소스의 확장자명은 py라는 것을 잊지 말도록 하자. 이 프로그램은 원격 컴퓨터에서 인터넷 창에 라즈비안 서버의 IP와 포트 번호를 입력하면 Hello RaspberryPi with Flask!!! 메시지가 나타나는 프로그램이다.

(1) 프로그램 소스

표 7-1과 같이 hello_flask.py파일을 작성한 다음 /home/pi/cndi/web_ctrl폴더에 저장한다.

표 7-1 hello_flask.py 소스파일과 설명

Program Source	Description
from flask import Flask	플라스크로 웹 어플을 만드는 데 필요한 코드를 이용할 수 있다. flask는 프레임워크, Flask는 파이썬 클래스 데이터타입이다.
app = Flask(__name__)	__name__은(는) 스크립트를 실행할 때 문자열 "__main__"의 값으로 가져오는 특수 변수다.
@app.route("/") def hello(): return "Hello RaspberryPi with Flask!!!"	URL을 입력할 때 최상위 위치를 의미하며 사용자가 203.237.160.208:8888을 네비게이트할 때 hello()함수가 실행되고 "Hello RaspberryPi with Flask"를 웹에 리턴한다.
if __name__ == "__main__": app.run(host = '203.237.160.208', port = 8888, debug=True)	스크립트가 실행되면 __main__이 스크립트에 할당되지만 다른 스크립트로부터 스크립트가 임포트된다면 스크립트는 파일명을 유지한다. debug=True는 Python 오류를 웹 페이지에 출력한다.

(2) 실습재료

라즈베리파이 3		컴퓨터	

(3) 프로그램 실행

그림 7-13과 같이 라즈비안 서버의 터미널 창에서 sudo python hello_flask.py라는 명령어를 입력하여 프로그램을 실행한다. 프로그램 실행에 문제가 없는지를 확인한 후 그림 7-14와 같이 클라이언트 컴퓨터에서 웹 접속 URL과 포트번호(203.237.160.208:8888)을 입력하면 Hello RaspberryPi with Flask!!!라는 문장이 나타나는 것을 확인할 수 있다. 그리고 그림 7-15와 같이 클라이언트(203.237.160.50)로부터 접속이 이루어져 성공했을 때 나타나는 메시지를 라즈베리파이 서버의 터미널에서 확인할 수 있다. 참고로 IP주소 203.237.160.208과 203.237. 160.50은 필자의 라즈베리파이 서버와 컴퓨터 주소이므로 독자들은 자신의 IP를 이용해야한다.

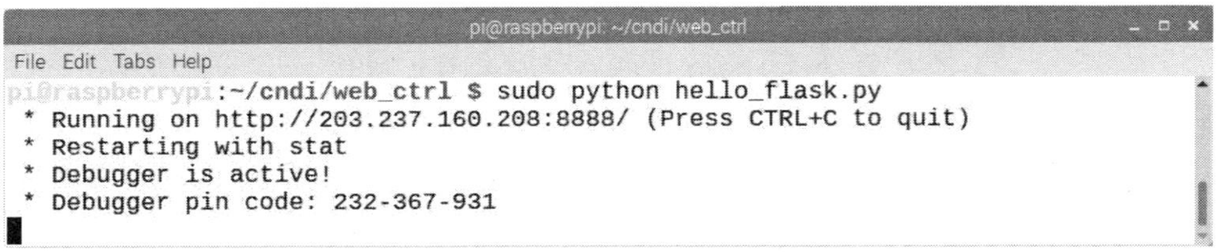

그림 7-13 라즈베리파이 서버 웹브라우저 접속 프로그램 실행

그림 7-14 클라이언트 컴퓨터에서 라즈베리파이 서버 접속

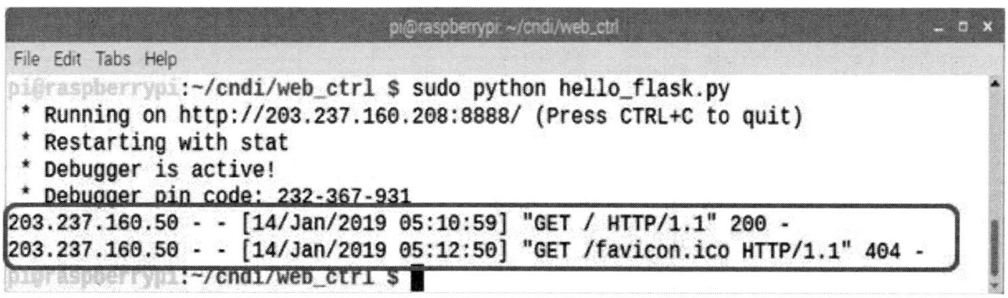

그림 7-15 클라이언트에서 서버와의 접속이 이루어졌을 때 라즈베리파이 서버 측 메시지

실행오류가 발생할 경우

1. sudo python hello_flask.py를 입력 후 그림과 같은 오류가 발생할 경우

```
pi@raspberrypi: ~/cndi/web_ctrl
File Edit Tabs Help
pi@raspberrypi:~/cndi/web_ctrl $ sudo python hello_flask.py
Traceback (most recent call last):
  File "hello_flask.py", line 8, in <module>
    app.run(host = '203.237.160.208', port = 8888, debug=True)
  File "/usr/lib/python2.7/dist-packages/flask/app.py", line 841, in run
    run_simple(host, port, self, **options)
  File "/usr/lib/python2.7/dist-packages/werkzeug/serving.py", line 691, in run_
simple
    s.bind((hostname, port))
  File "/usr/lib/python2.7/socket.py", line 228, in meth
socket.error: [Errno 98] Address already in use
```

2. 위 그림에 나타난 오류는 소켓프로그래밍의 잘못된 종료 또는 강제 종료에 의한 bind error이고 보통 포트를 잡고 있는 경우가 대부분이므로 다음 명령어를 이용하여 해당 소켓의 포트를 사용하는 pid를 찾는다. 현재 사용중인 pid번호는 1272로 확인되었다.

```
pi@raspberrypi: ~/cndi/web_ctrl
File Edit Tabs Help
pi@raspberrypi:~/cndi/web_ctrl $ netstat -lntp
(Not all processes could be identified, non-owned process info
 will not be shown, you would have to be root to see it all.)
Active Internet connections (only servers)
Proto Recv-Q Send-Q Local Address           Foreign Address         State
PID/Program name
tcp        0      0 0.0.0.0:22              0.0.0.0:*               LISTEN
-
tcp        0      0 203.237.160.208:8888    0.0.0.0:*               LISTEN
1272/python3
```

3. 다음과 같은 명령어를 입력하여 해당 pid를 kill하면 오류발생의 원인을 제거할 수 있다.

```
pi@raspberrypi:~/cndi/web_ctrl $ kill 1272
```

7.1.2 플라스크와 HTML을 이용한 라즈비안 서버 시간 출력 (gettime_flask.py)

라즈비안 서버의 시간을 웹브라우저에서 확인할 수 있는 파이썬 프로그램을 설계해보자. 이 프로그램은 실행 중 HTML파일과의 연결이 이루어진다. 그러므로 main.html파일을 별도로 편집하여 저장해야한다.

(1) 프로그램 소스

표 7-2 gettime_flask.py 소스파일과 설명

Program Source	Description
from flask import Flask	플라스크로 웹 어플을 만드는 데 필요한 코드를 이용할 수 있다. flask는 프레임워크, Flask는 파이썬 클래스 데이터타입이다.
from flask import render_template	템플릿을 렌더링하기 위해 render_template 메서드를 사용한다. render_template은 템플릿 이름과 템플릿 변수를 입력하면 된다.
import datetime	날짜와 시간 다루는 메서드
app = Flask(__name__)	__name__은(는) 스크립트를 실행할 때 문자열 "__main__"의 값으로 가져오는 특수 변수다.

@app.route("/")
def gettime():
 localtime = datetime.datetime.now()
 strTime = localtime.strftime("%y-%m-%d %H:%M")
 templateData = {
    'title' : 'LocalTime',
    'time' : strTime
 }
 return render_template('main.html', **templateData)
	URL을 입력할 때 최상위 위치를 의미하며 사용자가 203.237.160.208:8888을 네비게이트할 때 gettime()함수가 실행되고 render_template은 main.html과 templateData를 웹에 리턴한다. localtime에는 datetime 서버의 현재시간이 전달된다.

if __name__ == "__main__": app.run(host = '203.237.160.208', port = 8888, debug=True)	스크립트가 실행되면 __main__이 스크립트에 할당되지만 다른 스크립트로부터 스크립트가 임포트된다면 스크립트는 파일명을 유지한다. debug=True는 Python 오류를 웹 페이지에 출력한다.

표 7-3 main.html 소스파일과 설명

Program Source	Description
〈html〉 〈head〉 〈title〉 { {title } }〈/title〉 〈/head〉	title은 LocalTime이라는 문자열이며 파이썬 파일의 templateData에서 정의하고 있다.
〈body〉 〈h2〉LocalTime: { {time } }〈/h2〉 〈/body〉 〈/html〉	time은 strTime이며 파이썬 파일의 datetime에 의해 만들어진 값이다.

표 7-2의 gettime_flask.py 프로그램을 /home/pi/cndi/web_ctrl에 저장하고 표 7-3의 main.html은 /home/pi/cndi/web_ctrl/templates 폴더에 저장한다.

(2) 실습재료

라즈베리파이 3		컴퓨터	

(3) 프로그램 실행

gettime_flask.py를 실행하기 위해서 main.html파일을 표 7-3과 같이 작성한 다음 그림 7-16과 같이 현재위치(home/pi/cndi/web_ctrl)에 templates라는 폴더를 만들어 main.html파일을 저장한다. 그림 7-17과 같이 라즈비안 서버의 터미널 창에서 gettime_flask.py라는 프로그램을 실행한다. 프로그램 실행에 문제가 없는지를 확인한 후 그림 7-18과 같이 클라이언트 컴퓨터에서 웹 접속 URL을 입력하면 라즈비안 서버가 제공하는 날짜와 시간이 나타나는 것을 확인할 수 있다. 그림 7-19는 웹브라우저를 통해 라즈베리파이 서버에 접속했을 때 서버의 모니터 화면에 나타나는 접속정보를 나타낸 것이다.

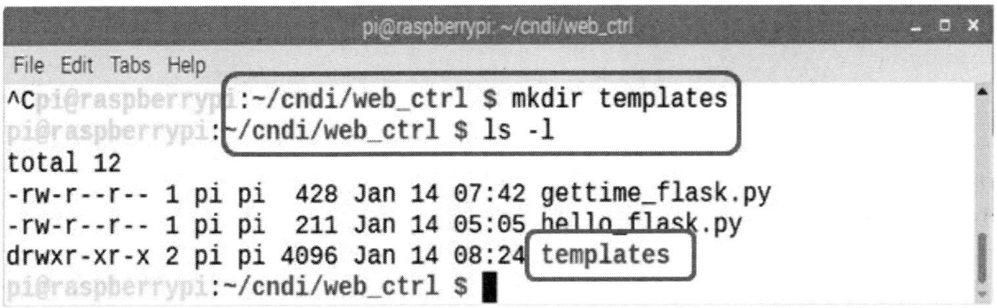

그림 7-16 라즈베리파이 서버에 templates 폴더 만들고 main.html파일 저장하기

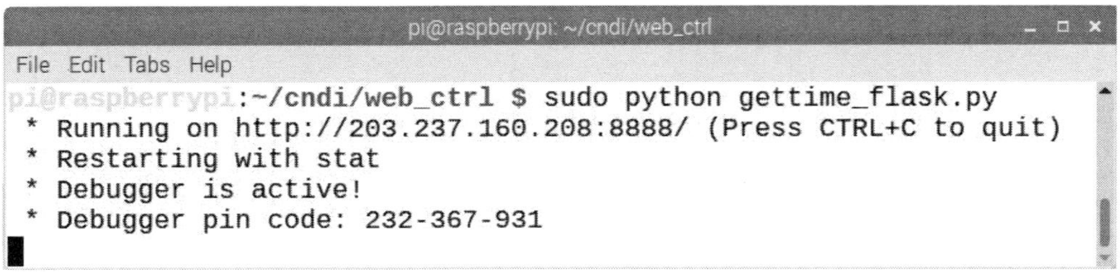

그림 7-17 라즈베리파이 서버 웹브라우저 접속 프로그램 실행

그림 7-18 네트워크에 있는 클라이언트 컴퓨터의 라즈비안 서버 접속 결과

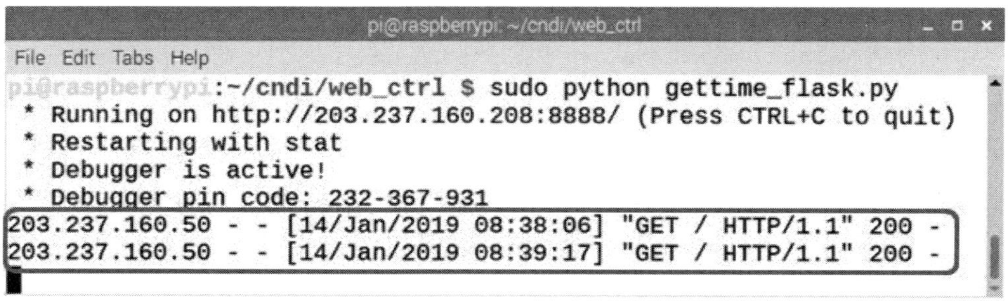

그림 7-19 클라이언트에서 접속이 이루어졌을 때 라즈베리파이 서버 측 메시지

7.1.3 플라스크와 HTML을 이용한 GPIO 포트 모니터링 _스위치 (btn_flask.py)

라즈비안 서버의 라즈베리파이 GPIO에 스위치를 연결하고 스위치의 ON 또는 OFF상태를 원격으로 검출할 수 있는 프로그램을 파이썬 언어와 HTML언어를 이용하여 설계해보자.

(1) 프로그램 소스

표 7-4의 btn_flask.py 프로그램을 /home/pi/cndi/web_ctrl에 저장하고 표 7-5의 gpio.html은 /home/pi/cndi/web_ctrl/templates 폴더에 저장한다.

표 7-4 btn_flask.py 소스파일과 설명

Program Source	Description
from flask import Flask	플라스크로 웹 어플을 만드는 데 필요한 코드를 이용할 수 있다. flask는 프레임워크, Flask는 파이썬 클래스 데이터타입이다.
from flask import render_template	템플릿을 렌더링하기 위해 render_template 메서드를 사용한다. render_template은 템플릿 이름과 템플릿 변수를 입력하면 된다.
import RPi.GPIO as GPIO GPIO.setmode(GPIO.BCM)	라즈베리파이의 GPIO 핀(포트)를 제어하기 위해 관련된 내용을 가지고 온다. BCM이라는 방식으로 GPIO 핀들의 번호(이름)을 처리하겠다.
app = Flask(__name__)	__name__은(는) 스크립트를 실행할 때 문자열 "__main__"의 값으로 가져오는 특수 변수다.

@app.route("/read/<port>")
def readGpio(port):
 try:
   GPIO.setup(int(port), GPIO.IN)
   if GPIO.input(int(port)) == True:
      res = "GPIO " + port + " is high. Button is OFF"
 else:
      res = "GPIO " + port + " is low. Button is ON"
 except:
   res = "Read error from GPIO" + port + "."
	URL을 입력할 때
	203.237.160.208:8888/read/(GPIO포트번호)를 입력하라는 의미이며 사용자가 위와같이 입력하여 네비게이트할 때
	readGpio(port)함수가 실행되고
	render_template은 gpio.html과
	templateData를 웹에 리턴한다.
	URL에서 지정한 포트번호가 True(논리 1)면 버튼을 누르지 않은 상태, True가 아니면 버튼을 누른 상태를 의미한다.

templateData = {
'title' : 'GPIO' + port + 'status.',
'res' : res
}
return render_template('gpio.html',
**templateData)	

if __name__ == "__main__": app.run(host = '203.237.160.208', port = 8888, debug=True)	스크립트가 실행되면 __main__이 스크립트에 할당되지만 다른 스크립트로부터 스크립트가 임포트된다면 스크립트는 파일명을 유지한다. debug=True는 Python 오류를 웹 페이지에 출력한다.

표 7-5 gpio.html 소스파일과 설명

Program Source	Description
〈html〉 〈head〉 〈title〉 { {title } }〈/title〉 〈/head〉	 title은 'GPIO' + port + 'status'
〈body〉 〈h1〉GPIO Status〈/h1〉 〈h2〉 { {res } }〈/h2〉 〈/body〉	 Display "GPIO Status" GPIO (번호) is low 또는 high. Button is OFF 또는 ON 정보가 res에 할당
〈/html〉	

(2) 실습재료

라즈베리파이 3		컴퓨터	
키패드 모듈	 〈www.capstonemall.co.kr〉	점퍼선	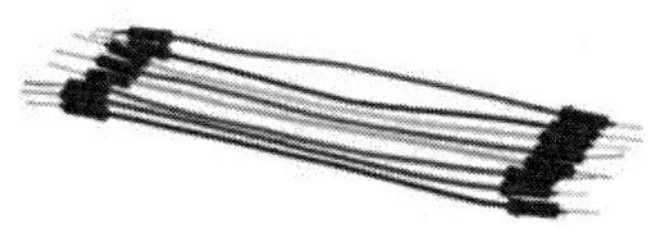

(3) 연결정보

표 7-6 스위치 모듈과 GPIO연결정보

BCM	wpi	40Pin Connector	모듈연결위치
GPIO 4	7	7	PB1 버튼
GPIO 17	0	11	PB2 버튼
GPIO 18	1	12	PB3 버튼
GPIO 27	2	13	PB4 버튼
GPIO 22	3	15	PB5 버튼
GPIO 23	4	16	PB6 버튼
GPIO 24	5	18	PB7 버튼
GPIO 25	6	22	PB8 버튼

표 7-6을 참조하여 그림 7-20과 같이 키패드 모듈의 BT1과 라즈베리파이 확장보드의 커넥터 J6를 케이블로 연결한다. 이렇게 연결하면 키패드 모듈의 PB1부터 PB8을 사용할 수 있다.

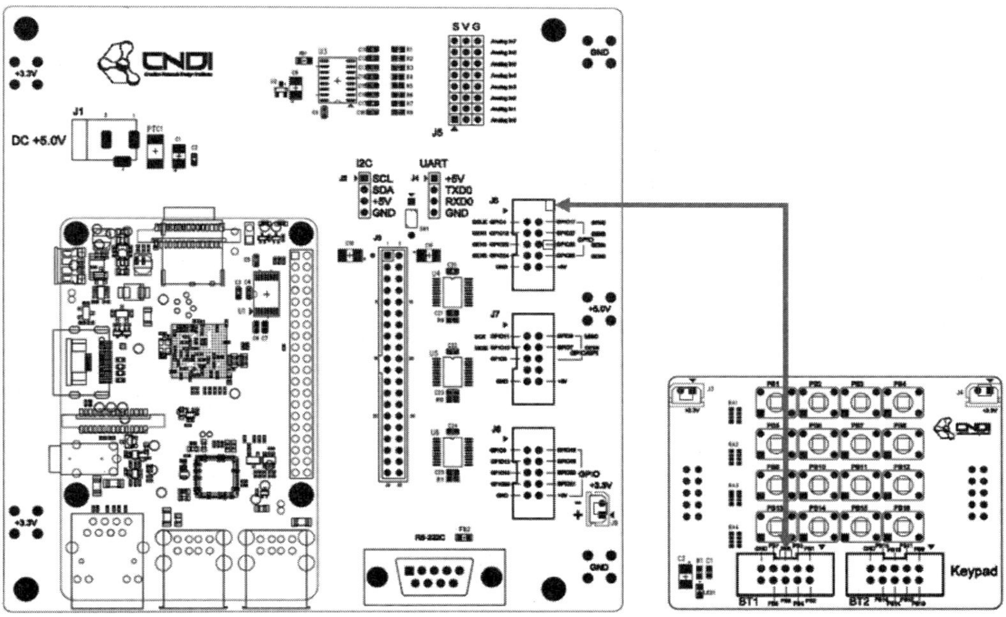

그림 7-20 라즈베리파이 확장보드와 키패드 모듈 연결

(4) 프로그램 실행

그림 7-21과 같이 라즈비안 서버의 터미널 창에서 sudo python btn_flask.py라는 명령어를 입력하여 프로그램을 실행한다. 프로그램 실행에 문제가 없는지를 확인한 후 그림 7-22와 같이 클라이언트 컴퓨터에서 웹 접속 203.237.160.208:8888/read/17을 입력한다. 표 7-6에서 이미 확인했듯이 17은 BCM GPIO 포트번호라는 것을 잊지 않도록 하자. 그리고 화면에 나타나는 메시지를 확인한다. GPIO 17 is high. Button is not pressed라는 메시지를 확인할 수 있다. 다음으로 해당 포트에 연결된 버튼 PB2를 누른 상태에서 다시 한 번 웹 접속을 위해 203.237.160.208:8888/read/17를 입력한다. 그리고 화면에 나타나는 메시지를 확인한다. 현재 PB2버튼을 누르고 있기 때문에 클라이언트의 컴퓨터 화면에는 그림 7-23과 같이 GPIO 17 is low. Button is pressed라는 메시지가 나타난다.

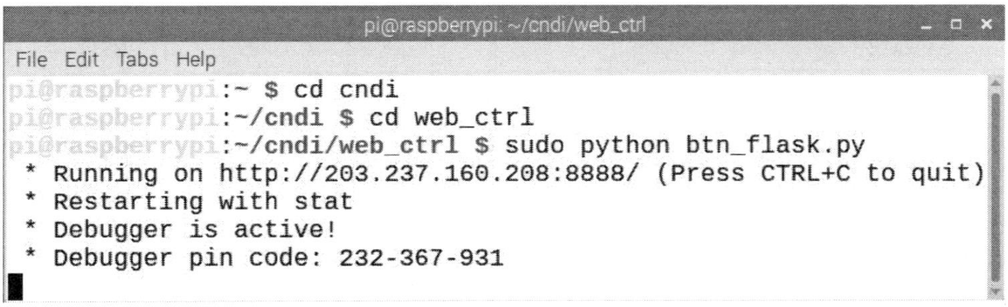

그림 7-21 라즈베리파이 서버 웹브라우저 접속 프로그램 실행

그림 7-22 네트워크에 있는 클라이언트 컴퓨터의 라즈비안 서버 접속 결과(PB2누르기 전)

그림 7-23 네트워크에 있는 클라이언트 컴퓨터의 라즈비안 서버 접속 결과(PB2누른 후)

7.1.4 플라스크와 HTML을 이용한 GPIO 포트 모니터링 _LED (leds_flask.py)

라즈비안 서버의 라즈베리파이 GPIO에 LED를 연결하고 웹브라우저의 요청에 따라 원격으로 LED를 ON 또는 OFF할 수 있는 프로그램을 파이썬 언어와 HTML언어를 이용하여 설계해보자.

(1) 프로그램 소스

표 7-7의 leds_flask.py 프로그램을 /home/pi/cndi/web_ctrl에 저장하고 표 7-8의 leds.html 은 /home/pi/cndi/web_ctrl/templates 폴더에 저장한다.

표 7-7 leds_flask.py 소스파일과 설명

Program Source	Description
from flask import Flask	플라스크로 웹 어플을 만드는 데 필요한 코드를 이용할 수 있다. flask는 프레임워크, Flask는 파이썬 클래스 데이터타입이다.
from flask import render_template, request	템플릿을 렌더링하기 위해 render_template 메서드를 사용한다. render_template은 템플릿 이름과 템플릿 변수를 입력하면 된다. request는 HTTP 요청을 처리하기 위해 사용한다.
import RPi.GPIO as GPIO GPIO.setmode(GPIO.BCM)	라즈베리파이의 GPIO 핀(포트)를 제어하기 위해 관련된 내용을 가지고 온다. BCM이라는 방식으로 GPIO 핀들을 설정한다.
app = Flask(__name__)	__name__은(는) 스크립트를 실행할 때 문자열 "__main__"의 값으로 가져오는 특수 변수이다

leds = {
 4 : {'name' : 'RED_LED', 'state' : GPIO.LOW },
17 : {'name' : 'GREEN_LED', 'state' : GPIO.LOW },
}
	led에 연결할 GPIO포트번호를 할당하고 led 이름을 명명하고 초기상태를 LOW로 설정하기 위해 딕셔너리형태로 처리한다.

for led in leds : GPIO.setup(led, GPIO.OUT) GPIO.output(led, GPIO.LOW)	GPIO 4,17을 출력으로 설정하고 초기값을 LOW로 정의한다.

def getGpioState():
 for led in leds:
  leds[led]['state'] = GPIO.input(led)
 return leds
	함수를 정의하고 있으며 input메서드를 이용하여 GPIO포트의 상태를 읽어 딕셔너리 객체인 leds의 state에 저장한다.

@app.route("/")
def main():
gpioState = {
'leds' : getGpioState()
}
return render_template('leds.html', **gpioState)
	URL을 입력할 때 203.237.160.208:8888으로 입력하면 getGpioState()함수를 호출하고 LED의 상태를 딕셔너리 객체인 gpioState로 만들어 leds.html로 전달한다.

@app.route("/〈led〉/〈act〉")
def action(led, act):
led = int(led)
leds = getGpioState()
dev = leds[led]['name']
if act == "on":
GPIO.output(led, GPIO.HIGH)
msg = "Turned " + dev + " on."
elif act == "off":
GPIO.output(led, GPIO.LOW)
msg = "Turned " + dev + " off."
elif act == "toggle":
GPIO.output(led, not GPIO.input(led))
msg = "Toggled " + dev + "."
else:
msg = "Undefined action!"
gpioState = {
'msg' : msg,
'leds' : getGpioState()
}
return render_template('leds.html', **gpioState)
	203.237.160.208:8888/4/on이라고 입력한다. action함수에서는 두 개의 인수를 받는다. 첫 번째는 GPIO포트번호, 두 번째 인수는 on, off 또는 toggle이다.
	led 변수에 포트번호를 정수형으로 변환한 값이 들어간다. dev변수에는 led변수와 led이름이 들어간다.
	두 번째 인수가 on이면 led를 켜고 메시지를 출력한다.
	두 번째 인수가 off이면 led를 끄고 메시지를 출력한다.
	두 번째 인수가 toggle이면 led의 현재 상태와 반대로 led를 제어하고 메시지를 출력한다.
	
	for루프를 통해 두 개의 led에 대한 현재 상태를 읽기위해 getGpioState()함수를 호출해 딕셔너리 객체인 gpioState를 구성한다.
	render_template함수를 호출하여 leds.html파일을 연다.

if __name__ == "__main__": app.run(host = '203.237.160.208', port = 8888, debug=True)	스크립트가 실행되면 __main__이 스크립트에 할당되지만 다른 스크립트로부터 스크립트가 임포트된다면 스크립트는 파일명을 유지한다. debug=True는 Python 오류를 웹 페이지에 출력한다.

표 7-8 leds.html 소스파일과 설명

Program Source	Description
〈html〉 〈head〉 〈title〉Two LED Status〈/title〉 〈/head〉	title은 Two LED Status

```
<body>
  <h1>Two LED Status</h1>
  {% for led in leds % }
  <p>
  {{ leds[led].name }}
  {% if leds[led].state == true % }
    is currently on (<a href="/ { {led } }/off">click
here to turn off</a>)
  {% else % }
    is currently off (<a href="/ { {led } }/on">click
here to turn on</a>)
  {% endif % }
  </p>
  {% endfor % }
  {% if msg % }
  <h2> {{ msg }}</h2>
  {% endif % }
</body>
</html>
```

파이썬의 for루프이며
서버로부터 전달받은 gpioState에는
leds딕셔너리 객체가 포함되어 있고 이를
반복해서 실행하겠다는 의미이다.
true인 경우 is currently on 뒤에 turn
off문자열로 하이퍼링크를 제공하는데
하이퍼링크가 가리키는 경로가 <a
href="/{{led}}/off"이다. 결과적으로
하이퍼링크의 주소는 /4/off의 형태이며 웹
서버의 /4/off디렉터리로 이동하겠다는 뜻인데
이 경우 action함수를 호출하게 되고 4는
led인자, off는 act로 전달된다.
false인 경우도 on과 off만 다를 뿐 위와
유사하게 동작한다.

(2) 실습재료

라즈베리파이 3		컴퓨터	
LED 모듈	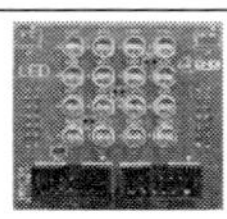 〈www.capstonemall.co.kr〉	점퍼선	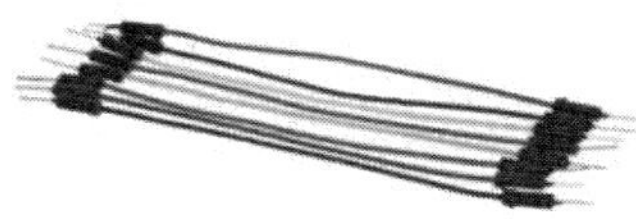

(3) 연결정보

표 7-9를 참조하여 그림 7-24와 같이 LED 모듈의 RED 1번 핀과 GREEN 1번 핀을 라즈베리파이 확장보드의 커넥터 J6의 GPIO 4와 GPIO 17에 연결한다.

표 7-9 LED 모듈과 GPIO 연결정보

BCM	wpi	40Pin Connector	모듈연결위치
GPIO 4	7	7	LED 모듈 RED 1
GPIO 17	0	11	LED 모듈 GREEN 1

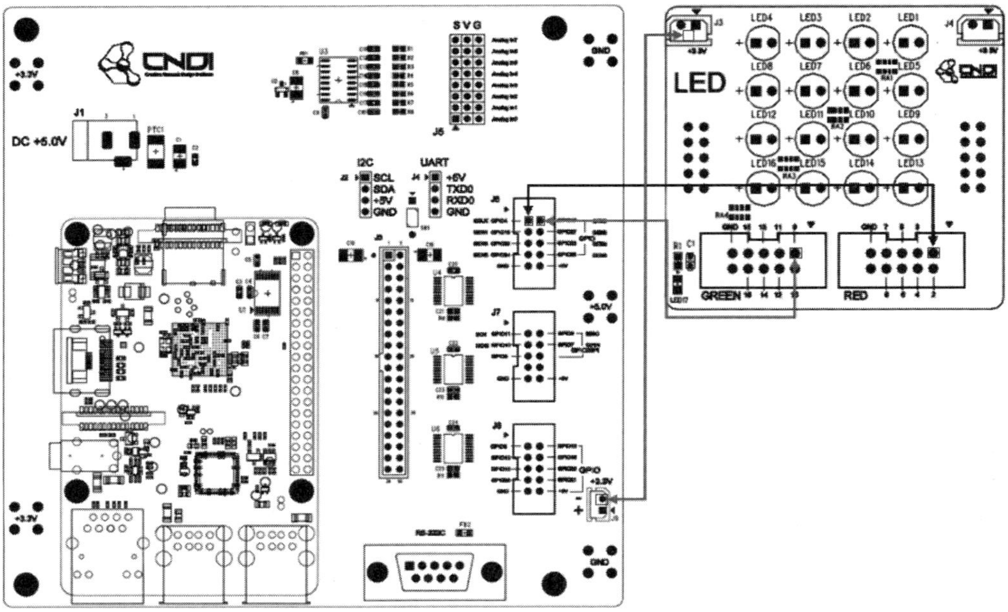

그림 7-24 라즈베리파이 보드와 LED 모듈 연결 회로도

(4) 프로그램 실행

```
pi@raspberrypi: ~/cndi/web_ctrl
File Edit Tabs Help
pi@raspberrypi:~ $ cd cndi/web_ctrl
pi@raspberrypi:~/cndi/web_ctrl $ sudo python leds_flask.py
 * Running on http://203.237.160.208:8888/ (Press CTRL+C to quit)
 * Restarting with stat
leds_flask.py:12: RuntimeWarning: This channel is already in use, continuing any
way.  Use GPIO.setwarnings(False) to disable warnings.
  GPIO.setup(led, GPIO.OUT)
 * Debugger is active!
 * Debugger pin code: 232-367-931
```

그림 7-25 라즈베리파이 서버 웹브라우저 접속 프로그램 실행

그림 7-25와 같이 라즈비안 서버의 터미널 창에서 sudo python leds_flask.py라는 명령어를 입력하여 프로그램을 실행한다. 프로그램 실행에 문제가 없는지를 확인한 후 그림 7-26과 같이 클라이언트 컴퓨터에서 웹 접속 URL 203.237.160.208:8888을 입력하면 2개의 하이퍼링크가 나타난다. 그림 7-26에서 GREEN_LED is currently off(click here to turn on) 문장이 있는 하이퍼링크의 click here to turn on을 클릭해보자. 그러면 그림 7-27과 같이 URL이 203.237.160.208:8888/17/on으로 바뀐 것을 알 수 있으며 GPIO 17번 포트에 연결된 LED를 on한다는 의미이므로 라즈베리파이 확장보드에 연결한 녹색 LED가 켜지는 것을 확인할 수

있다. 또한 첫 번째 하이퍼링크의 문자가 off는 on으로, on은 off로 바뀐 것을 확인할 수 있으며 그림 7-27의 하단에 Turned GREEN_LED on이라는 메시지가 나타날 것이다.

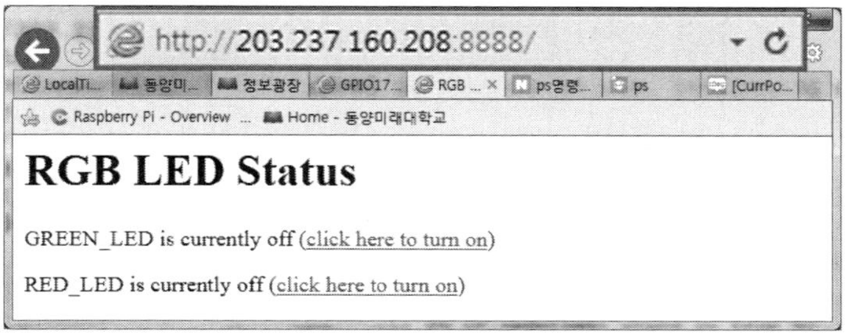

그림 7-26 웹브라우저 접속 결과

그림 7-27 첫 번째 하이퍼링크를 클릭한 결과

다음으로 그림 7-27에서 RED_LED is currently off(click here to turn on)이 있는 하이퍼링크의 click here to turn on을 클릭해보자. 그러면 그림 7-28과 같이 URL이 203.237.160.208:8888/4/on으로 바뀐 것을 알 수 있으며 GPIO 4번 포트에 연결된 LED를 on한다는 의미이므로 라즈베리파이 확장보드에 연결한 빨강색 LED가 켜지는 것을 확인할 수 있다. 또한 첫 번째 하이퍼 링크의 문자가 off는 on으로, on은 off로 바뀐 것을 확인할 수 있으며 그림 7-28의 하단에 Turned RED_LED on이라는 메시지가 나타날 것이다.

그림 7-28 두 번째 하이퍼링크를 클릭한 결과

이제 여러분의 스마트폰으로 라즈베리파이 서버에 접속해보자. 물론 여러분의 스마트폰은 동일한 네트워크망에 있어야함을 잊지 않도록 한다. 각각의 네트워크망은 보안 등의 이유로 접근을 막는 방화벽을 가지고 있기 때문에 특별한 조치를 취하지 않는 한 접속할 수 없다는 것을 알아야한다. 스마트폰의 인터넷 URL창에 라즈베리파이서버의 IP주소와 포트번호 203.237.160.208:8888을 입력하면 그림 7-29가 나타난다.

그림 7-29 스마트폰으로 접속한 라즈베리파이 서버

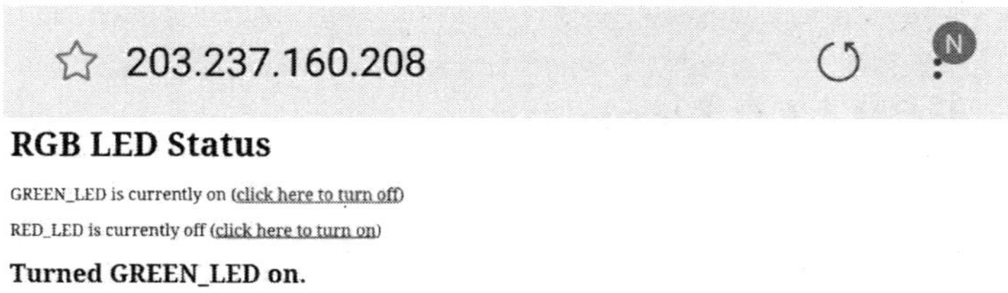

그림 7-30 스마트폰에서 첫 번째 하이퍼링크를 클릭한 결과

그림 7-29에서 GREEN_LED is currently off(click here to turn on)가 있는 하이퍼링크의 click here to turn on를 클릭해보자. 그러면 그림 7-30과 같이 라즈베리파이 확장보드에 연결한 녹색 LED가 켜지는 것을 확인할 있다. 그리고 첫 번째 하이퍼 링크의 문자가 off는 on으로, on은 off로 바뀐 것을 확인할 수 있으며 그림 7-30의 하단에 Turned GREEN_LED on이라는 메시지가 나타날 것이다. 그림 7-31은 라즈베리파이 서버의 화면에 나타난 접속정보이며 172.16.100.221라는 IP를 통해 스마트폰이 라즈베리파이 서버에 접속했음을 알 수 있다.

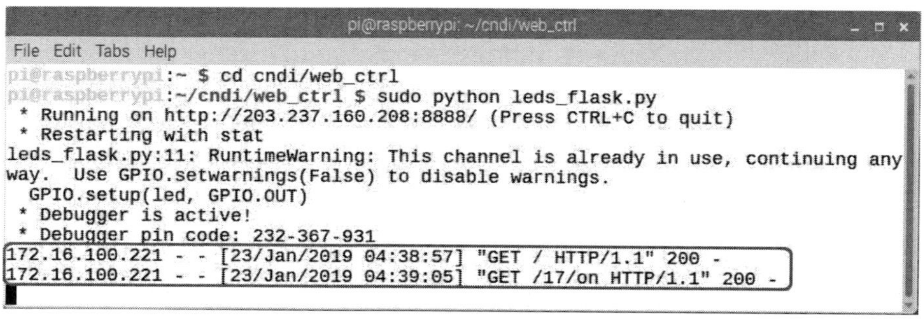

그림 7-31 라즈베리파이 서버 접속정보

7.2 C언어와 PHP를 이용한 센서 및 액추에이터 제어

학습목표	• C언어와 PHP로 웹 프로그램을 설계할 수 있다. • 웹을 통해 센서 및 액추에이터를 제어할 수 있다.

7.2.1 PHP를 이용한 LED 제어(red_led_on.c, red_led_off.c, red_led_ctrl.php)

지금까지는 파이썬 웹 프로그래밍을 이용하여 센서나 액추에이터를 제어하였다. 이 절에서는 C언어와 PHP를 이용하여 센서나 액추에이터를 제어해 보자. 먼저 웹브라우저를 통해 빨강색 LED를 ON 또는 OFF하는 프로그램을 만들어 보자. 웹브라우저에서 빨강색 LED를 ON하라는 요청을 하면 HTTP가 이 요청을 받아 PHP에 요청하고 PHP는 C 프로그램을 실행한다. 그리고 그 결과를 받아 HTTP에 응답하고 HTTP는 웹브라우저 요청자에게 최종 결과를 리턴한다. 각 프로그램 소스의 확장자가 c와 php라는 것을 잊지 않도록 하자. 우선 /home/pi 폴더 밑에 php_ctrl이라는 폴더를 하나 만들어두자. 여기서 만드는 c 프로그램은 php_ctrl폴더에 저장한다.

(1) 프로그램 소스

① red_led_on.c 프로그램 소스

표 7-10 red_led_on.c 소스파일과 설명

Program Source	Description
#include <stdio.h> #include <wiringPi.h>	표준 입출력 헤더파일 포함 라즈베리파이 GPIO 사용 헤더파일 포함
#define RED_LED 4	RED_LED의 애노드에 BCM은 GPIO 4번, wpi는 7번을 연결한다.

int main(void){
    if(wiringPiSetup() == -1)
      return 1;
    pinMode(RED_LED, OUTPUT);
    digitalWrite(RED_LED, HIGH);
    printf("RED LED is ON");
}
	wiringPi를 사용할 수 있는지를 확인
	
	RED_LED 즉, 핀 4는 출력
	RED_LED에 논리 1을 출력
	웹브라우저에 RED_LED is ON메시지 출력

표 7-10과 같이 red_led_on.c 파일을 작성한 다음 /home/pi/php_ctrl폴더에 저장한다. 그리고 그림 7-32와 같이 컴파일한다. 그리고 chown명령어를 이용하여 실행파일 red_led_on에 대한 소유자를 root로 변경하고 chmod명령어를 이용하여 해당 파일이 관리자 권한으로 실행될 수 있도록 한다. 그림 7-33은 실행파일 red_led_on에 대한 파일의 소유권과 실행권한에 대한 상세한 정보를 나타낸 것이다.

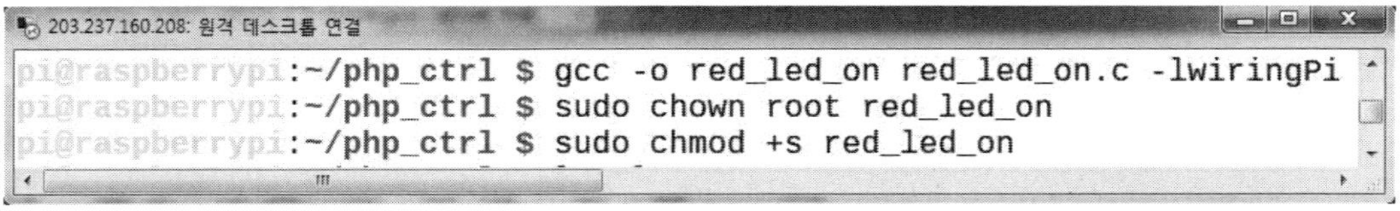

그림 7-32 red_led_on.c_파일 컴파일, 소유권 지정 그리고 실행권한 설정

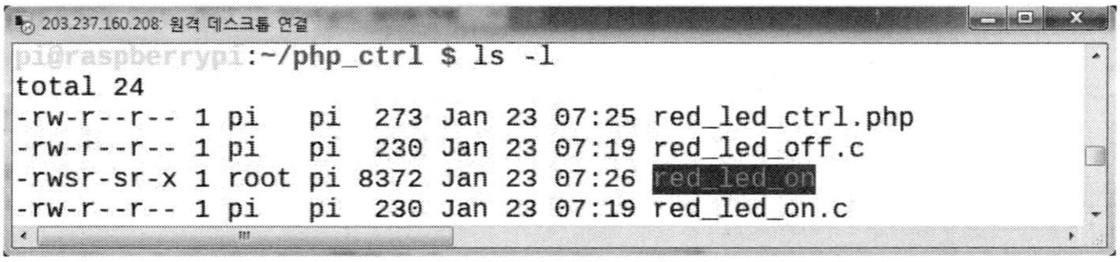

그림 7-33 red_led_on.c를 컴파일한 후 폴더의 내용 확인 결과

② red_led_off.c 프로그램 소스

표 7-11 red_led_off.c 소스파일과 설명

Program Source	Description
#include 〈stdio.h〉 #include 〈wiringPi.h〉	표준 입출력 헤더파일 포함 라즈베리파이 GPIO 사용 헤더파일 포함
#define RED_LED 4	RED_LED의 애노드에 BCM은 GPIO 4번, wpi는 7번을 연결한다.

int main(void){
    if(wiringPiSetup() == -1)
      return 1;
    pinMode(RED_LED, OUTPUT);
    digitalWrite(RED_LED, LOW);
    printf("RED LED is OFF");
}
	wiringPi를 사용할 수 있는지를 확인
	
	RED_LED 즉, 핀 4는 출력
	RED_LED에 논리 0을 출력
	웹브라우저에 RED_LED is OFF메시지 출력

표 7-11과 같이 red_led_off.c파일을 작성한 다음 /home/pi/php_ctrl폴더에 저장한다. 그리고 그림 7-34와 같이 컴파일한다. 그리고 chown명령어를 이용하여 실행파일에 대한 소유자를 root로 변경하고 chmod명령어를 이용하여 해당 파일이 관리자 권한으로 실행될 수 있도록 한다. 그림 7-35는 실행파일 red_led_off에 대한 파일의 소유권과 실행권한에 대한 상세한 정보를 나타낸 것이다.

```
pi@raspberrypi:~/php_ctrl $ gcc -o red_led_off red_led_off.c -lwiringPi

pi@raspberrypi:~/php_ctrl $ sudo chown root red_led_off
pi@raspberrypi:~/php_ctrl $ sudo chmod +s red_led_off
```

그림 7-34 red_led_off.c 파일 컴파일, 소유권 지정 그리고 실행권한 설정

```
pi@raspberrypi:~/php_ctrl $ ls -l
total 36
-rw-r--r-- 1 pi   pi  273 Jan 23 07:25 red_led_ctrl.php
-rwsr-sr-x 1 root pi 8372 Jan 23 07:49 red_led_off
-rw-r--r-- 1 pi   pi  230 Jan 23 07:19 red_led_off.c
-rwsr-sr-x 1 root pi 8372 Jan 23 07:26 red_led_on
-rw-r--r-- 1 pi   pi  230 Jan 23 07:19 red_led_on.c
```

그림 7-35 red_led_off.c를 컴파일 한 후 폴더의 내용 확인 결과

③ red_led_ctrl.php 프로그램 소스

표 7-12와 같이 red_led_ctrl.php파일을 작성한 다음 이 파일을 /var/www/html폴더에 저장한다. 앞으로 모든 php파일은 /var/www/html폴더에 저장한다.

표 7-12 red_led_ctrl.php 소스파일과 설명

Program Source	Description
<?php	php파일의 시작
if(isset($_GET['REDLEDON'])){ $value = shell_exec("/home/pi/php_ctrl/red_led_on"); echo $value;	웹브라우저의 URL에 REDLEDON이라는 문자가 들어오면 /home/pi/php_ctrl/red_led_on 파일을 실행하여 그 결과를 저장하고 그 결과를 화면에 출력한다.

}else if(isset($_GET['REDLEDOFF'])){
$value = shell_exec("/home/pi/php_ctrl/red_led_off");
echo $value;
}
	웹브라우저의 URL에 REDLEDOFF라는 문자가 들어오면 /home/pi/php_ctrl/red_led_off 파일을 실행하여 그 결과를 저장하고 그 결과를 화면에 출력한다.

?>	php파일의 끝

(2) 실습재료

라즈베리파이 3		컴퓨터	
LED 모듈	 〈www.capstonemall.co.kr〉	점퍼선	

(3) 연결정보

표 7-13 LED 모듈과 GPIO 연결정보

BCM	wpi	40Pin Connector	모듈연결위치
GPIO 4	7	7	LED 모듈 RED 1

표 7-13을 참조하여 그림 7-36과 같이 LED 모듈의 RED커넥터 1번과 라즈베리파이 확장보드의 커넥터 J6의 GPIO 4를 케이블로 연결한다.

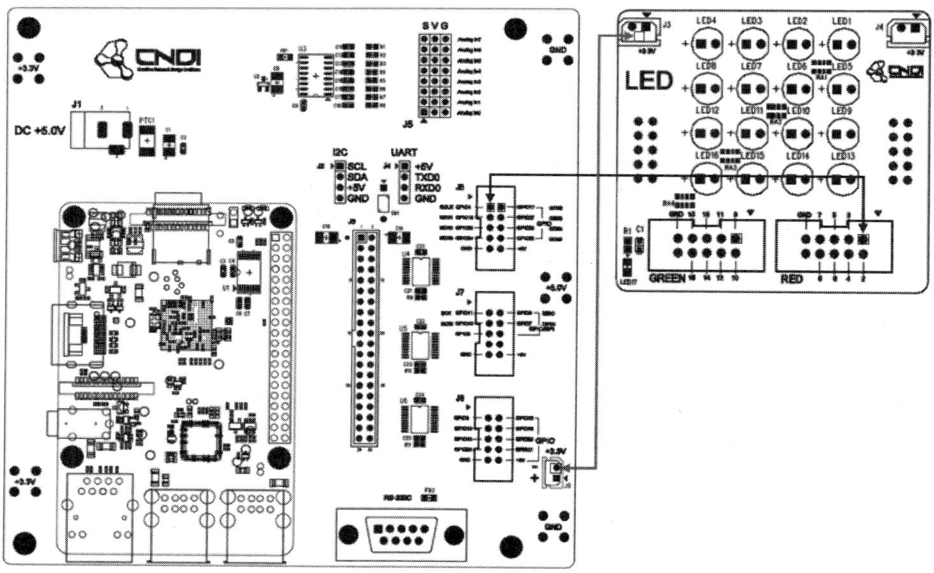

그림 7-36 라즈베리파이 확장보드와 LED 모듈 연결

(4) 프로그램 실행

그림 7-37과 같이 라즈베리파이 서버와 동일한 네트워크상의 컴퓨터에서 203.237.160.208/red_led_ctrl.php?REDLEDON이라고 입력하면 red_led_on 파일이 실행되고 그 결과인 RED LED is ON이라는 메시지가 나타나면서 라즈베리파이 서버의 GPIO 4에 연결된 LED모듈의 빨강색 LED가 켜지는 것을 확인할 수 있다.

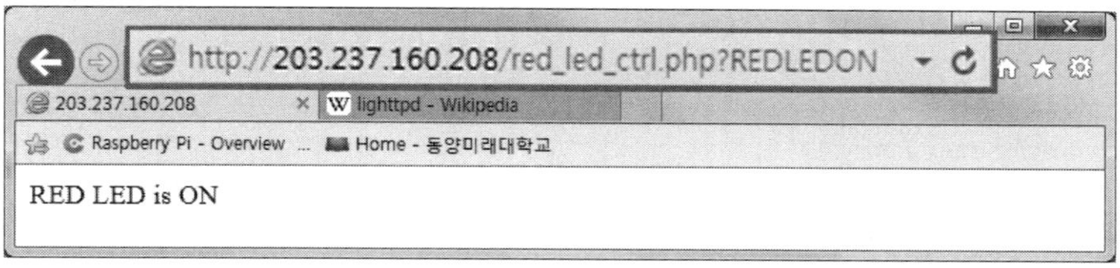

그림 7-37 빨강색 LED를 켜기 위한 URL입력

다음으로 빨강색 LED를 끄기 위해 그림 7-38과 같이 라즈베리파이 서버와 동일한 네트워크상의 컴퓨터에서 203.237.160.208/red_led_ctrl.php?REDLEDOFF라고 입력하면 red_led_off 파일이 실행되고 그 결과인 RED LED is OFF라는 메시지가 나타나면서 라즈베리파이 서버의 GPIO 4에 연결된 LED모듈의 빨강색 LED가 꺼지는 것을 확인할 수 있다.

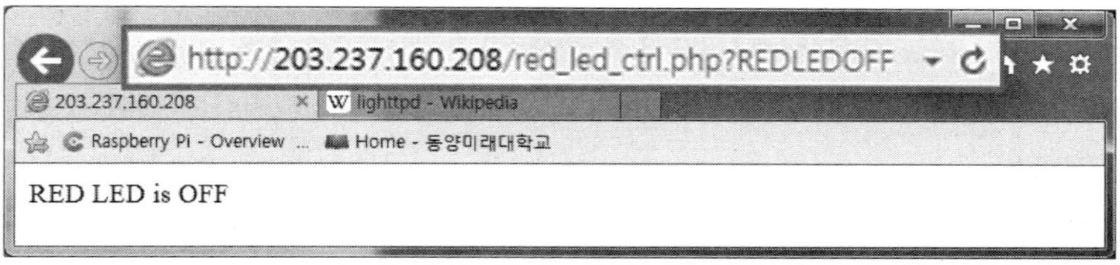

그림 7-38 빨강색 LED를 끄기 위한 URL입력

7.2.2 PHP를 이용한 버튼 제어(btn_state.c, remote_ctrl.php)

웹브라우저를 통해 버튼이 눌려졌는지 아닌지를 확인하는 프로그램을 만들어 보자. 웹브라우저에서 버튼 상태를 읽으라는 요청을 하면 HTTP가 이 요청을 받아 PHP에 요청하고 PHP는 C 프로그램을 실행하고 그 결과를 받아 HTTP에 응답한다. 이때 HTTP는 웹브라우저 요청자에게 최종 결과를 리턴한다.

(1) 프로그램 소스

① btn_state.c 프로그램 소스

표 7-14 btn_state.c 소스파일과 설명

Program Source	Description
#include 〈stdio.h〉 #include 〈wiringPi.h〉	표준 입출력 헤더파일 포함 라즈베리파이 GPIO 사용 헤더파일 포함
#define btn 17	스위치 모듈의 버튼에 BCM은 GPIO 17번, wpi는 0번을 연결한다.

int main(void){
    if(wiringPiSetup() == -1)
      return 1;
    pinMode(btn, INPUT);
    if(digitalRead(btn) == 0)
      printf("The button is pressed.");
    else
      printf("The button is released.");
}
	wiringPi를 사용할 수 있는지를 확인
	
	btn 즉, 핀 17은 입력
	btn을 읽어서 0이면
	The button is pressed.를 출력
	아니면
	The button is not pressed.를 출력

표 7-14와 같이 btn_state.c 파일을 작성한 다음 /home/pi/php_ctrl폴더에 저장한다. 그리고 그림 7-39와 같이 컴파일한다. 그리고 chown명령어를 이용하여 실행파일에 대한 소유자를 root로 변경하고 chmod명령어를 이용하여 해당 파일이 관리자 권한으로 실행될 수 있도록 한다. 그림 7-40은 실행파일 btn_state에 대한 파일의 소유권과 실행권한에 대한 상세한 정보를 나타낸 것이다.

```
pi@raspberrypi: ~/php_ctrl
File Edit Tabs Help
pi@raspberrypi:~/php_ctrl $ gcc -o btn_state btn_state.c -lwiringPi
pi@raspberrypi:~/php_ctrl $ sudo chown root btn_state
pi@raspberrypi:~/php_ctrl $ sudo chmod +s btn_state
pi@raspberrypi:~/php_ctrl $
```

그림 7-39 btn_state.c 파일 컴파일, 소유권 지정 그리고 실행권한 설정

```
pi@raspberrypi: ~/php_ctrl
File Edit Tabs Help
-rwsr-sr-x 1 root pi 8368 Jan 28 07:37 btn_state
-rwxr--r-- 1 pi   pi  276 Jan 28 07:36 btn_state.c
-rwxr--r-- 1 pi   pi  243 Jan 26 03:58 buzzer_off.txt
-rwxr--r-- 1 pi   pi  245 Jan 26 03:58 buzzer_on.c
```

그림 7-40 btn_state.c 파일을 컴파일 한 후 폴더의 내용 확인 결과

② remote_ctrl.php 프로그램 소스

지금부터 php파일은 통합 운영을 위해 remote_ctrl.php로 변경하여 사용한다. 표 7-15와

같이 remote_ctrl.php파일을 작성한 다음 이 파일을 /var/www/html폴더에 저장한다.

표 7-15 remote_ctrl.php 소스파일과 설명

Program Source	Description
〈?php	php파일의 시작
if(isset($_GET['REDLEDON'])){ $value = shell_exec("/home/pi/php_ctrl/red_led_on"); echo $value;	웹브라우저의 URL에 REDLEDON이라는 문자가 들어오면 /home/pi/php_ctrl/red_led_on 파일을 실행하여 그결과를 저장하고 그 결과를 화면에 출력한다.
}else if(isset($_GET['REDLEDOFF'])){ $value = shell_exec("/home/pi/php_ctrl/red_led_off"); echo $value;	웹브라우저의 URL에 REDLEDOFF라는 문자가 들어오면 /home/pi/php_ctrl/red_led_off 파일을 실행하여 그결과를 저장하고 그 결과를 화면에 출력한다.

}else if(isset($_GET['BUTTON'])){
$value = shell_exec("/home/pi/php_ctrl/btn_state");
echo $value;
}
	웹브라우저의 URL에 BUTTON이라는
	문자가 들어오면
	/home/pi/php_ctrl/btn_state 파일을
	실행하여 그 결과를 변수에 저장하고
	변수 값을 화면에 출력한다.

?〉	php파일의 끝

(2) 실습재료

라즈베리파이 3		컴퓨터	
점퍼선	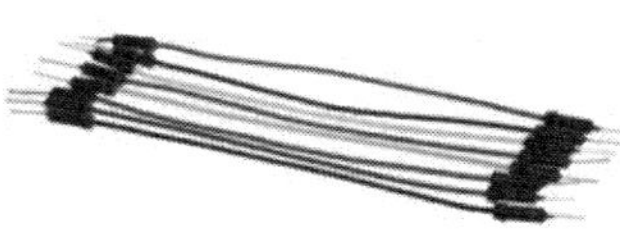	스위치 모듈	 〈www.capstonemall.co.kr〉

(3) 연결정보

표 7-16 키패드 모듈과 GPIO 연결정보

BCM	wpi	40Pin Connector	모듈연결위치
GPIO 17	0	11	키패드 모듈 BT1 PB1

표 7-16을 참조하여 키패드 모듈 BT1의 1번 핀과 라즈베리파이 확장보드 커넥터 J6의 GPIO 17을 케이블로 연결한다.

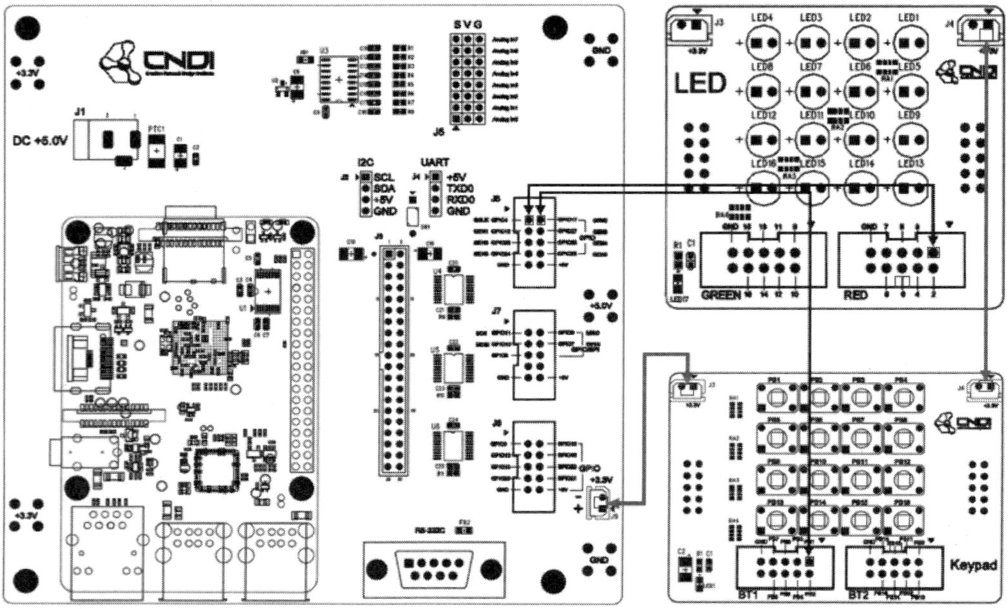

그림 7-41 라즈베리파이 확장보드와 LED 모듈 및 키패드 모듈 연결

(4) 프로그램 실행

그림 7-42와 같이 라즈베리파이 서버와 동일한 네트워크상의 컴퓨터에서 203.237.160.208/remote_ctrl.php?BUTTON이라고 입력하고 키패드 모듈의 버튼 PB1을 누르고 있으면 btn_state 파일이 실행되고 그 결과인 The button is pressed.라는 메시지가 나타나는 것을 확인할 수 있다.

그림 7-42 BUTTON이 눌려진 상태를 읽기위한 URL입력

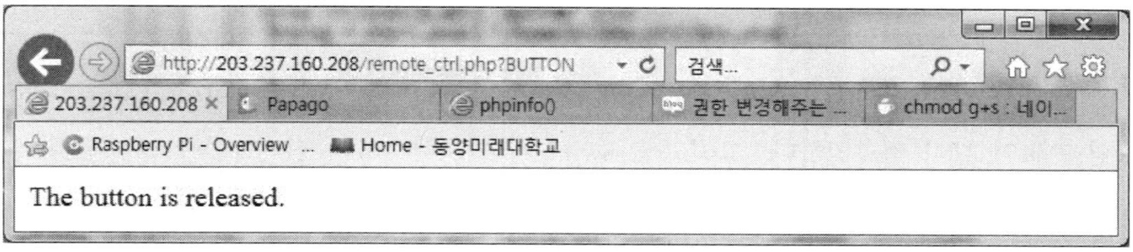

그림 7-43 BUTTON이 눌리지 않은 상태를 읽기위한 URL입력

다음으로 키패드 모듈의 PB1에서 손을 뗀 다음 그림 7-43과 같이 입력하면 btn_state 파일이 실행되고 그 결과인 The button is not pressed.라는 메시지가 나타나는 것을 확인할 수 있다.

7.2.3 PHP를 이용한 PIR 센서 제어(pir_state.c, remote_ctrl.php)

웹브라우저를 통해 라즈베리파이 서버에 연결되어 있는 PIR센서에 인체가 감지되었는지 확인하는 프로그램을 만들어 보자. 웹브라우저에서 PIR센서의 현재 상태를 읽으라는 요청을 하면 HTTP가 이 요청을 받아 PHP에 요청한다. PHP는 C 프로그램을 실행하고 그 결과를 받아 HTTP에 응답한다. 이때 HTTP는 웹브라우저 요청자에게 최종 결과를 리턴한다.

(1) 프로그램 소스

① pir_state.c 프로그램 소스

표 7-17 pir_state.c 소스파일과 설명

Program Source	Description
#include 〈stdio.h〉 #include 〈wiringPi.h〉	표준 입출력 헤더파일 포함 라즈베리파이 GPIO 사용 헤더파일 포함
#define pir_sen 10	PIR 센서 모듈의 BCM은 GPIO 10번, wpi는 12번을 연결한다.

int main(void){	wiringPi를 사용할 수 있는지를 확인
if(wiringPiSetup() == -1)	
return 1;	
pinMode(pir_sen, INPUT);	pir_sen 즉, 핀 12는 입력
if(digitalRead(pir_sen) == 1)	pir_sen을 읽어서 1이면
printf("Motion detected.");	Motion detected.를 출력
else	아니면
printf("Motion ended.");	Motion ended.를 출력
}	

표 7-17과 같이 pir_state.c 파일을 작성한 다음 /home/pi/php_ctrl폴더에 저장한다. 그리고 그림 7-44와 같이 컴파일한다. 그리고 chown명령어를 이용하여 실행파일에 대한 소유자를 root로 변경하고 chmod명령어를 이용하여 해당 파일이 관리자 권한으로 실행될 수 있도록 한다. 그림 7-45는 실행파일 pir_state 에 대한 파일의 소유권과 실행권한에 대한 상세한 정보를 나타낸 것이다.

```
pi@raspberrypi: ~/php_ctrl
File  Edit  Tabs  Help
pi@raspberrypi:~/php_ctrl $ gcc -o pir_state pir_state.c -lwiringPi
pi@raspberrypi:~/php_ctrl $ sudo chown root pir_state
pi@raspberrypi:~/php_ctrl $ sudo chmod +s pir_state
pi@raspberrypi:~/php_ctrl $
```

그림 7-44 pir_state.c 파일 컴파일, 소유권 지정 그리고 실행권한 설정

```
pi@raspberrypi: ~/php_ctrl
File  Edit  Tabs  Help
-rwxr--r-- 1 pi   pi  458 Jan 26 04:02 motor_stop.txt
-rwsr-sr-x 1 root pi 8368 Jan 28 08:08 pir_state
-rwxr--r-- 1 pi   pi  273 Jan 28 08:07 pir_state.c
-rw-r--r-- 1 pi   pi  273 Jan 23 07:25 red_led_ctrl.php
```

그림 7-45 pir_state.c 파일을 컴파일 한 후 폴더의 내용 확인 결과

② remote_ctrl.php 프로그램 소스

지금부터 php파일은 통합 운영을 위해 remote_ctrl.php로 변경하여 사용한다. 표 7-18과 같이 remote_ctrl.php파일을 작성한 다음 이 파일을 /var/www/html폴더에 저장한다.

표 7-18 remote_ctrl.php 소스파일과 설명

Program Source	Description
<?php	php파일의 시작
if(isset($_GET['REDLEDON'])){	웹브라우저의 URL에

$value = shell_exec(“/home/pi/php_ctrl/red_led_on”); echo $value;	REDLEDON이라는 문자가 들어오면 /home/pi/php_ctrl/red_led_on 파일을 실행하여 그 결과를 저장하고 그 결과를 화면에 출력한다.
}else if(isset($_GET[‘REDLEDOFF’])){ $value = shell_exec(“/home/pi/php_ctrl/red_led_off”); echo $value;	웹브라우저의 URL에 REDLEDOFF라는 문자가 들어오면 /home/pi/php_ctrl/red_led_off 파일을 실행하여 그 결과를 저장하고 그 결과를 화면에 출력한다.
}else if(isset($_GET[‘BUTTON’])){ $value = shell_exec(“/home/pi/php_ctrl/btn_state”); echo $value;	웹브라우저의 URL에 BUTTON이라는 문자가 들어오면 /home/pi/php_ctrl/btn_state 파일을 실행하여 그 결과를 변수에 저장하고 변수 값을 화면에 출력한다.

}else if(isset($_GET[‘PIR’])){
$value = shell_exec(“/home/pi/php_ctrl/pir_state”);
echo $value;
}
	웹브라우저의 URL에 PIR이라는
	문자가 들어오면
	/home/pi/php_ctrl/pir_state 파일을
	실행하여 그 결과를 변수에 저장하고
	변수 값을 화면에 출력한다.

?>	php파일의 끝

(2) 실습재료

라즈베리파이 3		컴퓨터	
점퍼선	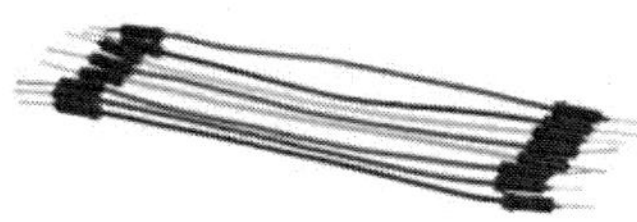	PIR 센서 (HC-SR501)	 <www.capstonemall.co.kr>

(3) 연결정보

표 7-19 PIR 센서 모듈과 GPIO 연결정보

BCM	wpi	40Pin Connector	모듈연결위치
GPIO 10	12	19	PIR 센서 모듈 OUT

표 7-19를 참조하여 그림 7-46과 같이 PIR 센서 모듈의 OUT과 라즈베리파이 확장보드의 커넥터 J7의 GPIO 10을 케이블로 연결한다.

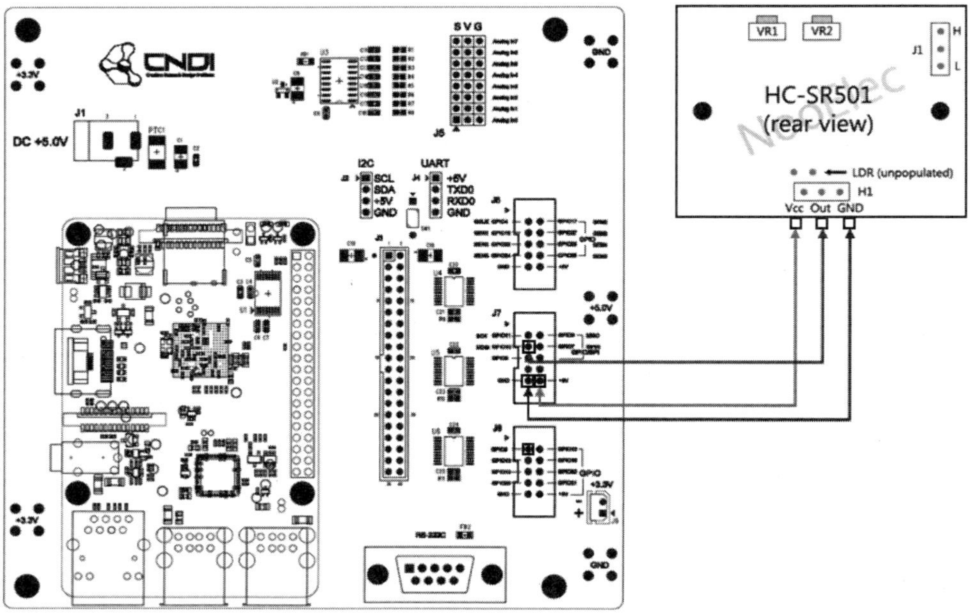

그림 7-46 라즈베리파이 확장보드와 PIR 센서 모듈 연결

(4) 프로그램 실행

그림 7-47 PIR 센서 상태를 읽기위한 URL입력

그림 7-47과 같이 라즈베리파이 서버와 동일한 네트워크상의 컴퓨터에서 203.237.160.208/remote_ctrl.php?PIR이라고 입력하고 PIR 센서 주변에 사람이 나타나면 PIR 센서가 작동하고 pir_state 파일이 실행되면서 그 결과인 Motion detected.라는 메시지가 나타나는 것을 확인할 수 있다. 다음으로 PIR 센서 주변에 사람이 사라지게 한 다음 그림 7-48과 같이 입력하면 pir_state 파일이 실행되고 그 결과인 Motion ended. 라는 메시지가 나타나는 것을 확인할 수 있다.

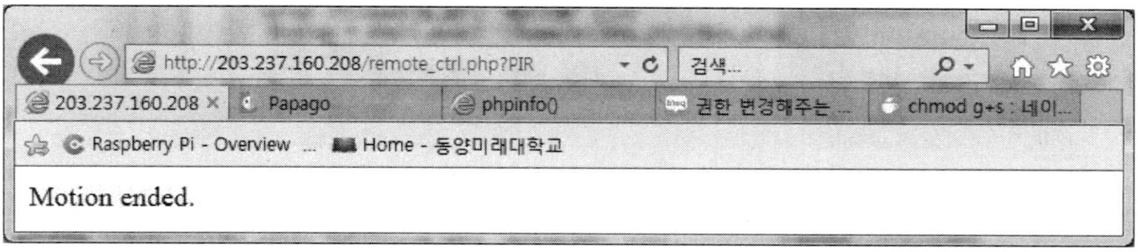

그림 7-48 PIR 센서 상태를 읽기위한 URL입력

7.2.4 PHP를 이용한 부저 제어(buzzer_on.c, buzzer_off.c, remote_ctrl.php)

웹브라우저를 통해 Buzzer를 구동하는 프로그램을 만들어 보자. 웹브라우저에서 Buzzer에 소리를 내기 위한 정보를 요청하면 HTTP가 이 요청을 받아 PHP에 요청한다. PHP는 C 프로그램을 실행하고 그 결과를 받아 HTTP에 응답한다. 이때 HTTP는 웹브라우저 요청자에게 최종 결과를 리턴한다.

(1) 프로그램 소스

① buzzer_on.c 프로그램 소스

표 7-20 buzzer_on.c 소스파일과 설명

Program Source	Description
#include 〈stdio.h〉 #include 〈wiringPi.h〉	표준 입출력 헤더파일 포함 라즈베리파이 GPIO 사용 헤더파일 포함
#define buzzer 18	Buzzer 모듈의 BCM은 GPIO 18번, wpi는 1번을 연결한다.

int main(void){
    if(wiringPiSetup() == -1)
      return 1;
    pinMode(buzzer, OUTPUT);
    digitalWrite(buzzer, HIGH);
    printf("BUZZER is ON!!!");
}
	wiringPi를 사용할 수 있는지를 확인
	
	buzzer 즉, 핀 18은 출력
	부저 ON
	메시지 출력

표 7-20과 같이 buzzer_on.c 파일을 작성한 다음 /home/pi/php_ctrl폴더에 저장한다. 그리고 그림 7-49와 같이 컴파일한다. 그리고 chown명령어를 이용하여 실행파일에 대한 소유자를 root로 변경하고 chmod명령어를 이용하여 해당 파일이 관리자 권한으로 실행될 수 있도록

한다. 그림 7-50은 실행파일 buzzer_on 에 대한 파일의 소유권과 실행권한에 대한 상세한 정보를 나타낸 것이다.

```
pi@raspberrypi: ~/php_ctrl
File Edit Tabs Help
pi@raspberrypi:~/php_ctrl $ gcc -o buzzer_on buzzer_on.c -lwiringPi
pi@raspberrypi:~/php_ctrl $ sudo chown root buzzer_on
pi@raspberrypi:~/php_ctrl $ sudo chmod +s buzzer_on
pi@raspberrypi:~/php_ctrl $
```

그림 7-49 buzzer_on.c 파일 컴파일, 소유권 지정 그리고 실행권한 설정

```
pi@raspberrypi: ~/php_ctrl
File Edit Tabs Help
-rwxr--r-- 1 pi   pi  243 Jan 26 03:58 buzzer_off.txt
-rwsr-sr-x 1 root pi 8368 Jan 28 08:17 buzzer_on
-rwxr--r-- 1 pi   pi  224 Jan 28 08:16 buzzer_on.c
-rwxr--r-- 1 pi   pi  469 Jan 26 04:01 motor_left.c
```

그림 7-50 buzzer_on.c 파일을 컴파일 한 후 폴더의 내용 확인 결과

② buzzer_off.c 프로그램 소스

표 7-21 buzzer_off.c 소스파일과 설명

Program Source	Description
#include ⟨stdio.h⟩ #include ⟨wiringPi.h⟩	표준 입출력 헤더파일 포함 라즈베리파이 GPIO 사용 헤더파일 포함
#define buzzer 18	Buzzer 모듈의 BCM은 GPIO 18번, wpi는 1번을 연결한다.

int main(void){
    if(wiringPiSetup() == -1)
      return 1;
    pinMode(buzzer, OUTPUT);
    digitalWrite(buzzer, LOW);
    printf("BUZZER is OFF!!!");
}
	wiringPi를 사용할 수 있는지를 확인
	
	buzzer 즉, 핀 18은 출력
	부저 OFF
	메시지 출력

표 7-21과 같이 buzzer_off.c 파일을 작성한 다음 /home/pi/php_ctrl폴더에 저장한다. 그리고 그림 7-51과 같이 컴파일한다. 그리고 chown명령어를 이용하여 실행파일에 대한 소유자를 root로 변경하고 chmod명령어를 이용하여 해당 파일이 관리자 권한으로 실행될 수 있도록 한다. 그림 7-52는 실행파일 buzzer_off에 대한 파일의 소유권과 실행권한에 대한 상세한 정보를 나타낸 것이다.

```
pi@raspberrypi: ~/php_ctrl
File  Edit  Tabs  Help
pi@raspberrypi:~/php_ctrl $ gcc -o buzzer_off buzzer_off.c -lwiringPi
pi@raspberrypi:~/php_ctrl $ sudo chown root buzzer_off
pi@raspberrypi:~/php_ctrl $ sudo chmod +s buzzer_off
pi@raspberrypi:~/php_ctrl $ 
```

그림 7-51 buzzer_off.c 파일 컴파일, 소유권 지정 그리고 실행권한 설정

```
pi@raspberrypi: ~/php_ctrl
File  Edit  Tabs  Help
-rwxr--r-- 1 pi   pi  276 Jan 28 07:36 btn_state.c
-rwsr-sr-x 1 root pi 8372 Jan 28 08:23 buzzer_off
-rwxr--r-- 1 pi   pi  224 Jan 28 08:22 buzzer_off.c
-rwsr-sr-x 1 root pi 8368 Jan 28 08:17 buzzer_on
```

그림 7-52 buzzer_off.c 파일을 컴파일 한 후 폴더의 내용 확인 결과

③ remote_ctrl.php 프로그램 소스

표 7-22와 같이 remote_ctrl.php파일을 작성한 다음 이 파일을 /var/www/html폴더에 저장한다.

표 7-22 remote_ctrl.php 소스파일과 설명

Program Source	Description
<?php	php파일의 시작
if(isset($_GET['REDLEDON'])){ $value = shell_exec("/home/pi/php_ctrl/red_led_on"); echo $value;	웹브라우저의 URL에 REDLEDON이라는 문자가 들어오면 /home/pi/php_ctrl/red_led_on 파일을 실행하여 그결과를 저장하고 그 결과를 화면에 출력한다.
}else if(isset($_GET['REDLEDOFF'])){ $value = shell_exec("/home/pi/php_ctrl/red_led_off"); echo $value;	웹브라우저의 URL에 REDLEDOFF라는 문자가 들어오면 /home/pi/php_ctrl/red_led_off 파일을 실행하여 그결과를 저장하고 그 결과를 HTML로 화면에 출력한다.
}else if(isset($_GET['BUTTON'])){ $value = shell_exec("/home/pi/php_ctrl/btn_state"); echo $value;	웹브라우저의 URL에 BUTTON이라는 문자가 들어오면 /home/pi/php_ctrl/btn_state 파일을 실행하여 그 결과를 변수에 저장하고 변수 값을 HTML로 화면에 출력한다.
}else if(isset($_GET['PIR'])){ $value = shell_exec("/home/pi/php_ctrl/pir_state");	웹브라우저의 URL에 PIR이라는 문자가 들어오면

echo $value;	/home/pi/php_ctrl/pir_state 파일을 실행하여 그 결과를 변수에 저장하고 변수 값을 HTML로 화면에 출력한다.
}else if(isset($_GET['BUZZERON'])){ $value = shell_exec("/home/pi/php_ctrl/buzzer_on"); echo $value;	웹브라우저의 URL에 BUZZERON이라는 문자가 들어오면 /home/pi/php_ctrl/buzzer_on 파일을 실행하여 그 결과를 변수에 저장하고 변수 값을 HTML로 화면에 출력한다.

}else if(isset($_GET['BUZZEROFF'])){
$value = shell_exec("/home/pi/php_ctrl/buzzer_off");
echo $value;
}
	웹브라우저의 URL에 BUZZEROFF라는 문자가 들어오면 /home/pi/php_ctrl/buzzer_off 파일을 실행하여 그 결과를 변수에 저장하고 변수 값을 HTML로 화면에 출력한다.

?>	php파일의 끝

(2) 실습재료

라즈베리파이 3		컴퓨터	
점퍼선	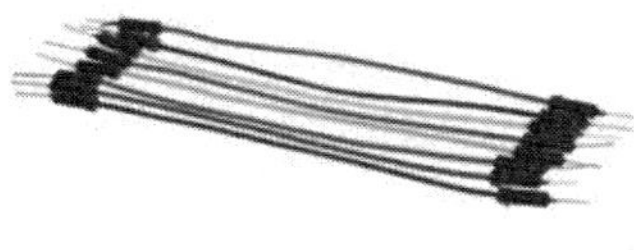	부저 모듈	 ⟨www.capstonemall.co.kr⟩

(3) 연결정보

표 7-23 부저 모듈과 GPIO 연결정보

BCM	wpi	40Pin Connector	모듈연결위치
GPIO 18	1	12	부저 모듈 BUZZER

표 7-23을 참조하여 그림 7-53과 같이 부저 모듈의 BUZZER핀과 라즈베리파이 확장보드의 커넥터 J6의 GPIO 18을 케이블로 연결한다.

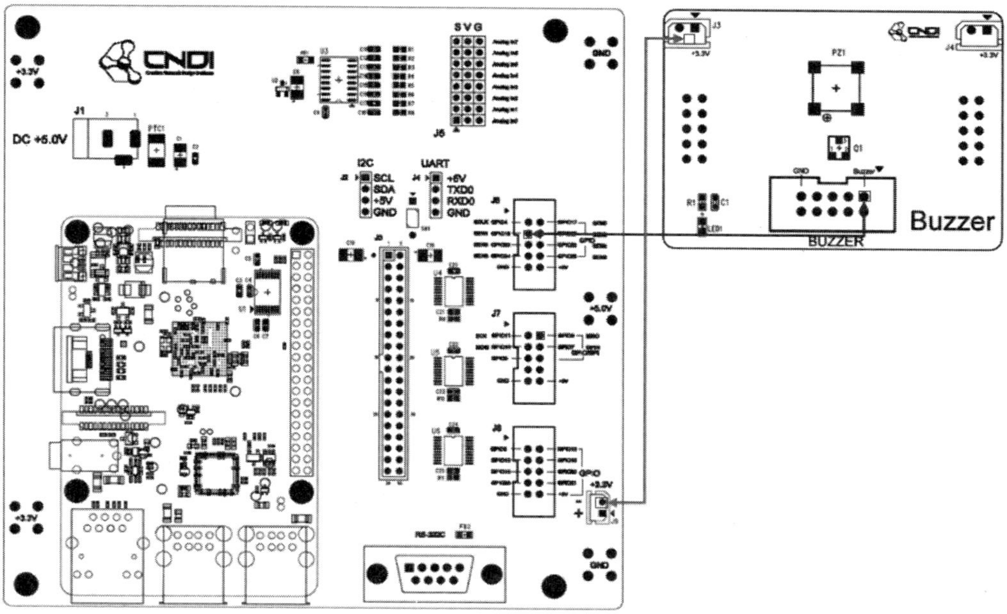

그림 7-53 라즈베리파이 확장보드와 부저 모듈 연결

(4) 프로그램 실행

그림 7-54와 같이 라즈베리파이 서버와 동일한 네트워크상의 컴퓨터에서 203.237.160.208/remote_ctrl.php?BUZZERON 이라고 입력하면 라즈베리파이 보드에 있는 부저가 소리를 낸다. 그리고 그 결과인 BUZZER is ON!!!이라는 메시지가 나타나는 것을 확인할 수 있다.

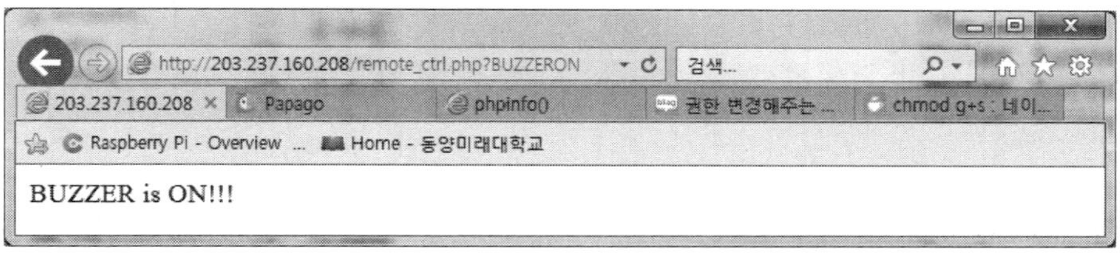

그림 7-54 BUZZER를 ON하기 위한 URL입력

다음으로 그림 7-55와 같이 203.237.160.208/remote_ctrl.php?BUZZEROFF 라고 입력하면 라즈베리파이 보드에 있는 부저가 소리를 멈춘다. 그리고 그 결과인 BUZZER is OFF!!!라는 메시지가 나타나는 것을 확인할 수 있다.

그림 7-55 BUZZER를 OFF하기 위한 URL입력

7.2.5 PHP를 이용한 DC 모터 제어(motor_left.c, motor_right.c, motor_stop.c, remote_ctrl.php)

웹브라우저를 통해 DC 모터를 구동하는 프로그램을 만들어 보자. 웹브라우저에서 모터를 왼쪽으로 돌리라는 정보를 요청하면 HTTP가 이 요청을 받아 PHP에 요청하고 PHP는 C 프로그램을 실행하고 그 결과를 받아 HTTP에 응답한다. 이때 HTTP는 웹브라우저 요청자에게 최종 결과를 리턴한다.

(1) 프로그램 소스

① motor_left.c 프로그램 소스

표 7-24 motor_left.c 소스파일과 설명

Program Source	Description
#include 〈stdio.h〉 #include 〈wiringPi.h〉	표준 입출력 헤더파일 포함 라즈베리파이 GPIO 사용 헤더파일 포함
#define MOTOR_MT_N_PIN 22 #define MOTOR_MT_P_PIN 23	MOTOR 포트 MT_N 핀 정의 MOTOR 포트 MT_P 핀 정의
int main(void) {	
if (wiringPiSetupGpio() == -1) return 1;	wiringPi의 GPIO를 사용하기 위한 설정
pinMode(MOTOR_MT_N_PIN, OUTPUT); pinMode(MOTOR_MT_P_PIN, OUTPUT);	MT_N / MT_P 핀 출력 설정

digitalWrite(MOTOR_MT_P_PIN, LOW);
digitalWrite(MOTOR_MT_N_PIN, HIGH);
printf("Motor turns to the left.");
}
	모터를 왼쪽으로 돌린다.

표 7-24와 같이 motor_left.c 파일을 작성한 다음 /home/pi/php_ctrl폴더에 저장한다. 그리고 그림 7-56과 같이 컴파일한다. 그리고 chown명령어를 이용하여 실행파일에 대한 소유자를 root로 변경하고 chmod명령어를 이용하여 해당 파일이 관리자 권한으로 실행될 수 있도록 한다. 그림 7-57은 실행파일 motor_left 에 대한 파일의 소유권과 실행권한에 대한 상세한 정보를 나타낸 것이다.

```
pi@raspberrypi: ~/php_ctrl
File Edit Tabs Help
pi@raspberrypi:~/php_ctrl $ gcc -o motor_left motor_left.c -lwiringPi
pi@raspberrypi:~/php_ctrl $ sudo chown root motor_left
pi@raspberrypi:~/php_ctrl $ sudo chmod +s motor_left
pi@raspberrypi:~/php_ctrl $ 
```

그림 7-56 motor_left.c 파일 컴파일, 소유권 지정 그리고 실행권한 설정

```
pi@raspberrypi: ~/php_ctrl
File Edit Tabs Help
-rwxr--r-- 1 pi   pi  224 Jan 28 08:16 buzzer_on.c
-rwsr-sr-x 1 root pi 8440 Jan 28 08:40 motor_left
-rwxr--r-- 1 pi   pi  468 Jan 28 08:38 motor_left.c
-rwxr--r-- 1 pi   pi  469 Jan 28 08:39 motor_right.c
```

그림 7-57 motor_left.c 파일을 컴파일 한 후 폴더의 내용 확인 결과

② motor_right.c 프로그램 소스

표 7-25 motor_right.c 소스파일과 설명

Program Source	Description
#include 〈stdio.h〉 #include 〈wiringPi.h〉	표준 입출력 헤더파일 포함 라즈베리파이 GPIO 사용 헤더파일 포함
#define MOTOR_MT_N_PIN 22 #define MOTOR_MT_P_PIN 23	MOTOR 포트 MT_N 핀 정의 MOTOR 포트 MT_P 핀 정의
int main(void) {	
if (wiringPiSetupGpio() == -1) return 1;	wiringPi의 GPIO를 사용하기 위한 설정
pinMode(MOTOR_MT_N_PIN, OUTPUT); pinMode(MOTOR_MT_P_PIN, OUTPUT);	MT_N / MT_P 핀 출력 설정

digitalWrite(MOTOR_MT_N_PIN, LOW);
digitalWrite(MOTOR_MT_P_PIN, HIGH);
printf("Motor turns to the right.");
}
	모터를 오른쪽으로 돌린다.

표 7-25와 같이 motor_right.c 파일을 작성한 다음 /home/pi/php_ctrl폴더에 저장한다. 그리고 그림 7-58과 같이 컴파일한다. 그리고 chown명령어를 이용하여 실행파일에 대한 소유자를 root로 변경하고 chmod명령어를 이용하여 해당 파일이 관리자 권한으로 실행될 수 있도록 한다. 그림 7-59는 실행파일 motor_right 에 대한 파일의 소유권과 실행권한에 대한 상세한 정보를 나타낸 것이다.

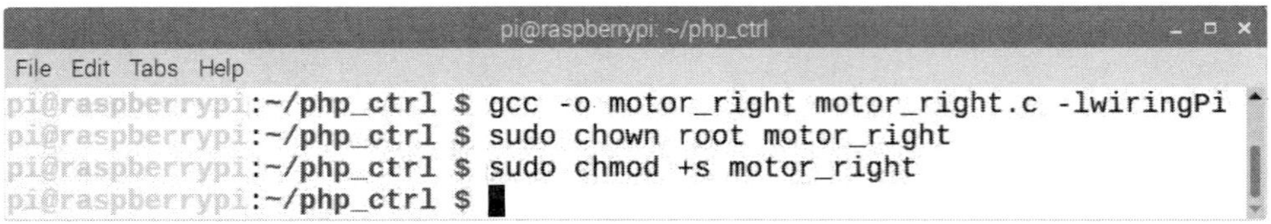

그림 7-58 motor_right.c 파일 컴파일, 소유권 지정 그리고 실행권한 설정

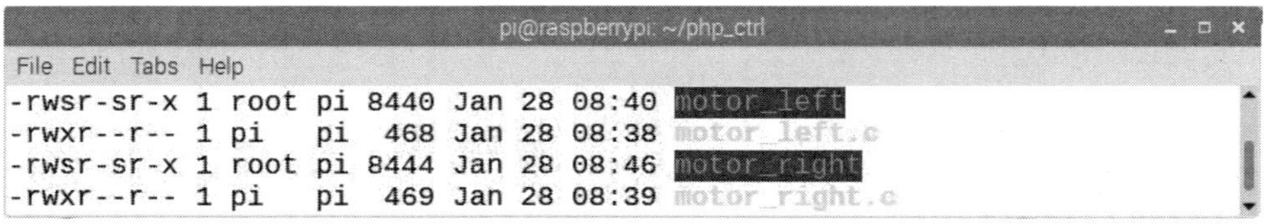

그림 7-59 motor_right.c 파일을 컴파일 한 후 폴더의 내용 확인 결과

③ motor_stop.c 프로그램 소스

표 7-26 motor_stop.c 소스파일과 설명

Program Source	Description
#include <stdio.h> #include <wiringPi.h>	표준 입출력 헤더파일 포함 라즈베리파이 GPIO 사용 헤더파일 포함
#define MOTOR_MT_P_PIN 22 #define MOTOR_MT_N_PIN 23	MOTOR 포트 MT_N 핀 정의 MOTOR 포트 MT_P 핀 정의
int main(void) {	
if (wiringPiSetupGpio() == -1) return 1;	wiringPi의 GPIO를 사용하기 위한 설정
pinMode(MOTOR_MT_N_PIN, OUTPUT); pinMode(MOTOR_MT_P_PIN, OUTPUT);	MT_N / MT_P 핀 출력 설정

digitalWrite(MOTOR_MT_N_PIN, LOW);
digitalWrite(MOTOR_MT_P_PIN, LOW);
printf("Motor stops.");
}
	모터를 정지시킨다.

표 7-26과 같이 motor_stop.c 파일을 작성한 다음 /home/pi/php_ctrl폴더에 저장한다. 그리고 그림 7-60과 같이 컴파일한다. 그리고 chown명령어를 이용하여 실행파일에 대한 소유자를 root로 변경하고 chmod명령어를 이용하여 해당 파일이 관리자 권한으로 실행될 수 있도록 한다. 그림 7-61은 실행파일 motor_stop 에 대한 파일의 소유권과 실행권한에 대한 상세한 정보를 나타낸 것이다.

```
pi@raspberrypi: ~/php_ctrl
File Edit Tabs Help
pi@raspberrypi:~/php_ctrl $ gcc -o motor_stop motor_stop.c -lwiringPi
pi@raspberrypi:~/php_ctrl $ sudo chown root motor_stop
pi@raspberrypi:~/php_ctrl $ sudo chmod +s motor_stop
pi@raspberrypi:~/php_ctrl $
```

그림 7-60 motor_stop.c 파일 컴파일, 소유권 지정 그리고 실행권한 설정

```
pi@raspberrypi: ~/php_ctrl
File Edit Tabs Help
-rwsr-sr-x 1 root pi 8440 Jan 28 08:40 motor_left
-rwxr--r-- 1 pi   pi  468 Jan 28 08:38 motor_left.c
-rwsr-sr-x 1 root pi 8444 Jan 28 08:46 motor_right
-rwxr--r-- 1 pi   pi  469 Jan 28 08:39 motor_right.c
-rwsr-sr-x 1 root pi 8408 Jan 28 08:49 motor_stop
```

그림 7-61 motor_stop.c 파일을 컴파일 한 후 폴더의 내용 확인 결과

④ remote_ctrl.php 프로그램 소스

표 7-27과 같이 remote_ctrl.php파일을 작성한 다음 이 파일을 /var/www/html폴더에 저장한다.

표 7-27 remote_ctrl.php 소스파일과 설명

Program Source	Description
〈?php	php파일의 시작
if(isset($_GET['REDLEDON'])){ $value = shell_exec("/home/pi/php_ctrl/red_led_on"); echo $value;	웹브라우저의 URL에 REDLEDON이라는 문자가 들어오면 /home/pi/php_ctrl/red_led_on 파일을 실행하여 그결과를 저장하고 그 결과를 화면에 출력한다.
}else if(isset($_GET['REDLEDOFF'])){ $value = shell_exec("/home/pi/php_ctrl/red_led_off"); echo $value;	웹브라우저의 URL에 REDLEDOFF라는 문자가 들어오면 /home/pi/php_ctrl/red_led_off 파일을 실행하여 그결과를 저장하고 그 결과를 HTML로 화면에 출력한다.

}else if(isset($_GET['BUTTON'])){ $value = shell_exec("/home/pi/php_ctrl/btn_state"); echo $value;	웹브라우저의 URL에 BUTTON이라는 문자가 들어오면 /home/pi/php_ctrl/btn_state 파일을 실행하여 그 결과를 변수에 저장하고 변수 값을 HTML로 화면에 출력한다.
}else if(isset($_GET['PIR'])){ $value = shell_exec("/home/pi/php_ctrl/pir_state"); echo $value;	웹브라우저의 URL에 PIR이라는 문자가 들어오면 /home/pi/php_ctrl/pir_state 파일을 실행하여 그 결과를 변수에 저장하고 변수 값을 HTML로 화면에 출력한다.
}else if(isset($_GET['BUZZERON'])){ $value = shell_exec("/home/pi/php_ctrl/buzzer_on"); echo $value;	웹브라우저의 URL에 BUZZERON이라는 문자가 들어오면 /home/pi/php_ctrl/buzzer_on 파일을 실행하여 그 결과를 변수에 저장하고 변수 값을 HTML로 화면에 출력한다.
}else if(isset($_GET['BUZZEROFF'])){ $value = shell_exec("/home/pi/php_ctrl/buzzer_off"); echo $value;	웹브라우저의 URL에 BUZZEROFF라는 문자가 들어오면 /home/pi/php_ctrl/buzzer_off 파일을 실행하여 그 결과를 변수에 저장하고 변수 값을 HTML로 화면에 출력한다.
}else if(isset($_GET['MOTORLEFT'])){ $value = shell_exec("/home/pi/php_ctrl/motor_left"); echo $value;	웹브라우저의 URL에 MOTORLEFT라는 문자가 들어오면 /home/pi/php_ctrl/motor_left 파일을 실행하여 그 결과를 변수에 저장하고 변수 값을 HTML로 화면에 출력한다.
}else if(isset($_GET['MOTORRIGHT'])){ $value = shell_exec("/home/pi/php_ctrl/motor_right"); echo $value;	웹브라우저의 URL에 MOTORRIGHT라는 문자가 들어오면 /home/pi/php_ctrl/motor_right 파일을 실행하여 그 결과를 변수에 저장하고 변수 값을 HTML로 화면에 출력한다.

}else if(isset($_GET['MOTORSTOP'])){
$value = shell_exec("/home/pi/php_ctrl/motor_stop");
echo $value;
}
	웹브라우저의 URL에 MOTORSTOP이라는 문자가 들어오면 /home/pi/php_ctrl/motor_stop 파일을 실행하여 그 결과를 변수에 저장하고 변수 값을 HTML로 화면에 출력한다.

?>	php파일의 끝

(2) 실습재료

라즈베리파이 3		컴퓨터	
점퍼선	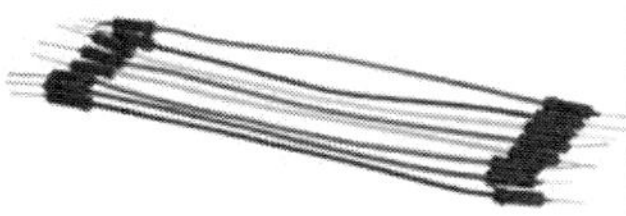	모터 모듈	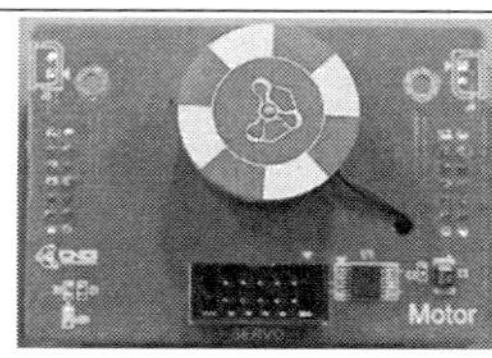 〈www.capstonemall.co.kr〉

(3) 연결정보

표 7-28 DC모터 모듈과 GPIO 연결정보

BCM	wpi	40Pin Connector	모듈연결위치
GPIO 22	3	15	모터 모듈 MT_P
GPIO 23	4	16	모터 모듈 MT_N

표 7-28을 참조하여 그림 7-62와 같이 모터 모듈의 MT_P핀과 MT_N핀을 라즈베리파이 확장보드의 커넥터 J6의 GPIO 22와 GPIO 23에 케이블로 연결한다.

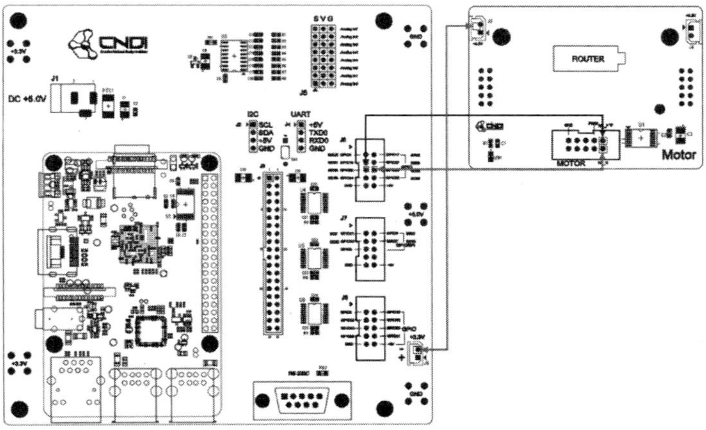

그림 7-62 라즈베리파이 확장보드와 모터 모듈 연결

(4) 프로그램 실행

그림 7-63과 같이 라즈베리파이 서버와 동일한 네트워크상의 컴퓨터에서 203.237.160.208/remote_ctrl.php?MOTORLEFT 라고 입력하면 라즈베리파이 보드에 있는 모터가 왼쪽으로 도는 것을 확인할 수 있다. 그리고 그 결과인 Motor turns to the left.라는 메시지가 화면에 나타나는 것을 확인할 수 있다.

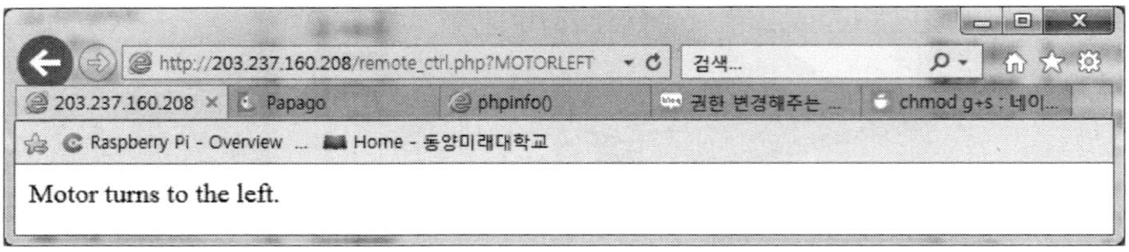

그림 7-63 모터를 왼쪽으로 돌리기 위한 URL입력

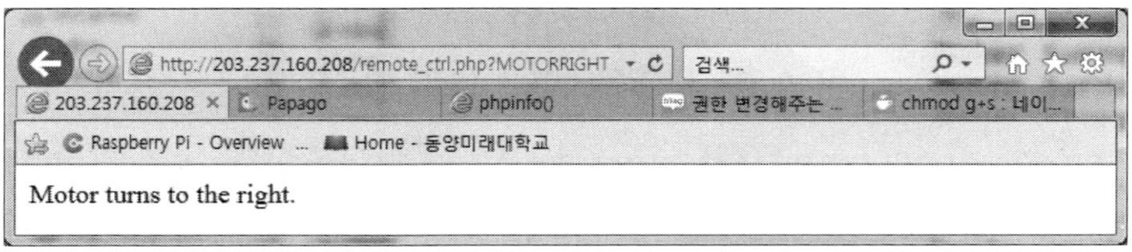

그림 7-64 모터를 오른쪽으로 돌리기 위한 URL입력

다음으로 그림 7-64와 같이 203.237.160.208/remote_ctrl.php?MOTORRIGHT 라고 입력하면 라즈베리파이 보드에 있는 모터가 오른쪽으로 도는 것을 확인할 수 있다. 그리고 그 결과인 Motor turns to the right.이라는 메시지가 화면에 나타나는 것을 확인할 수 있다. 다음으로 그림 7-65와 같이 203.237.160.208/remote_ctrl.php?MOTORSTOP 이라고 입력하면 라즈베리파이 보드에 있는 모터가 멈추는 것을 확인할 수 있다. 그리고 그 결과인 Motor stops.라는 메시지가 화면에 나타나는 것을 확인할 수 있다.

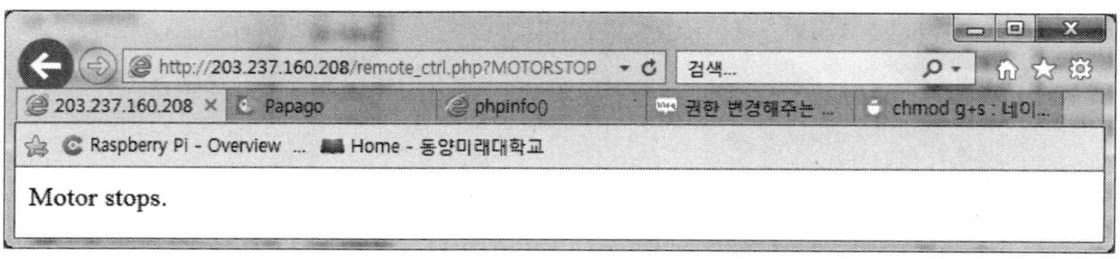

그림 7-65 모터를 멈추기 위한 URL입력

7.2.6 PHP를 이용한 초음파 센서 제어(ultrasonic_measure.c, remote_ctrl.php)

웹브라우저를 통해 거리를 측정하는 프로그램을 만들어 보자. 웹브라우저에서 초음파를 이용하여 거리를 측정하라는 정보를 요청하면 HTTP가 이 요청을 받아 PHP에 요청하고 PHP는 C 프로그램을 실행하고 그 결과를 받아 HTTP에 응답한다. 이때 HTTP는 웹브라우저 요청자에게 최종 결과를 리턴한다.

(1) 프로그램 소스

① ultrasonic_measure.c 프로그램 소스

표 7-29 ultrasonic_measure.c 소스파일과 설명

Program Source	Description
#include <stdio.h> #include <wiringPi.h>	입출력 관련 헤더파일 포함 GPIO access library 헤더파일 포함
#define TP 24 #define EP 25	Trigger 핀 정의 Echo 핀 정의

int getDistance(void)
{
int Distance;
long nStartTime, nEndTime;
 	
digitalWrite(TP, LOW);
delayMicroseconds(2);
digitalWrite(TP, HIGH);
delayMicroseconds(10);
digitalWrite(TP, LOW);
 	
while(digitalRead(EP)==LOW);
nStartTime = micros();
 	
while(digitalRead(EP) == HIGH);
nEndTime = micros();
 	
Distance = (nEndTime - nStartTime) / 29 / 2;
 	
return Distance;
}
	초음파 센서를 이용한 거리 측정 함수
	
	거리 값 변수
	측정 시간 변수
	
	TP에 LOW(0) 출력
	
	TP에 HIGH(1) 출력
	
	TP에 LOW(0) 출력
	
	EP을 읽어 LOW인 동안 대기
	EP가 HIGH 일 때, 시간 측정
	
	EP을 읽어 HIGH인 동안 대기
	EP가 LOW 일 때, 시간 측정
	
	EP가 HIGH인 시간을 측정하여 거리 산출
	
	거리 값 반환

int main(void)	

{	
if(wiringPiSetupGpio() == -1) return 1;	wiringPi의 GPIO를 사용하기 위한 설정
pinMode(TP,OUTPUT); pinMode(EP,INPUT);	Trigger(TP) 핀 출력 설정 Echo(EP) 핀 출력 설정
Distance = getDistance(); printf("Distance : %d cm₩n", Distance);	함수로부터 반환된 거리 값 저장 거리 값 모니터링
}	

표 7-29와 같이 ultrasonic_measure.c 파일을 작성한 다음 /home/pi/php_ctrl폴더에 저장한다. 그리고 그림 7-66과 같이 컴파일한다. 그리고 chown명령어를 이용하여 실행파일에 대한 소유자를 root로 변경하고 chmod명령어를 이용하여 해당 파일이 관리자 권한으로 실행될 수 있도록 한다. 그림 7-67은 실행파일 ultrasonic_measure에 대한 파일의 소유권과 실행권한에 대한 상세한 정보를 나타낸 것이다.

```
pi@raspberrypi: ~/php_ctrl
File Edit Tabs Help
pi@raspberrypi:~/php_ctrl $ sudo gcc -o ultrasonic_measure ultrasonic_measure.c -lwiringPi
pi@raspberrypi:~/php_ctrl $ sudo chown root ultrasonic_measure
pi@raspberrypi:~/php_ctrl $ sudo chmod +s ultrasonic_measure
pi@raspberrypi:~/php_ctrl $
```

그림 7-66 ultrasonic_measure.c 파일 컴파일, 소유권 지정 그리고 실행권한 설정

```
pi@raspberrypi: ~/php_ctrl
File Edit Tabs Help
-rw-r--r-- 1 pi   pi    230 Jan 23 07:19 red_led_on.c
-rwsr-sr-x 1 root root 8540 Jan 29 07:21 ultrasonic_measure
-rwxr--r-- 1 pi   pi    649 Jan 29 07:17 ultrasonic_measure.c
pi@raspberrypi:~/php_ctrl $
```

그림 7-67 ultrasonic_measure.c 파일을 컴파일 한 후 폴더의 내용 확인 결과

② remote_ctrl.php 프로그램 소스

표 7-30과 같이 remote_ctrl.php파일을 작성한 다음 이 파일을 /var/www/html폴더에 저장한다.

표 7-30 remote_ctrl.php 소스파일과 설명

Program Source	Description
<?php	php파일의 시작
if(isset($_GET['REDLEDON'])){ $value = shell_exec("/home/pi/php_ctrl/red_led_on"); echo $value;	웹브라우저의 URL에 REDLEDON이라는 문자가 들어오면 /home/pi/php_ctrl/red_led_on 파일을 실행하여 그결과를 저장하고 그 결과를 화면에 출력한다.
}else if(isset($_GET['REDLEDOFF'])){ $value = shell_exec("/home/pi/php_ctrl/red_led_off"); echo $value;	웹브라우저의 URL에 REDLEDOFF라는 문자가 들어오면 /home/pi/php_ctrl/red_led_off 파일을 실행하여 그 결과를 저장하고 그 결과를 HTML로 화면에 출력한다.
}else if(isset($_GET['BUTTON'])){ $value = shell_exec("/home/pi/php_ctrl/btn_state"); echo $value;	웹브라우저의 URL에 BUTTON이라는 문자가 들어오면 /home/pi/php_ctrl/btn_state 파일을 실행하여 그 결과를 변수에 저장하고 변수 값을 HTML로 화면에 출력한다.
}else if(isset($_GET['PIR'])){ $value = shell_exec("/home/pi/php_ctrl/pir_state"); echo $value;	웹브라우저의 URL에 PIR이라는 문자가 들어오면 /home/pi/php_ctrl/pir_state 파일을 실행하여 그 결과를 변수에 저장하고 변수 값을 HTML로 화면에 출력한다.
}else if(isset($_GET['BUZZERON'])){ $value = shell_exec("/home/pi/php_ctrl/buzzer_on"); echo $value;	웹브라우저의 URL에 BUZZERON이라는 문자가 들어오면 /home/pi/php_ctrl/buzzer_on 파일을 실행하여 그 결과를 변수에 저장하고 변수 값을 HTML로 화면에 출력한다.
}else if(isset($_GET['BUZZEROFF'])){ $value = shell_exec("/home/pi/php_ctrl/buzzer_off"); echo $value;	웹브라우저의 URL에 BUZZEROFF라는 문자가 들어오면 /home/pi/php_ctrl/buzzer_off 파일을 실행하여 그 결과를 변수에 저장하고 변수 값을 HTML로 화면에 출력한다.
}else if(isset($_GET['MOTORLEFT'])){ $value = shell_exec("/home/pi/php_ctrl/motor_left"); echo $value;	웹브라우저의 URL에 MOTORLEFT라는 문자가 들어오면 /home/pi/php_ctrl/motor_left 파일을 실행하여 그 결과를 변수에 저장하고 변수 값을 HTML로 화면에 출력한다.
}else if(isset($_GET['MOTORRIGHT'])){	웹브라우저의 URL에

$value = shell_exec("/home/pi/php_ctrl/motor_right"); echo $value;	MOTORRIGHT라는 문자가 들어오면 /home/pi/php_ctrl/motor_right 파일을 실행하여 그 결과를 변수에 저장하고 변수 값을 HTML로 화면에 출력한다.
}else if(isset($_GET['MOTORSTOP'])){ $value = shell_exec("/home/pi/php_ctrl/motor_stop"); echo $value;	웹브라우저의 URL에 MOTORSTOP이라는 문자가 들어오면 /home/pi/php_ctrl/motor_stop 파일을 실행하여 그 결과를 변수에 저장하고 변수 값을 HTML로 화면에 출력한다.

}else if(isset($_GET['MEASURE'])){
$value =
shell_exec("/home/pi/php_ctrl/ultrasonic_measure");
echo $value;
}
	웹브라우저의 URL에 MEASURE라는 문자가 들어오면 /home/pi/php_ctrl/ultrasonic_measure 파일을 실행하여 그 결과를 변수에 저장하고 변수 값을 HTML로 화면에 출력한다.

?>	php파일의 끝

(2) 실습재료

라즈베리파이 3		컴퓨터	
점퍼선	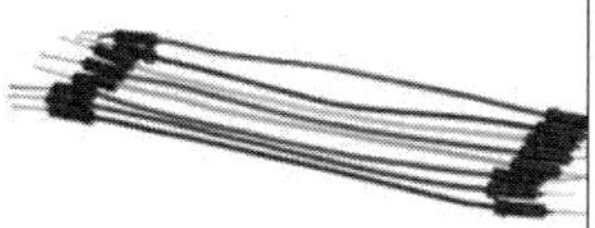	초음파 센서 모듈	 〈www.capstonemall.co.kr〉

(3) 연결정보

표 7-31 초음파 센서 모듈과 GPIO 연결정보

BCM	wpi	40Pin Connector	모듈연결위치
GPIO 24	5	18	초음파 센서 모듈 Trig
GPIO 25	6	22	초음파 센서 모듈 Echo

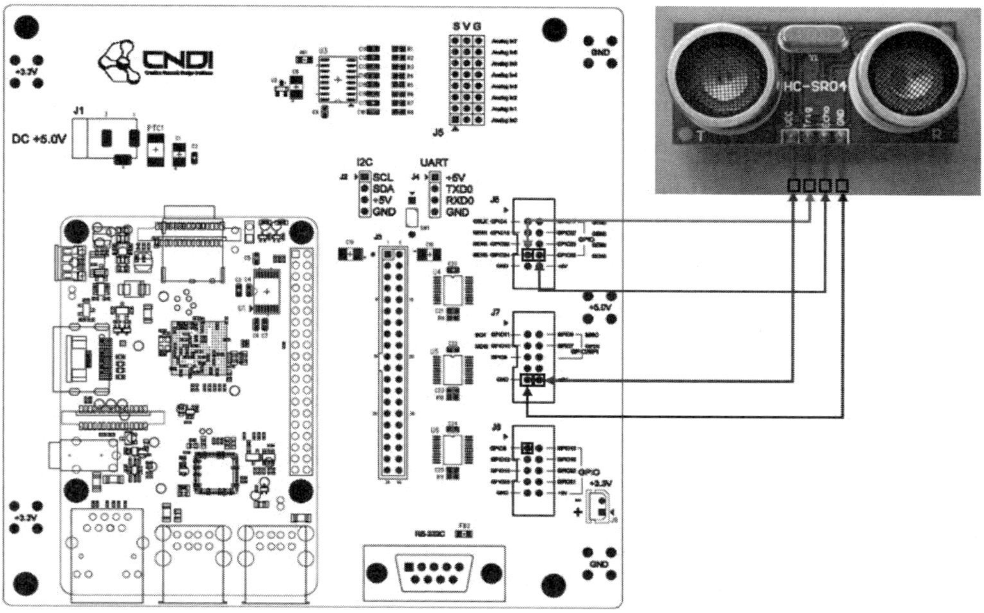

그림 7-68 라즈베리파이 확장보드와 초음파 센서 모듈 연결

표 7-31을 참조하여 그림 7-68과 같이 초음파 센서 모듈의 Trig핀과 Echo핀을 라즈베리파이 확장보드의 커넥터 J6의 GPIO 24와 GPIO 25에 케이블로 연결한다.

(4) 프로그램 실행

그림 7-69와 같이 라즈베리파이 서버와 동일한 네트워크상의 컴퓨터에서 203.237.160.208/remote_ctrl.php?MEASURE 라고 입력하면 라즈베리파이 보드에 있는 초음파 센서가 거리를 측정하고 결과인 Distance : 188㎝이라는 메시지가 화면에 출력하는 것을 확인할 수 있다.

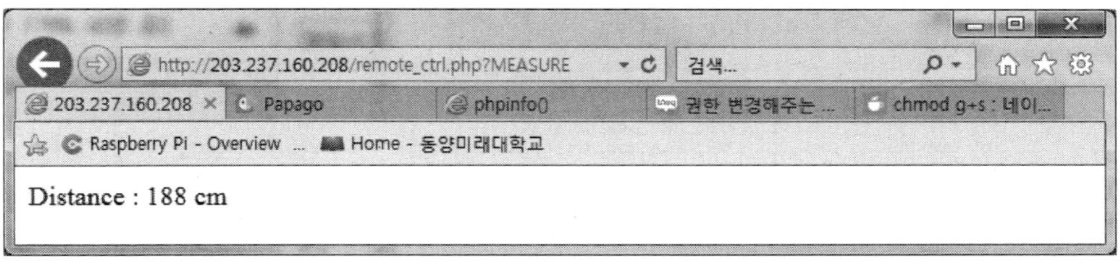

그림 7-69 초음파 센서를 이용하여 거리를 측정하기 위한 URL입력

8장 / USB 웹 카메라와 파이카메라 제어하기

8.1 라즈베리파이 서버에서 활용하는 카메라

학습목표	• 라즈베리파이에서 활용 가능한 카메라를 알 수 있다. • 카메라 장치를 활용하기 위한 설치 프로그램을 이용할 수 있다.

8.1.1 카메라 연결이란?

우리 주변에 카메라를 이용한 다양한 응용장치가 있다는 것은 독자들도 잘 알고 있을 것이다. 가장 흔한 장치로 원격감시시스템, 방범 시스템, 자동차 전후방 카메라 시스템, 드론 카메라 시스템, 직장인들을 위한 집안 감시 시스템 등등 수많은 분야에 카메라가 이용되고 있다. 라즈베리파이에 카메라를 연결하는 방법은 라즈베리파이 전용 카메라인 파이카메라를 CSI (Camera Serial Interface)포트에 연결하는 방법과 USB포트에 USB 웹 카메라를 연결하는 방법이 있다.

8.1.2 USB 웹캠 연결 및 사용방법

(1) USB 웹캠 연결

USB 웹캠을 라즈베리파이의 USB포트에 연결한다. 웹캠은 마이크로소프트, 로지텍 등에서 출시한 다양한 제품이 있으며 이중 UVC(USB Video Class)표준에 호환되는 제품을 사용하는 것이 호환성 등을 유지하는데 좋다. 우선 웹캠을 연결하기 전 그림 8-1과 같이 lsusb명령어를 입력하면 현재 라즈베리파이 플랫폼의 USB에 연결된 하드웨어 구성을 파악할 수 있다. 저자의 라즈베리파이 서버에는 휴렛패커드 키보드, 휴렛패커드 마우스, 이더넷 어댑터, 허브 등이 접속되어있음을 알 수 있다.

```
pi@raspberrypi:~ $ lsusb
Bus 001 Device 006: ID 03f0:044a Hewlett-Packard
Bus 001 Device 005: ID 03f0:094a Hewlett-Packard Optical Mouse [672662-001]
Bus 001 Device 003: ID 0424:ec00 Standard Microsystems Corp. SMSC9512/9514 Fast
Ethernet Adapter
Bus 001 Device 002: ID 0424:9514 Standard Microsystems Corp. SMC9514 Hub
Bus 001 Device 001: ID 1d6b:0002 Linux Foundation 2.0 root hub
pi@raspberrypi:~ $
```

그림 8-1 웹 카메라를 연결하기 전의 lsusb명령어 결과

그림 8-1의 내용 파악이 종료되었으면 그림 8-2와 같이 라즈베리파이의 USB포트에 웹캠을 연결한다.

그림 8-2 라즈베리파이의 USB 포트에 웹 카메라 연결하기

실험에 사용한 웹캠은 로지텍 C170이다. 웹캠을 연결한 다음 lsusb 명령어를 다시 입력해보자. 그림 8-3과 같은 결과를 얻을 수 있다. 이 장치정보는 /dev/video0파일에 있다. 만약에 USB웹캠을 추가하면 /dev/video1등으로 번호가 추가된 파일이 생성된다.

```
pi@raspberrypi:~ $ lsusb
Bus 001 Device 006: ID 03f0:044a Hewlett-Packard
Bus 001 Device 005: ID 03f0:094a Hewlett-Packard Optical Mouse [672662-001]
Bus 001 Device 007: ID 046d:082b Logitech, Inc. Webcam C170
Bus 001 Device 003: ID 0424:ec00 Standard Microsystems Corp. SMSC9512/9514 Fast
Ethernet Adapter
Bus 001 Device 002: ID 0424:9514 Standard Microsystems Corp. SMC9514 Hub
Bus 001 Device 001: ID 1d6b:0002 Linux Foundation 2.0 root hub
pi@raspberrypi:~ $
```

그림 8-3 라즈베리파이 USB 포트에 웹 카메라를 연결한 후 lsusb명령어 결과

(2) USB 웹캠 프로그램 설치 및 사용방법

그림 8-4와 같이 USB 웹캠의 영상을 화면으로 볼 수 있는 프로그램인 luvcview를 설치해보자.

```
pi@raspberrypi:~ $ sudo apt-get install luvcview
Reading package lists... Done
Building dependency tree
Reading state information... Done
The following NEW packages will be installed:
  luvcview
0 upgraded, 1 newly installed, 0 to remove and 0 not upgraded.
Need to get 50.1 kB of archives.
After this operation, 122 kB of additional disk space will be used.
Get:1 http://ftp.harukasan.org/raspbian/raspbian stretch/main armhf luvcview arm
hf 1:0.2.6-6 [50.1 kB]
```

그림 8-4 영상을 볼 수 있는 프로그램 luvcview 설치

다음으로 luvcview를 실행하면 그림 8-5와 같이 카메라 영상에 대한 정보(Frame format, Frame size, Frame rate)가 나타나면서 카메라 영상이 별도의 창에 나타난다.

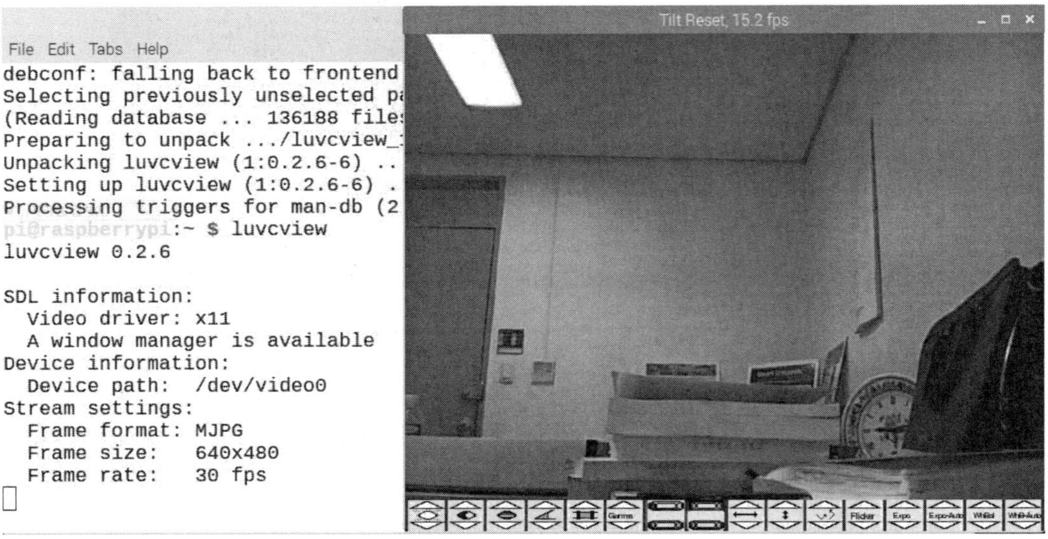

그림 8-5 luvcview명령어에 의한 영상 정보와 영상

이제 웹캠으로 받은 영상을 이미지 파일로 저장해 보자. 그림 8-6과 같이 fswebcam프로그램을 설치한다.

```
pi@raspberrypi:~ $ sudo apt-get install fswebcam
Reading package lists... Done
Building dependency tree
Reading state information... Done
The following NEW packages will be installed:
  fswebcam
0 upgraded, 1 newly installed, 0 to remove and 0 not upgraded.
Need to get 44.0 kB of archives.
After this operation, 105 kB of additional disk space will be used.
Get:1 http://ftp.harukasan.org/raspbian/raspbian stretch/main armhf fswebcam arm
hf 20140113-1 [44.0 kB]
Fetched 44.0 kB in 1s (32.2 kB/s)
Selecting previously unselected package fswebcam.
(Reading database ... 136196 files and directories currently installed.)
Preparing to unpack .../fswebcam_20140113-1_armhf.deb ...
Unpacking fswebcam (20140113-1) ...
Setting up fswebcam (20140113-1) ...
Processing triggers for man-db (2.7.6.1-2) ...
pi@raspberrypi:~ $
```

그림 8-6 웹캠 영상을 이미지 파일로 저장하는 프로그램 fswebcam

① 이미지 파일 만들기

fswebcam 프로그램 설치가 완료되면 그림 8-7과 같은 명령어를 입력하여 그림 8-8과 같은 영상 이미지 파일 image1.jpg를 만들고 저장해 보자.

```
pi@raspberrypi:~ $ sudo fswebcam image1.jpg
--- Opening /dev/video0...
Trying source module v4l2...
/dev/video0 opened.
No input was specified, using the first.
Adjusting resolution from 384x288 to 352x288.
--- Capturing frame...
Captured frame in 0.00 seconds.
--- Processing captured image...
Writing JPEG image to 'image1.jpg'.
pi@raspberrypi:~ $
```

그림 8-7 fswebcam을 이용한 이미지 파일 만들기

그림 8-7은 /dev/video0파일이 선택되어 사용되고 해상도는 352×288 ~ 384×288까지 가능하며 파일명은 image1.jpg로 저장된다는 내용을 알려주고 있다. image1.jpg파일은 현재 폴더인 /home/pi폴더에 저장되며 이 파일 내용을 보려면 그림 8-8과 같이 라즈비안 그래픽 화면의 주 메뉴인 딸기를 클릭하면 Graphics 메뉴가 나타나고 Graphics메뉴에 Image Viewer가 나타난다. 이 메뉴를 클릭하면 자동으로 /home/pi폴더에 있는 image1.jpg파일을 볼 수 있으며 그림 8-9에 나타내었다. 그림 8-9의 이미지는 해상도가 352×288인 이미지 파일이다.

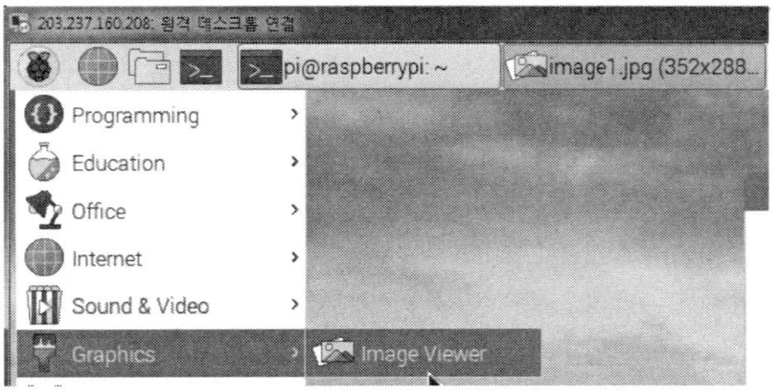

그림 8-8 이미지 파일 보는 프로그램

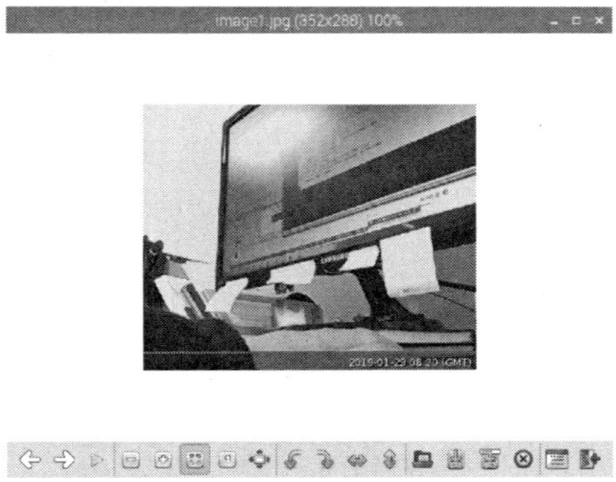

그림 8-9 Image Viewer로 보는 Image1.jpg 이미지 파일

② 해상도를 조정하여 이미지 파일 만들기

그림 8-10과 같은 명령어를 입력하여 그림 8-11과 같은 영상이미지 파일 image2.jpg를 만들고 저장해보자. 그림 8-10에서 사용한 명령어는 - r옵션을 사용하였으며 해상도는 1280×720이

며 이미지 파일명은 image2.jpg이다. 그림 8-11은 image2.jpg파일이고 해상도가 1280×720이고 실제 보여주고 있는 영상은 57%만 나타내고 있음을 의미한다.

```
pi@raspberrypi ~
File Edit Tabs Help
pi@raspberrypi:~ $ fswebcam -r 1280x720 image2.jpg
--- Opening /dev/video0...
Trying source module v4l2...
/dev/video0 opened.
No input was specified, using the first.
Adjusting resolution from 1280x720 to 1024x768.
--- Capturing frame...
Captured frame in 0.00 seconds.
--- Processing captured image...
Writing JPEG image to 'image2.jpg'.
pi@raspberrypi:~ $
```

그림 8-10 해상도를 지정하여 이미지파일 만들기

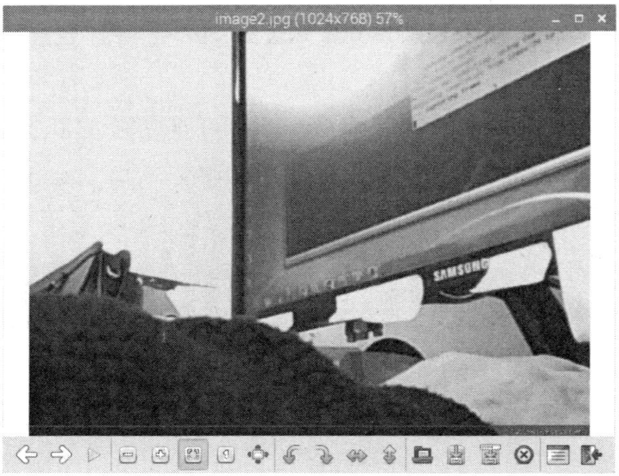

그림 8-11 1280×720해상도의 image2.jpg

③ 배너(Banner) 없는 이미지 파일 만들기

```
pi@raspberrypi ~
File Edit Tabs Help
pi@raspberrypi:~ $ fswebcam -r 1280x720 --no-banner image3.jpg
--- Opening /dev/video0...
Trying source module v4l2...
/dev/video0 opened.
No input was specified, using the first.
Adjusting resolution from 1280x720 to 1024x768.
--- Capturing frame...
Captured frame in 0.00 seconds.
--- Processing captured image...
Disabling banner.
Writing JPEG image to 'image3.jpg'.
pi@raspberrypi:~ $
```

그림 8-12 해상도 1280×720의 배너 없는 이미지파일 명령어

그림 8-12와 같은 명령어를 입력하여 그림 8-13과 같은 영상이미지 파일 image3.jpg를 만들고 저장해보자. 그림 8-11과 그림 8-13의 차이점이 무엇인지 확인해보자. 그림 8-11 하단에는 빨강색 배너가 있고 그림 8-13에는 빨강색 배너가 사라진 것을 확인할 수 있다.

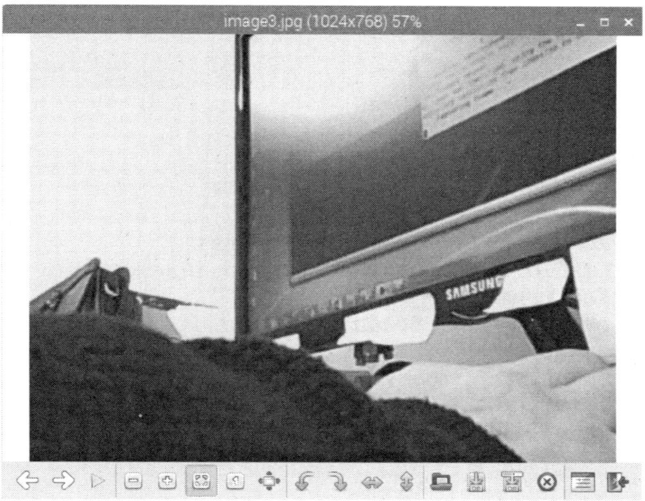

그림 8-13 배너 없는 이미지 파일

④ Bash Script로 이미지 파일 만들기

우선 /home/pi/webcam폴더를 생성한다. Bash Script로 만들어지는 이미지는 webcam폴더에 저장한다. 그림 8-14와 같이 편집하여 webcam.sh파일명으로 webcam폴더에 저장하자

```
pi@raspberrypi: ~
File  Edit  Tabs  Help
  GNU nano 2.7.4          File: webcam.sh

#!/bin/bash

DATE=$(date +"%Y-%m-%d_%H%M")
fswebcam -r 1280x720 --no-banner /home/pi/webcam/$DATE.jpg

^G Get Help    ^O Write Out   ^W Where Is    ^K Cut Text
^X Exit        ^R Read File   ^\ Replace     ^U Uncut Text
```

그림 8-14 webcam.sh bash script 파일

```
pi@raspberrypi: ~
File  Edit  Tabs  Help
pi@raspberrypi:~ $ sudo chmod +x webcam.sh
pi@raspberrypi:~ $ ls -l webcam.sh
-rwxr-xr-x 1 root root 102 Jan 30 04:19 webcam.sh
pi@raspberrypi:~ $ 
```

그림 8-15 webcam.sh 파일 실행 모드설정 및 파일 상세내역

그리고 그림 8-15와 같이 webcam.sh파일의 모드를 실행가능한 파일로 변경한다. 위의 과정이 마무리되면 그림 8-16과 같은 sudo ./webcam.sh명령어를 입력하여 스크립트 파일을 실행한다. 그 결과로 그림 8-17의 파일이 만들어지는 것을 확인할 수 있다. 해당 파일은 만들어진 날짜 및 시간 정보를 파일명에 포함하고 있다.

```
pi@raspberrypi:~ $ sudo ./webcam.sh
--- Opening /dev/video0...
Trying source module v4l2...
/dev/video0 opened.
No input was specified, using the first.
Adjusting resolution from 1280x720 to 1024x768.
--- Capturing frame...
Captured frame in 0.00 seconds.
--- Processing captured image...
Disabling banner.
Writing JPEG image to '/home/pi/webcam/2019-01-30_0429.jpg'
.
pi@raspberrypi:~ $
```

그림 8-16 webcam.sh 실행과 결과파일

그림 8-17 2019-01-30_0429.jpg파일

8.1.3 파이카메라 연결 및 사용방법

(1) 파이카메라 연결

웹 카메라를 USB 포트에 삽입할 경우 lsusb명령어를 이용하여 카메라가 설치된 것을 알 수 있었고 /dev/video0파일이 생성되었던 것을 기억하자. 파이카메라는 USB가 아니고 CSI포트에 연결하는 것이므로 그림 8-18과 같은 명령어를 이용하여 확인할 수 있다.

① 먼저 그림 8-18과 같이 명령어를 입력해보자. supported=1이고 detected=0임을 알 수 있다. 이것은 현재 파이 카메라가 연결되지 않았음을 알려준다.

```
pi@raspberrypi:~ $ vcgencmd get_camera
supported=1 detected=0
pi@raspberrypi:~ $
```

그림 8-18 파이카메라 연결여부 확인 명령어

② 다음으로 라즈베리파이의 전원을 제거하고 파이카메라를 그림 8-19와 같이 라즈베리파이의 CSI포트에 연결한다.

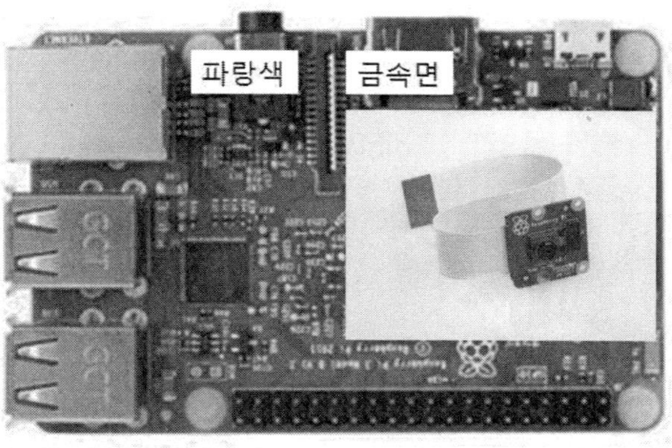

그림 8-19 라즈베리파이 카메라 연결방법

케이블을 CSI포트에 접속할 때 케이블의 방향이 매우 중요하므로 그림 8-19와 같이 라즈베리파이의 GPIO가 아래쪽으로 향하게 한 다음 파랑색이 있는 쪽을 왼쪽으로, 금속면을 오른쪽으로 가게 한 다음 CSI케이블을 삽입해야한다. 파이카메라는 스틸(still) 포트, 비디오 포트 그리고 프리뷰 포트 등 3개의 포트를 포함하고 있다.

```
pi@raspberrypi:~ $ vcgencmd get_camera
supported=1 detected=1
pi@raspberrypi:~ $
```

그림 8-20 파이카메라 연결여부 확인 명령어

③ 그리고 라즈베리파이 전원을 공급한 다음 그림 8-20과 같이 위에서 사용했던 동일한 명령어를 입력한다. supported=1이고 detected=1임을 알 수 있다. 이제 파이카메라가 라즈베리파이에 연결된 것이다.

(2) 파이카메라 프로그램 설치 및 사용방법

파이카메라의 기본 명령어 중 영상을 이미지로 찍어 저장하는 raspistill명령어와 동영상으로 촬영하는 raspivid명령어가 있으며 그림 8-21과 같이 raspistill ─o picamera.jpg 라는 명령어를 이용하여 현재 파이 카메라의 영상을 이미지로 저장할 수 있다. 이미지가 만들어지는 시간은 약 5초라는 것을 확인하기 바란다.

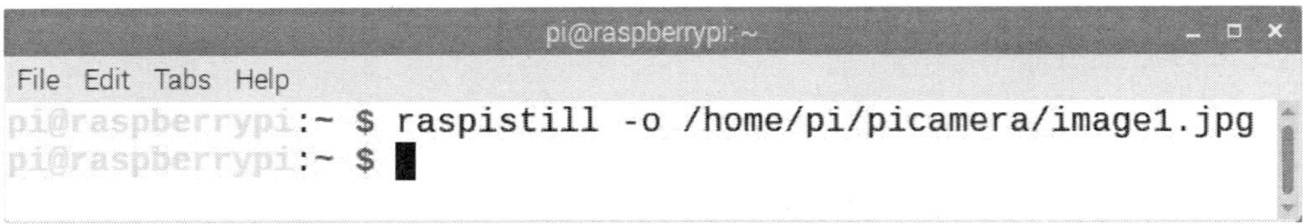

그림 8-21 이미지 파일 만들기 명령어

그림 8-22 raspistill 명령어로 만든 이미지 파일

이번에는 그림 8-23과 같이 타이머를 설정하여 이미지를 찍는 명령어를 입력해 이미지를 만들어보자. 프로그램을 실행한 후 2초 후에 이미지가 찍힐 것이다. -t 2000옵션은 2000ms 후에 이미지를 찍으라는 시간명령이다.

```
pi@raspberrypi: ~
File Edit Tabs Help
pi@raspberrypi:~ $ raspistill -t 2000 -o /home/pi/picamera/image1.jpg
pi@raspberrypi:~ $ raspistill -t 2000 -o /home/pi/picamera/image1.jpg
pi@raspberrypi:~ $
```

그림 8-23 2초 후에 이미지파일 만들기

다음으로 그림 8-24와 같은 명령어를 입력하면 카메라의 영상을 확장자명 h264 동영상 파일로 저장할 수 있다. 이 명령어에서 동영상의 저장시간은 -t옵션을 이용하여 입력할 수 있으며 10000밀리초 즉, 10초간 동영상을 저장하는 것을 의미한다.

```
pi@raspberrypi: ~
File Edit Tabs Help
pi@raspberrypi:~ $ raspivid -o /home/pi/picamera/video.h264 -t 10000
pi@raspberrypi:~ $
pi@raspberrypi:~ $
```

그림 8-24 동영상파일 만들기 명령어

```
pi@raspberrypi: ~
File Edit Tabs Help
pi@raspberrypi:~ $ ls -l picamera
total 20500
-rw-r--r-- 1 pi pi  4301999 Jan 30 05:21 image1.jpg
-rw-r--r-- 1 pi pi 16685535 Jan 30 05:24 video.h264
pi@raspberrypi:~ $
```

그림 8-25 동영상 파일 확인하기

① 파이썬 카메라 모듈 활용하기

먼저 그림 8-26과 같은 명령어를 입력하여 python-picamera 모듈을 설치한다. 그리고 파이카메라 모듈을 이용하는 프로그램을 저장할 /home/pi 폴더 밑에 picamera 폴더를 만든다. 만약에 python-picamera 모듈이 이미 설치되어 있다면 그림 8-26과 같이 "python-picamera is already the newest version"이라는 메시지가 나타난다.

```
pi@raspberrypi: ~
File Edit Tabs Help
pi@raspberrypi:~ $ sudo apt-get install python-picamera
Reading package lists... Done
Building dependency tree
Reading state information... Done
python-picamera is already the newest version (1.13).
```

그림 8-26 python-picamera프로그램 설치 명령어

그림 8-26에서 설치한 python-picamera 모듈은 파이카메라를 위한 파이썬 라이브러리이며 카메라 캡처, 영상 미리보기, 파라미터 설정, 비디오 녹화 등의 기능을 가지고 있다. 표 8-1과

같이 파일을 작성하여 /home/pi/picamera 폴더에 저장한다. 그리고 그림 8-27과 같이 preview.py 프로그램을 실행하면 라즈베리파이에 연결된 모니터에 카메라 영상이 나타나는 것을 확인할 수 있다.

표 8-1 preview.py 프로그램 소스

Program Source	Description
import time import picamera	time과 picamera 모듈을 import한다.
camera = picamera.Picamera()	picamera모듈의 Picamera()함수의 결과를 camera에 할당한다.
try:	
camera.start_preview()	카메라 시작
time.sleep(5)	5초
camera.stop_preview()	카메라 멈춤
finnaly:	
camera.close()	카메라 닫기

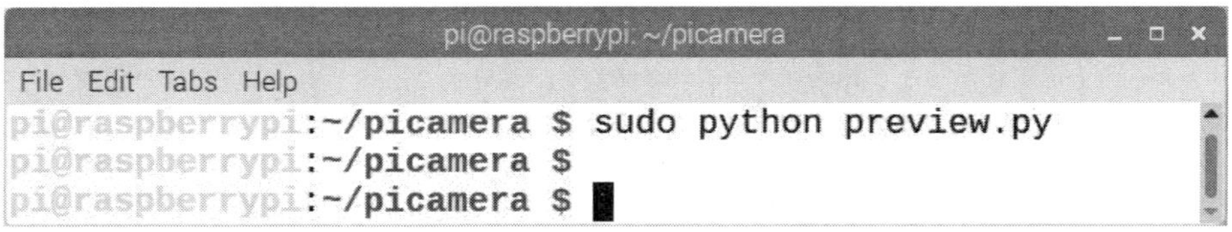

그림 8-27 파이썬 프로그램 실행 및 카메라 영상보기

이번에는 with구문을 이용하여 영상을 보는 프로그램을 만들어보자. 표 8-2와 같이 파이썬 프로그램을 입력하고 preview_with.py로 저장한 다음 그림 8-28과 같이 프로그램을 실행해보면 라즈베리파이에 연결된 모니터에 카메라 영상이 나타나는 것을 확인할 수 있다.

표 8-2 preview_with.py 프로그램 소스

Program Source	Description
import time import picamera	
with picamera.Picamera() as camera:	with구문 활용

camera.start_preview()
  time.sleep(5)
  camera.stop_preview()	

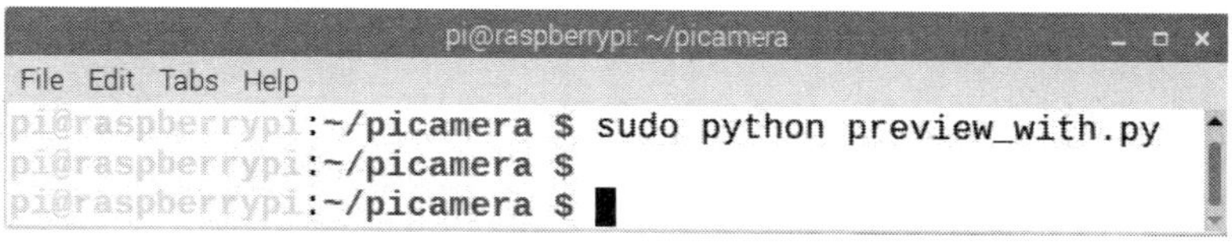

그림 8-28 파이썬 with구문 실행 및 영상 보기

이번에는 동영상을 만드는 프로그램을 표 8-3과 같이 입력한 다음 picamera_mov.py로 저장하고 그림 8-29와 같은 명령어를 이용하여 실행해보자.

표 8-3 picamera_mov.py 프로그램 소스

Program Source	Description

import picamera
with picamera.Picamera() as camera:
  camera.resolution = (640, 480)
  camera.start_preview()
  camera.start_recording('motion.h264')
  camera.wait_recording(60)
  camera.stop_recording()
  camera.stop_preview()	

그림 8-29 파이썬으로 동영상 저장하기

그림 8-29와 같은 명령어를 입력하면 picamera 폴더에 motoin.h264 동영상 파일이 생성되며 동영상 촬영시간은 60초이고 그 결과는 그림 8-30과 같이 나타난다.

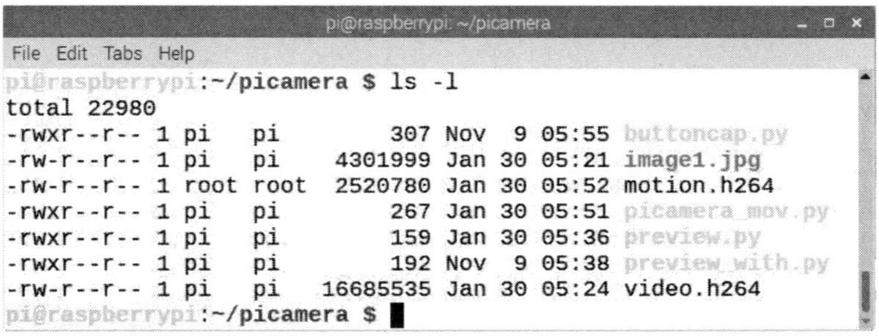

그림 8-30 picamera폴더에 생성된 동영상 motion.h264

이 동영상 파일을 실행시키려면 라즈비안의 GUI에서 파일관리자를 이용하여 파일을 클릭하면 그림 8-31과 같이 VLC media player에 의해 동영상이 재생되는 것을 확인할 수 있다.

그림 8-31 동영상 재생

② GPIO 키패드 버튼을 이용하여 파이썬 카메라로 정지 이미지 찍기

표 8-4와 같이 프로그램소스를 입력하고 이를 button_cap.py로 저장한다. GPIO에 키패드 연결을 위해 표 8-5를 참조하여 그림 8-32와 같이 연결한다.

표 8-4 button_cap.py 프로그램 소스

Program Source	Description
import time import picamera import RPi.GPIO as GPIO GPIO.setmode(GPIO.BCM) GPIO.setup(4, GPIO.IN, GPIO.PUD_UP) with picamera.PiCamera() as camera: camera.start_preview() GPIO.wait_for_edge(4, GPIO.FALLING) camera.capture('/home/pi/picamera/image_cap.jpg') camera.stop_preview()	

표 8-5 키패드 모듈과 GPIO 연결정보

BCM	wpi	40Pin Connector	모듈연결위치
GPIO 4	7	7	키패드 모듈 BT1 PB1

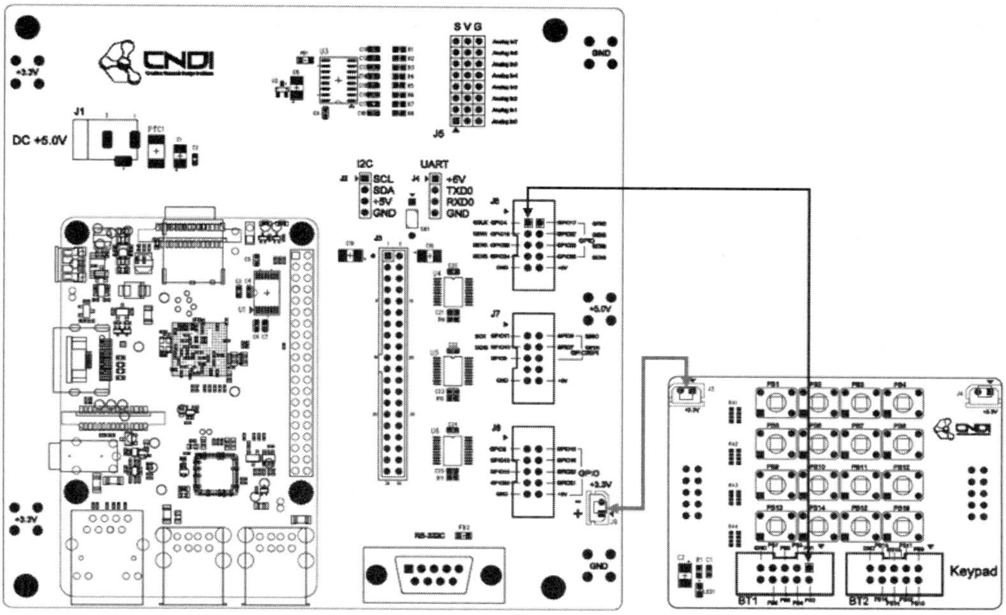

그림 8-32 라즈베리파이 확장보드와 키패드 모듈 연결

그림 8-33과 같이 button_cap.py를 실행하고 키패드의 BT1을 누르면 picamera폴더에 image_cap.jpg파일이 만들어진다. 이 파일은 그림 8-34에서 확인할 수 있다.

```
pi@raspberrypi: ~/picamera
File Edit Tabs Help
pi@raspberrypi:~/picamera $ sudo python button_cap.py
pi@raspberrypi:~/picamera $
pi@raspberrypi:~/picamera $
```

그림 8-33 키패드로 사진찍기

그림 8-34 image_cap.jpg 파일의 이미지

③ GPIO 키패드 버튼을 이용하여 파이썬 카메라로 동영상 만들기

표 8-6과 같이 프로그램소스를 입력하고 이를 button_mov.py로 저장한다. GPIO에 키패드 연결을 위해 표 8-7을 참조하여 그림 8-35와 같이 연결한다.

표 8-6 button_mov.py 프로그램 소스

Program Source	Description

<pre>import time
import picamera
import RPi.GPIO as GPIO
 	
GPIO.setmode(GPIO.BCM)
GPIO.setup(4, GPIO.IN, GPIO.PUD_UP)
 	
with picamera.PiCamera() as camera:
    camera.start_preview()
    GPIO.wait_for_edge(4, GPIO.FALLING)
    camera.start_recording('/home/pi/picamera/video_btn.h264')
    time.sleep(1)
    GPIO.wait_for_edge(4, GPIO.FALLING)
    camera.stop_recording()
    camera.stop_preview()</pre>	

표 8-7 키패드 모듈과 GPIO 연결정보

BCM	wpi	40Pin Connector	모듈연결위치
GPIO 4	7	7	키패드 모듈 BT1 PB1

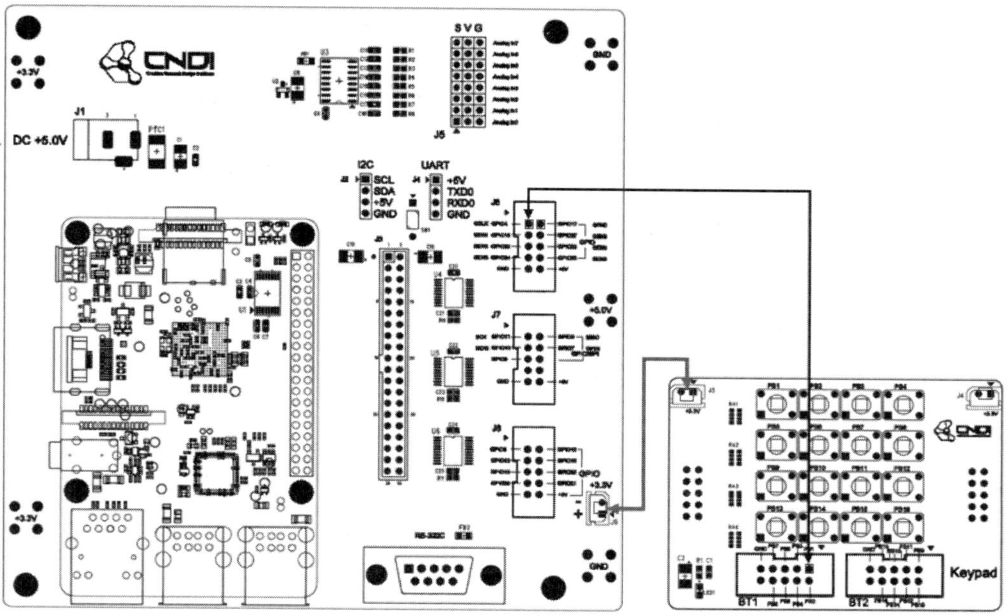

그림 8-35 라즈베리파이 확장보드와 키패드 모듈 연결

그림 8-36과 같은 명령어를 이용하여 키패드 BT1을 누르면 동영상 촬영이 시작되고 다시 한 번 BT1을 누르면 동영상 촬영이 정지되는 프로그램을 실행해보자. 그림 8-37은 button_mov.py프로그램이 실행되어 만들어진 동영상 파일 video_btn.h264파일을 나타낸 것이다. 그림 8-38은 video_btn.h264동영상 파일을 VLC media player로 실행시킨 결과이다.

```
pi@raspberrypi: ~/picamera
File Edit Tabs Help
pi@raspberrypi:~/picamera $ sudo python button_mov.py
pi@raspberrypi:~/picamera $
pi@raspberrypi:~/picamera $
```

그림 8-36 키패드로 동영상 찍기

```
pi@raspberrypi: ~/picamera
File Edit Tabs Help
pi@raspberrypi:~/picamera $ ls -l
total 30160
-rwxr--r-- 1 pi   pi        314 Jan 30 06:02 buttoncap.py
-rwxr--r-- 1 pi   pi        388 Jan 30 06:18 button_mov.py
-rw-r--r-- 1 pi   pi    4301999 Jan 30 05:21 image1.jpg
-rw-r--r-- 1 root root   714901 Jan 30 06:05 image_cap.jpg
-rw-r--r-- 1 root root  2520780 Jan 30 05:52 motion.h264
-rwxr--r-- 1 pi   pi        267 Jan 30 05:51 picamera_mov.py
-rwxr--r-- 1 pi   pi        159 Jan 30 05:36 preview.py
-rwxr--r-- 1 pi   pi        192 Nov  9 05:38 preview_with.py
-rw-r--r-- 1 root root  6628848 Jan 30 06:20 video_btn.h264
-rw-r--r-- 1 pi   pi   16685535 Jan 30 05:24 video.h264
pi@raspberrypi:~/picamera $
```

그림 8-37 키패드로 찍은 동영상 video_btn.h264

그림 8-38 키패드를 이용해 파이카메라로 만든 동영상

8.2 카메라 영상 스트리밍하기

학습목표	• 웹브라우저를 통해 원격으로 영상을 스트리밍할 수 있다. • 영상 스트리밍을 위한 프로그램을 설계할 수 있다.

8.2.1 mjpg-streamer 프로그램을 이용한 영상 스트리밍

mjpg-streamer는 카메라로부터 받은 jpg영상을 저장하거나 웹을 통해 스트리밍하는 프로그램이다. 이 프로그램을 설치하기 위한 과정은 다음과 같다.

(1) 설치과정

① 그림 8-39와 같이 깃 허브에서 소스코드를 다운받기 위해 git을 설치한다.

필자의 라즈베리파이에는 git이 이미 설치되어 있기 때문에 그림 8-39와 같이 "git is already the newest version"이라는 메시지가 나타난다. 만약 설치되어있지 않다면 계속 진행이 될 것이다.

```
pi@raspberrypi
File Edit Tabs Help
pi@raspberrypi:~ $ sudo apt-get install git
Reading package lists... Done
Building dependency tree
Reading state information... Done
git is already the newest version (1:2.11.0-3+deb9u4).
The following package was automatically installed and is no lon
ger required:
  realpath
Use 'sudo apt autoremove' to remove it.
0 upgraded, 0 newly installed, 0 to remove and 0 not upgraded.
pi@raspberrypi:~ $
```

그림 8-39 git 설치

② 이제 그림 8-40과 같은 명령어를 입력하여 프로그램을 다운받는다.

```
pi@raspberrypi: ~
File Edit Tabs Help
pi@raspberrypi:~ $ git clone https://github.com/jacksonliam/mjpg-streamer.git
Cloning into 'mjpg-streamer'...
remote: Enumerating objects: 2885, done.
remote: Total 2885 (delta 0), reused 0 (delta 0), pack-reused 2885
Receiving objects: 100% (2885/2885), 3.49 MiB | 2.28 MiB/s, done.
Resolving deltas: 100% (1825/1825), done.
pi@raspberrypi:~ $
```

그림 8-40 mjpg-streamer.git 다운로드하기

③ 프로그램이 다운로드되면 그림 8-41과 같이 /home/pi폴더에 mjpg_streamer폴더가 생성된다.

```
pi@raspberrypi: ~
File Edit Tabs Help
pi@raspberrypi:~ $ ls -l
total 64
drwxr-xr-x  9 pi   pi    4096 Jan 14 05:01 cndi
drwxr-xr-x  2 pi   pi    4096 Jan 30 05:44 Desktop
drwxr-xr-x  2 pi   pi    4096 Nov 13 14:24 Documents
drwxr-xr-x  2 pi   pi    4096 Nov 13 14:24 Downloads
drwxr-xr-x  2 pi   pi    4096 Nov 13 13:45 MagPi
drwxr-xr-x  4 pi   pi    4096 Jan 30 06:34 mjpg-streamer
drwxr-xr-x  2 pi   pi    4096 Nov 13 14:24 Music
drwxr-xr-x  2 pi   pi    4096 Jan 29 07:54 php_ctrl
drwxr-xr-x  2 pi   pi    4096 Jan 30 06:18 picamera
drwxr-xr-x  2 pi   pi    4096 Nov 13 14:24 Pictures
```

그림 8-41 mjpg-streamer 폴더 확인

④ mjpg-streamer 소스 코드를 컴파일하기 위해 필요한 패키지를 그림 8-42와 같이 명령어를 입력하여 설치한다.

```
pi@raspberrypi: ~
File Edit Tabs Help
pi@raspberrypi:~ $ sudo apt-get install cmake python-imaging libjpeg-dev build-essential
Reading package lists... Done
Building dependency tree
Reading state information... Done
build-essential is already the newest version (12.3).
The following package was automatically installed and is no longer required:
  realpath
Use 'sudo apt autoremove' to remove it.
The following additional packages will be installed:
  cmake-data libjpeg62-turbo-dev libjsoncpp1
Suggested packages:
  codeblocks eclipse ninja-build
```

그림 8-42 mjpg-streamer 컴파일러 설치

```
pi@raspberrypi: ~/mjpg-streamer/mjpg-streamer-experimental
File Edit Tabs Help
pi@raspberrypi:~/mjpg-streamer/mjpg-streamer-experimental $ make CMAKE_BUILD_TYPE=Debug
[ -d _build ] || mkdir _build
[ -f _build/Makefile ] || (cd _build && cmake  -DCMAKE_BUILD_TYPE=Debug ..)
-- The C compiler identification is GNU 6.3.0
-- Check for working C compiler: /usr/bin/cc
-- Check for working C compiler: /usr/bin/cc -- works
-- Detecting C compiler ABI info
-- Detecting C compiler ABI info - done
-- Detecting C compile features
-- Detecting C compile features - done
CMAKE_BUILD_TYPE = Debug
-- Looking for include file sys/inotify.h
-- Looking for include file sys/inotify.h - found
CMake Warning at plugins/input_opencv/CMakeLists.txt:4 (find_package):
  By not providing "FindOpenCV.cmake" in CMAKE_MODULE_PATH this project has
  asked CMake to find a package configuration file provided by "OpenCV", but
  CMake did not find one.
```

그림 8-43 mjpg-streamer 컴파일

```
pi@raspberrypi: ~/mjpg-streamer/mjpg-streamer-experimental
File Edit Tabs Help
pi@raspberrypi:~/mjpg-streamer/mjpg-streamer-experimental $ sudo make install
make -C _build install
make[1]: Entering directory '/home/pi/mjpg-streamer/mjpg-streamer-experimental/_build'
make[2]: Entering directory '/home/pi/mjpg-streamer/mjpg-streamer-experimental/_build'
make[3]: Entering directory '/home/pi/mjpg-streamer/mjpg-streamer-experimental/_build'
make[3]: Leaving directory '/home/pi/mjpg-streamer/mjpg-streamer-experimental/_build'
[ 12%] Built target mjpg_streamer
make[3]: Entering directory '/home/pi/mjpg-streamer/mjpg-streamer-experimental/_build'
make[3]: Leaving directory '/home/pi/mjpg-streamer/mjpg-streamer-experimental/_build'
[ 20%] Built target input_file
make[3]: Entering directory '/home/pi/mjpg-streamer/mjpg-streamer-experimental/_build'
make[3]: Leaving directory '/home/pi/mjpg-streamer/mjpg-streamer-experimental/_build'
```

그림 8-44 mjpg-streamer 설치

⑤ 그림 8-43과 8-44와 같이 mjpg-streamer폴더로 이동하여 컴파일 및 설치를 진행한 다음 /home/pi폴더로 돌아가기 위해 cd 명령어를 입력한다.

(2) 웹 카메라 영상 스트리밍

① 웹 카메라로부터 캡처한 영상을 HTTP 포트 8080으로 스트리밍하기 위해 그림 8-45와 같은 스크립트 파일을 만든다. 명령어 입력이 길기 때문에 스크립트 파일로 만들어 사용하는 것이 편하다.

```
pi@raspberrypi: ~
File Edit Tabs Help
  GNU nano 2.7.4                    File: mjpg_web.sh

export STREAMER_PATH=/home/pi/mjpg-streamer/mjpg-streamer-experimental
export LD_LIBRARY_PATH=$STREAMER_PATH$STREAMER_PATH/
mjpg_streamer -i "input_uvc.so" -o "output_http.so -p 8080 -w /usr/local/share/mjpg-streamer/www/"


^G Get Help   ^O Write Out  ^W Where Is   ^K Cut Text   ^J Justify    ^C Cur Pos    ^Y Prev Page
^X Exit       ^R Read File  ^\ Replace    ^U Uncut Text ^T To Linter  ^_ Go To Line ^V Next Page
```

그림 8-45　영상 스트리밍을 위한 mjpg_web.sh 파일

② 이 파일을 실행파일로 만들기 위해 그림 8-46과 같은 명령어를 입력한다.

```
pi@raspberrypi: ~
File Edit Tabs Help
pi@raspberrypi:~ $ sudo chmod +x mjpg_web.sh
pi@raspberrypi:~ $ ls -l
total 68
drwxr-xr-x  9 pi   pi   4096 Jan 14 05:01 cndi
drwxr-xr-x  2 pi   pi   4096 Jan 30 05:44 Desktop
drwxr-xr-x  2 pi   pi   4096 Nov 13 14:24 Documents
drwxr-xr-x  2 pi   pi   4096 Nov 13 14:24 Downloads
drwxr-xr-x  2 pi   pi   4096 Nov 13 13:45 MagPi
drwxr-xr-x  4 pi   pi   4096 Jan 30 06:34 mjpg-streamer
-rwxr-xr-x  1 root root  223 Jan 31 06:47 mjpg_web.sh
drwxr-xr-x  2 pi   pi   4096 Nov 13 14:24 Music
drwxr-xr-x  2 pi   pi   4096 Jan 29 07:54 php_ctrl
```

그림 8-46　스크립트 파일을 실행파일로 만드는 명령어

③ 그림 8-47과 같은 명령어를 입력하여 영상 캡처 및 스트리밍을 실행한다.

```
pi@raspberrypi: ~
File Edit Tabs Help
reamer.c, signal_handler(), 132): about to decrement usage cou
nter for handle of output_http.so, id #00, handle: 0xc77600
 DBG(/home/pi/mjpg-streamer/mjpg-streamer-experimental/mjpg_st
reamer.c, signal_handler(), 144): closing handle 0xc77600
 DBG(/home/pi/mjpg-streamer/mjpg-streamer-experimental/mjpg_st
reamer.c, signal_handler(), 148): all plugin handles closed
done

pi@raspberrypi:~ $ sudo ./mjpg_web.sh
```

그림 8-47　웹캠 영상캡처 및 스트리밍 실행

④ 크롬을 실행한 다음 그림 8-48과 같이 URL창에 203.237.160.208:8080이라고 입력한다.

그림 8-48 크롬 URL창에 203.237.160.208:8080 입력하기

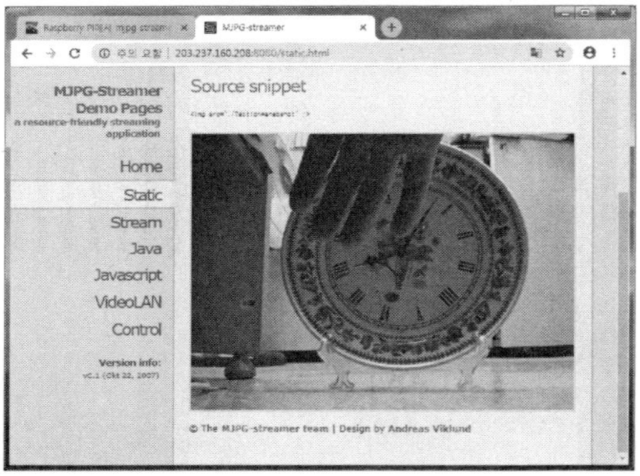

그림 8-49 정지 이미지

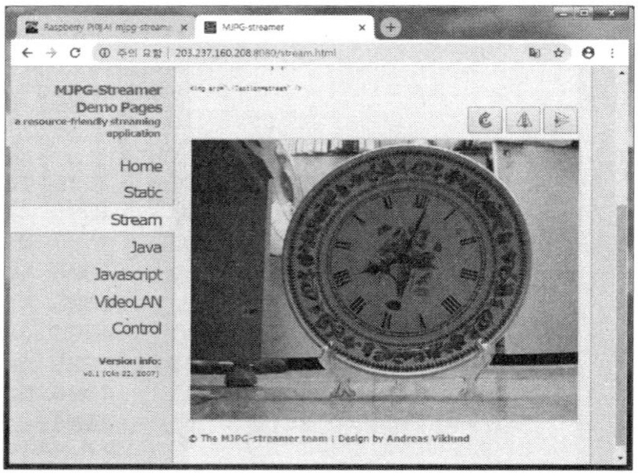

그림 8-50 동영상

⑤ 이때 컴퓨터에 그림 8-49와 같은 창이 나타나며 그림 8-49에 있는 Static 메뉴를 클릭하면 정지 이미지를 만들 수 있다. 그림 8-50은 영상 스트리밍이며 Stream 메뉴를 클릭하면 웹캠이 전송하는 동영상을 볼 수 있다.

(3) 파이 카메라 영상 스트리밍

① 파이 카메라로부터 캡처한 영상을 HTTP 포트 8080으로 스트리밍하기 위해 그림 8-51과 같은 스크립트 파일을 만든다. 이때 파일명은 mjpg_web.sh가 아닌 mjpg_picam.sh로 저장한다. **그림 8-51과 같이 웹캠 스크립트 파일인 mjpg_web.sh파일에서 "input_uvc.so"를 "input_raspicam.so"로 변경하면 된다.**

```
pi@raspberrypi: ~
File  Edit  Tabs  Help
  GNU nano 2.7.4                              File: mjpg_picam.sh

export STREAMER_PATH=/home/pi/mjpg-streamer/mjpg-streamer-experimental
export LD_LIBRARY_PATH=$STREAMER_PATH$STREAMER_PATH/
mjpg_streamer -i "input_raspicam.so" -o "output_http.so -p 8080 -w /usr/local/share/mjpg-streamer/www/"

^G Get Help   ^O Write Out  ^W Where Is   ^K Cut Text   ^J Justify    ^C Cur Pos    ^Y Prev Page
^X Exit       ^R Read File  ^\ Replace    ^U Uncut Text ^T To Linter  ^_ Go To Line ^V Next Page
```

그림 8-51 영상 스트리밍을 위한 mjpg_web.sh 파일

② 이 파일을 실행파일로 만들기 위해 그림 8-52와 같은 명령어를 입력한다.

```
pi@raspberrypi: ~
File  Edit  Tabs  Help
pi@raspberrypi:~ $ sudo chmod +x mjpg_picam.sh
pi@raspberrypi:~ $
pi@raspberrypi:~ $
```

그림 8-52 스크립트 파일을 실행파일로 만드는 명령어

③ 그림 8-53은 /home/pi폴더에 있는 파일들의 특성을 나열한 것이다.

```
pi@raspberrypi: ~
File  Edit  Tabs  Help
pi@raspberrypi:~ $ ls -l
total 72
drwxr-xr-x  9 pi   pi   4096 Jan 14 05:01 cndi
drwxr-xr-x  2 pi   pi   4096 Jan 30 05:44 Desktop
drwxr-xr-x  2 pi   pi   4096 Nov 13 14:24 Documents
drwxr-xr-x  2 pi   pi   4096 Nov 13 14:24 Downloads
drwxr-xr-x  2 pi   pi   4096 Nov 13 13:45 MagPi
-rwxr-xr-x  1 root root  232 Jan 31 07:35 mjpg_picam.sh
drwxr-xr-x  4 pi   pi   4096 Jan 30 06:34 mjpg-streamer
-rwxr-xr-x  1 root root  223 Jan 31 06:47 mjpg_web.sh
drwxr-xr-x  2 pi   pi   4096 Nov 13 14:24 Music
```

그림 8-53 mjpg_picam.sh파일의 특성

④ 그림 8-54와 같은 명령어를 입력하여 영상 캡처 및 스트리밍을 실행한다.

```
pi@raspberrypi: ~
File  Edit  Tabs  Help
pi@raspberrypi:~ $
pi@raspberrypi:~ $
pi@raspberrypi:~ $ sudo ./mjpg_picam.sh
```

그림 8-54 파이캠 영상 캡처 및 스트리밍 실행

⑤ 크롬을 실행한 다음 그림 8-55와 같이 URL창에 203.237.160.208:8080이라고 입력한다.

그림 8-55 크롬 URL창에 203.237.160.208:8080 입력하기

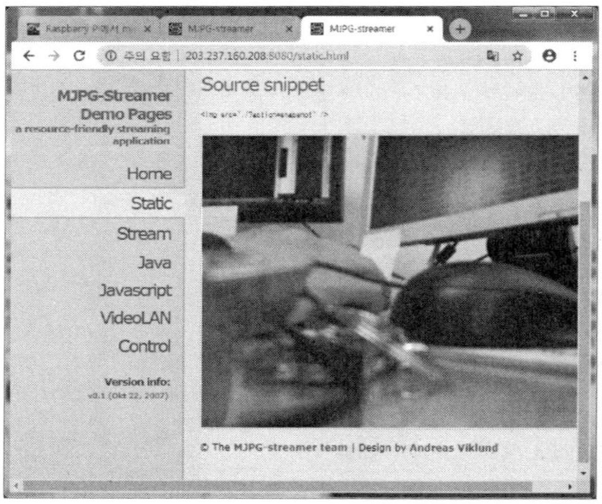

그림 8-56 정지 이미지

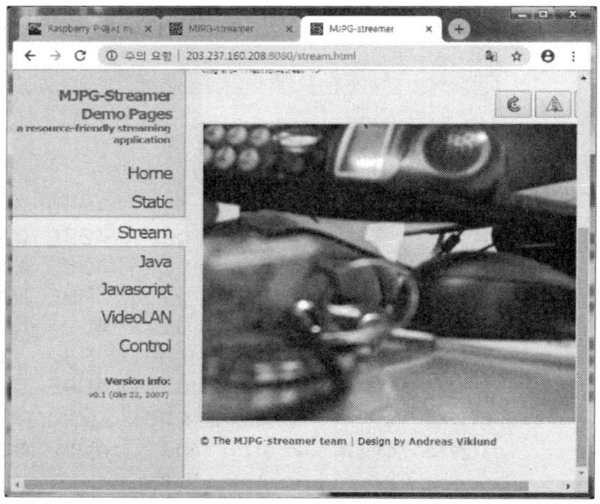

그림 8-57 동영상

⑥ 이때 컴퓨터에 그림 8-56과 같은 창이 나타나며 그림 8-56에 있는 Static 메뉴를 클릭하면 정지 이미지를 만들 수 있다. 그림 8-57은 영상 스트리밍이며 Stream 메뉴를 클릭하면 웹캠이 전송하는 동영상을 볼 수 있다.

참고자료

- 「mCube-IoT 교재」, CNDI.

라즈베리파이로 구현하는

사물인터넷

2판 2쇄 2020년 1월 30일

저 자	박군종 / 장호덕
발행인	송광헌
발행처	복두출판사
주 소	서울특별시 영등포구 경인로82길 3-4 센터플러스 807호 (우) 07371
전 화	02-2164-2580
FAX	02-2164-2584
등 록	1993. 11. 22. 제 10-902 호

정가 : 21,000원

ISBN : 979-11-5906-571-2 93560

한국과학기술출판협회 회원사

* 본 도서의 자료 업데이트가 있을 경우 본사 홈페이지 자료실에 업로드 됩니다. 정기적으로 들러서 유익한 자료를 받아가시기 바랍니다.